教育部高等学校管理科学
与工程类学科专业教学指导委员会推荐教材

离散系统仿真与优化

——面向工业工程的应用

王　谦　主　编
李　波　副主编

机 械 工 业 出 版 社

本书系统地介绍了离散系统仿真与优化的相关理论，基本按照系统建模、仿真与优化的应用步骤展开，并包含该领域的最新研究成果。全书包括系统建模理论、仿真软件、模型校验和确认、输入数据分析、随机数和随机变量生成、仿真输出分析、基于仿真的系统优化方法等章节，以及应用实例分析等内容。

图书在版编目（CIP）数据

离散系统仿真与优化：面向工业工程的应用/王谦主编．—北京：机械工业出版社，2016.5（2024.8重印）
教育部高等学校管理科学与工程类学科专业教学指导委员会推荐教材
ISBN 978-7-111-55090-7

Ⅰ．①离…　Ⅱ．①王…　Ⅲ．①离散系统—系统仿真—高等学校—教材②离散系统—离散优化—高等学校—教材　Ⅳ．①O231

中国版本图书馆CIP数据核字（2016）第244936号

机械工业出版社（北京市百万庄大街22号　邮政编码100037）
总 策 划：邓海平　张敬柱
策划编辑：易　敏　责任编辑：易　敏　李　乐　刘丽敏
责任校对：樊钟英　封面设计：张　静
责任印制：郜　敏
中煤（北京）印务有限公司印刷
2024年8月第1版第5次印刷
184mm×260mm · 12.25印张 · 276千字
标准书号：ISBN 978-7-111-55090-7
定价：32.80元

序

当前，我国已成为全球第二大经济体，且经济仍维持着较高的增速。如何在发展经济的同时，建设资源节约型、环境友好型的和谐社会，如何从资源消耗型、劳动密集型的粗放型发展模式，转变为“科技进步，劳动者素质提高，管理创新”型的低成本、高效率、高质量、注重环保的精益发展模式，就成为摆在我们面前的亟待解决的课题。应用现代科学方法与科技成就来阐明和揭示管理活动的规律，以提高管理的效率为特征的管理科学与工程类学科，无疑是破解这个难题的重要手段和工具。因此，尽快培养一大批精于管理科学、精于工程理论和方法，并能将其灵活运用于实践的高层次人才，就显得尤为迫切。

为了提升人才育成质量，近年来教育部等相关部委出台了一系列指导意见，如《高等学校本科教学质量与教学改革工程的意见》等，以此来进一步深化高等学校的教学改革，提高人才培养的能力和水平，更好地满足经济社会发展对高素质创新型人才的需要。教育部高等学校管理科学与工程类学科专业教学指导委员会（以下简称教指委）也积极采取措施，组织专家编写出版了“工业工程”“工程管理”“信息管理与信息系统”“管理科学与工程”等专业的系列教材，如由机械工业出版社出版的“21世纪工业工程专业规划教材”就是其中的成功典范。这些教材的出版，初步满足了高等学校管理科学与工程学科教学的需要。

但是，随着我国国民经济的高速发展和国际地位的不断提高，国家和社会对管理学科的发展提出了更高的要求，对相关人才的需求也越来越广泛。在此背景下，教指委在深入调研的基础上，决定全面、系统、高质量地建设一批适合高等学校本科教学要求和教学改革方向的管理科学与工程类学科系列教材，以推动管理科学与工程类学科教学和教材建设工作的健康、有序发展。为此，在“十一五”后期，教指委联合机械工业出版社采用招标的方式开展了面向全国的优秀教材遴选工作，先后共收到投标立项申请书300多份，经教指委组织专家严格评审、筛选，有60余部教材纳入了规划（其中，有20多种教材是国家级或省级精品课配套教材）。2010年1月9日，“全国高等学校管理科学与工程类学科系列规划教材启动会”在北京召开，来自全国50多所著名大学和普通院校的80多名专家学者参加了会议，并对该套教材的定位、特色、出版进度等进行了深入、细致的分析、研讨和规划。

本套教材在充分吸收先前教材成果的基础上，坚持全面、系统、高质量的建设原则，从完善学科体系的高度出发，进行了全方位的规划，既包括学科核心课、专业主干课教材，也涵盖了特色专业课教材，以及主干课程案例教材等。同时，为了保证整套教材的规范性、系统性、原创性和实用性，还从结构、内容等方面详细制定了本套教材的“编写指引”，如在内容组织上，要求工具、手段、方法明确，定量分析清楚，适当增加文献综述、趋势展望，以及实用性、可操作性强的案例等内容。此外，为了方便教学，每本教材都配有CAI课件，并采用双色印刷。

本套教材的编写单位既包括了北京大学、清华大学、西安交通大学、天津大学、南开大学、北京航空航天大学、南京大学、上海交通大学、复旦大学等国内的重点大学，也吸纳了安徽工业大学、内蒙古科技大学、中国计量学院、石家庄铁道大学等普通高校；既保证了本套教材的较高的学术水平，也兼顾了普适性和代表性。这套教材以管理科学与工程类各专业本科生及研究生为主要读者对象，也可供相关企业从业人员学习参考。

尽管我们不遗余力，以满足时代和读者的需要为最高出发点和最终落脚点，但可以肯定的是，本套教材仍会存在这样或那样的不尽如人意之处，诚恳地希望读者和同行专家提出宝贵的意见，给予批评指正。在此，我谨代表教指委、出版者和各位作者表示衷心的感谢！

教育部高等学校管理科学与工程类学科专业教学指导委员会主任

前　言

本书以系统仿真与优化在工业工程领域的应用为背景，全面介绍了系统仿真建模和优化的主要理论和技术方法，并结合相关仿真软件工具的使用进行了深入的分析，旨在使学生对系统仿真与优化在工业工程领域的应用有一个全面的理解和认识，通过理论学习，掌握系统仿真方法的实践技能。

本书主要介绍离散系统仿真，对于另外两类仿真类型——基于 Agent 的系统仿真、系统动力学仿真没有涉及。

本书由王谦和李波共同编写完成，由王谦负责全书的结构设计、案例设计和最终的审校工作。其中，王谦编写了第 1 章至第 6 章、第 8 章和第 9 章，李波编写了第 7 章、第 10 章。此外，南开大学商学院黄敬尧、侍雨琪、杨旭等同学协助完成 www. simcourse. com 网络中部分仿真建模教学视频的录制，郭大力同学提供了第 2 章中的 C++语言程序代码；天津大学管理学院李楠、刘波、蒋雨珊、徐永辉等同学参与了部分章节的编写，在此一并表示感谢！

本书的编写得到了 Rockwell 公司 Arena 产品团队的大力协助，Arena 前全球销售总监 Ted Matwijec 先生提供了很多有价值的资料和技术支持；北京慧忠恒升科技有限公司陈辉副总经理也一直给予我们关心和帮助，在此对于两位的大力支持表示由衷的感谢！

笔者在本书的写作过程中得到了家人和朋友的悉心关怀，感谢他们的陪伴与信任，其中的艰辛和欢乐，令我铭刻在心，终生难忘！

本书配套网站为 www. simcourse. com，网站上集中了与本书相关的学习资源，包括 Arena、Simio 等仿真软件的学习文档、学习视频和相关项目介绍等内容。读者如有进一步的问题，也可直接联系作者本人，邮箱为 wangqian70@ nankai. edu. cn。

由于编者水平有限，书中存在不足之处在所难免，恳请读者提出并批评指正。

王　谦

2016 年 2 月于南开园

目 录

第1章 系统仿真概述

仿真最早应用于技术领域，是对技术研发和产品设计过程的效果评价。随着计算机技术的进步和成熟，以及在企业管理的重要性日益凸显的情况下，近年来，系统仿真在工业工程和企业管理领域的应用得到快速发展，并从生产管理、设施布局、设备调度等传统制造业领域，逐步拓展到医疗、金融、物流等服务业领域。本章将就系统仿真的目的、意义、作用、内容和步骤做概略性的介绍。

1.1 系统、模型与系统仿真

现实世界由多种多样的系统构成，这些系统具有各自的特征和运行模式，系统之间相对独立，又相互依赖，构造出纷繁复杂的世界，系统多样性使得现实世界丰富多彩。

1. 系统

尽管系统一词频繁地出现在社会生活和学术领域中，但不同的人在不同的场合往往赋予它不同的含义。长期以来，系统定义和其特征描述尚无统一规范的定论。一般我们采用如下的定义：由诸多相互联系、相互制约、相互依存的要素按照一定规律构成的集合体，它们共同组成具有特定结构和功能的整体。

一般认为，系统是相互联系相互作用的诸元素的综合体。系统具有多元性、相关性和整体性等特性。多元性是指系统是多样性的统一和差异性的统一；相关性是指系统不存在孤立的组成元素，系统是能量、物质、信息流不同要素所构成的，所有元素或组分间相互依存、相互作用、相互制约，并实现系统的动态变化和发展；整体性是指系统是所有元素构成的复合统一体。此外，还应该看到，任何系统都有其构成组分，或者称为子系统，即系统由子系统构成，同时该系统又可能是一个更大系统的构成组分，这种系统角色的多重性，使得我们考察和研究任何一个系统的时候，都需要从不同的维度出发，探究系统运动形式和形态展现的成因。

系统分为离散系统和连续系统两种。离散系统（discrete system）是那些只有当在某个时间点上有事件（event）发生时，系统状态才会发生改变的系统，其各个变量的状态（state）是可列可数的，状态变量随时间的变化是间断性的，例如机械零件的生产车间、汽车装配线、库存系统、交通路口、银行系统、餐厅系统。连续系统（continuous system）的状态变量随着时间而发生连续变化，例如电力生产、供电网络、石油炼制、自来水生产、电路系统、药品生产等。

当我们对某一个系统进行研究时，当然希望可以直接地观察、审视和剖析，这是快捷、直观的方式，但是这种方式对于简单系统更有效，对于更多的复杂系统而言，则需要借助模型，间接性地开展研究。

2. 模型

模型是对实际或设计中系统的某种形式的抽象、简化与描述，通过模型可以分析系统的结构、状态、动态行为和能力。简单说来，模型是人们依据研究的特定目的，在一定的假设条件下，再现原型客体的结构、功能、属性、关系、过程等本质特征的物质形式或思维形式。本书所讲的模型，是和企业管理活动相关的，是对管理系统内涵的逻辑勾画与反映，模型内容依据研究关注点的不同而不同，也就是说针对同一个系统，具有不同研究目的的模型是有差异的。对于我们的研究目标而言，不是系统中所有的内容都是我们需要关注的，这就需要对研究的系统或实体进行必要的简化，并用适当的表现形式或规则把它的主要特征描述出来，这样所得的系统刻画物为模型。

按照模型的表现形式可以分为物理模型和数学模型。

物理模型（physical model）又称实体模型，可分为实物模型和类比模型，其中实物模型是那些按原系统比例缩小（也可以是放大或与原系统尺寸一样）的实物，例如风洞实验中的飞机模型、水力系统实验模型、建筑模型、船舶模型等。

数学模型（mathematical model）以逻辑抽象的方式将系统以数学或符号表达，描述的是系统的行为和特征而不是系统的实际结构。

数学模型可以进一步分为解析模型和仿真模型（或称计算机仿真模型）。解析模型（analytical model）基于解析方法求解，可以是一个或一组代数方程、微分方程、差分方程、积分方程或统计学方程，或者以上技术的组合，通过这些方程定量地或定性地描述系统各变量之间的相互关系或因果关系。除了用方程描述的数学模型外，还有用其他数学工具，如代数、几何、拓扑、数理逻辑等描述的模型。仿真模型（simulation model）基于数值方法（numerical method），获得对所研究问题的近似求解，多用于求解复杂问题，大多为基于计算机的程序模型，需要借助适当的仿真语言或工具软件。

3. 系统仿真

系统仿真（system simulation）也称为系统模拟，是从特定目的出发，在分析系统各要素性质及其相互关系的基础上，建立能描述系统结构或行为过程的、具有一定逻辑关系或数量关系的仿真模型，通过对系统模型的实验，研究已存在的或者尚处于设计阶段的系统性能的方法和技术，或者提供决策活动所需的支持信息。仿真是基于模型的活动。

仿真是对现实世界的过程或系统随时间变化过程的模拟。无论采用何种方式进行仿真（手工或计算机），仿真都包括人为的系统演变过程以及这个过程的观测结果，以便推断出实际系统的运行特性。通俗地说，系统仿真就是针对现实问题建立仿真模型，通过研究仿真模型，获得解决现实问题的方法或方案，并指导现实世界的实践活动。系统仿真过程如图 1-1 所示。

目前，我们所进行的系统仿真大多依赖于计算机技术和计算机系统，通过仿真模型得以实现，仿真过程是一个随时间推演的人机互动过程。仿真模型通常采用一组与问题相关的假设，这些假设采用系统实体或对象间的数学、逻辑及符号关系来表示。仿真模型一旦开发并通过有效性验证，就可以作为研究系统的工具，回答“what... if...”的问题。

系统仿真以系统论、概率论、数理统计为理论基础，以信息技术（information

technology）为技术依托。系统仿真与数学规划（math programming）、统计学（statistics）并称为现代运筹学三大主流技术。

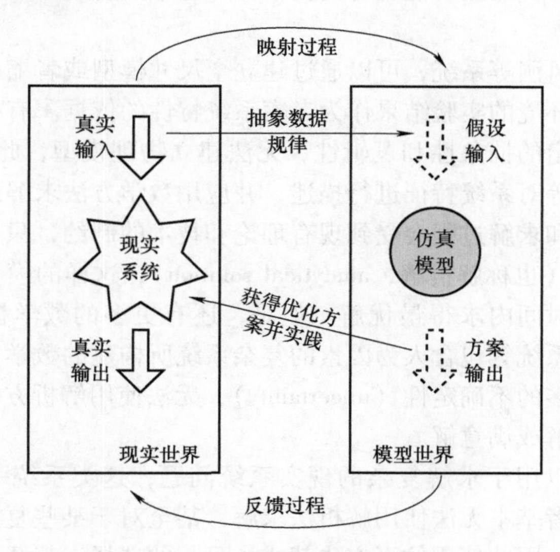

图 1-1 系统仿真过程

1.2 为什么需要系统仿真

当我们对一个系统进行研究的时候，需要借助多种方式和方法，图 1-2 对此进行了说明。

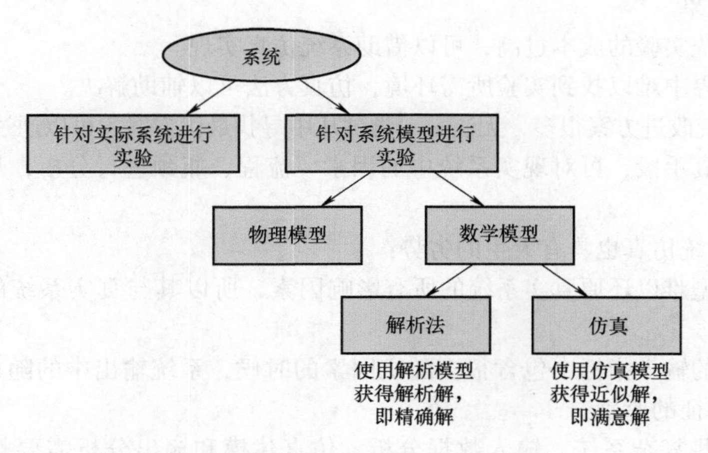

图 1-2 系统研究方法

如果某些系统可以直接用于实验或测试，或者系统可以进行复制，复制后的系统可用于实验，这样所开展的实验效果是最理想的，如武器系统实验、汽车碰撞试验等。但是还有一些系统，由于存在成本、风险、可能性、可行性等各方面的限制，不能进行现场试验，那么就需要通过建立模型的方式，间接地进行系统的验证和测试，这种方法就是采用模型的系统研究方法，这样的系统有水坝、核武器、航天试验等。对于模型的研究需要进行有效性验证，即确保所建立的模型与真实系统具有本质上的一致性，否则不能保证实验结果的价值性。

对于水坝、飞机风洞等系统，可以通过建立全尺寸模型或者缩微模型，构建一个一致的物理模型，并以此环境的实验结果作为考察系统特性的依据。有些时候我们所面对的系统及其问题，具有一定的抽象性和逻辑性，无法建立物理模型，此时可以建立数学模型，用方程、公式、函数等对系统特征进行描述，并应用数学方法求解系统问题。

数学模型的建立和求解过程会受到现有理论和技术的制约，只有部分数学模型可以通过解析法获得精确解（也称解析解，analytical solution），这样的模型大多比较简单，结构不复杂，可以在有限时间内求得最优解。但是，还有更多的数学模型，例如针对经济系统、管理系统、社会系统等包含人为因素的复杂系统所构建的数学模型，其本身结构就异常复杂，还包含了很多的不确定性（uncertainty），无法使用解析方法求解，这时只能依靠仿真方法，求得近似解或满意解。

系统仿真方法可以用于求解复杂的现实系统问题，这类系统一般具有灰箱性或黑箱性，求解成本很高或者基本无法使用解析法求解，甚至对于某些复杂系统，我们根本无法建立有效的数学模型，因此使用仿真方法就成为可行的选择，甚至是唯一可行的选择。

仿真的作用是再现系统的状态、动态行为及性能特征，用于分析系统配置是否合理、性能是否满足要求，预测系统可能存在的缺陷，为系统设计提供决策支持和科学依据。

系统仿真方法具有如下优势：

1）对于尚处于研发或者未建成的真实系统（实体），通过系统仿真方法可以对其开展全方位的性能指标评价，用于指导和修正设计过程。

2）某些情况下，实验会对现实系统造成破坏，可以借助系统仿真模拟实验过程，达到同样的检测效果。

3）真实系统实验的成本过高，可以借助系统仿真实现。

4）现实世界中难以找到实验所需环境，仿真方法可以辅助解决。

5）现实系统改进方案很多，无法一一尝试从中寻找最优方案，可以通过仿真方法解决。

6）通过仿真手段，可对现实系统中的因素、流程、瓶颈进行分析，从而获得有效分析结果。

同样的，系统仿真也具有天生的劣势：

1）仿真模型难以还原真实系统的所有影响因素，所以其与真实系统的一致性难以做到百分之百。

2）当仿真的输入指标中包含很多随机因素的时候，系统输出中的随机噪声较大，影响对系统真实特征的鉴别。

3）对于某些复杂系统，输入数据分析、仿真建模和输出分析需要耗费较多时间和经费。

1.3 系统仿真分类

系统仿真按照不同的类型可以进行不同的划分，例如，按照系统所处环境的不同，可以分为静态型（static）和动态型（dynamic）；按照系统是否包含不确定性因素（uncertainty factor）或随机因素（random factor），可以分为确定型（deterministic）和随机型（stochastic）；按照系统状态变量的取值形态，可以分为离散型（discrete）和连续型（continuous）。

我们主要介绍蒙特卡罗仿真、离散系统仿真和连续系统仿真等三种仿真形式。离散系统仿真也称为离散事件仿真（discrete-event simulation），它还包含基于 Agent 的仿真（agent-based simulation）；连续系统仿真包括系统动力学仿真（system dynamic simulation）。其关系如图 1-3 所示。

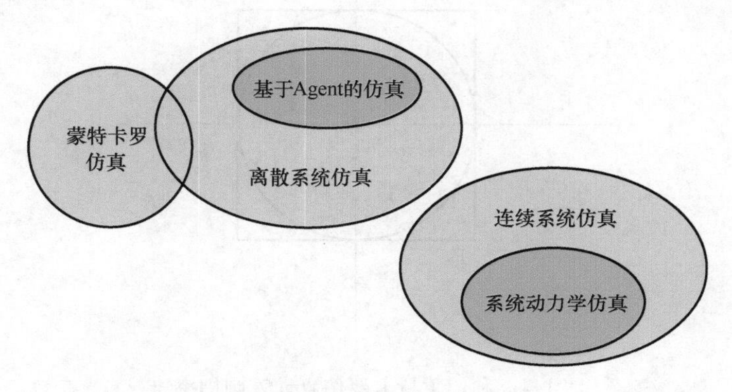

图 1-3 系统仿真的分类

1.3.1 蒙特卡罗仿真

蒙特卡罗仿真（Monte Carlo simulation）是基于蒙特卡罗方法（Monte Carlo method）的仿真模式。所谓蒙特卡罗方法，又称随机抽样或统计模拟方法，泛指所有基于统计采样进行数值计算的方法。蒙特卡罗方法适用于两类问题，第一类是本身就具有随机性的问题；第二类是能够转化为概率模型进行求解的确定性问题。

蒙特卡罗仿真是一种通过设定随机过程，反复生成时间序列，计算参数估计量和统计量，进而研究其分布特征的方法。举例来说，当系统中各个单元的可靠性特征量已知，但系统过于复杂，难以建立可靠性预计的精确数学模型或模型太复杂而不便应用时，可用随机模拟法近似计算出系统可靠性的预计值；随着仿真次数的增多，其预计精度也逐渐增高。由于涉及时间序列的反复生成，蒙特卡罗模拟法是以高容量和高速度的计算机为前提条件的，因此只是在近些年才得到广泛推广。

蒙特卡罗仿真方法使用随机数，而不考虑时间因素。考虑下面的例子：

例 1.1 使用蒙特卡罗仿真方法计算圆周率 π 的值。

我们可以建立一个边长为 2 的正方形，内置一个半径为 1 的圆，如图 1-4 所示。现在向正方形内随机抛洒谷粒，假设谷粒落点是随机且等可能的，即落点在正方形内是均匀分布的，则计算圆周率的值可以采用以下步骤：

步骤一：设参数 $m=0$，$n=0$，以及 M 值（M 表示执行的总次数）。

步骤二：以随机的方式在 $[-1,1]$ 之间分别选取一对 x 和 y 的值。

步骤三：若 $x^2+y^2\leqslant 1$，则 $m=m+1$。

步骤四：$n=n+1$；若 $n\leqslant M$，则回到步骤二；否则到步骤五。

步骤五：使用以下公式计算圆周率 π 值：

$$\frac{\pi r^2}{2^2}=\frac{m}{M},\text{即 }\pi=\frac{4m}{M}$$

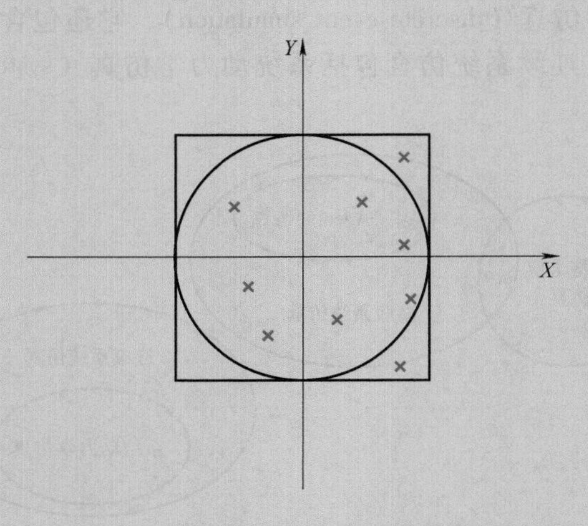

图 1-4　利用蒙特卡罗仿真计算圆周率 π

布丰投针实验（Buffon's needle experiment）是蒙特卡罗方法的一个著名应用，同样用于计算圆周率的值，如图 1-5 所示。布丰在桌板上绘制宽窄相同的格线（line），将一枚针随机投到桌板上，此时针与格线有两种可能：相交或不相交。格线宽度 t 与投针长度 l 之间的关系可以是 $l\leqslant t$ 或 $l>t$。如果 $l\leqslant t$（投针长度不大于格线宽度），则投针与格线相交的概率为 $p=\frac{2l}{\pi t}$，如果 $l>t$（投针长度大于格线宽度），则投针与格线相交的概率为

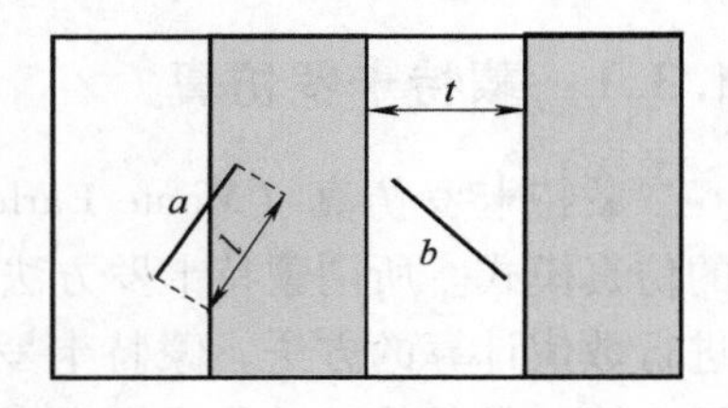

图 1-5　布丰投针实验

$$p=\frac{2l}{\pi t}-\frac{2}{\pi t}\left[\sqrt{l^2-t^2}+t\arcsin\left(\frac{t}{l}\right)\right]+1$$

或

$$p=\frac{2}{\pi}\arccos\frac{t}{l}+\frac{2l}{\pi t}\left[1-\sqrt{1-\left(\frac{t}{l}\right)^2}\right]$$

证明略。

简单地说，蒙特卡罗方法是一种计算随机变量函数均值的方法。均值可以是定义在多个随机变量上的多维概率密度函数的某个特定的平均值，而且任何一个量都可以表示为一个或者多个随机变量的函数的均值。

蒙特卡罗方法针对的是复杂空间上的多维平均估值问题，因此它为建立和分析复杂模型提供了一种潜在的和可行的工具。在系统工程领域，“维数魔咒”限制了很多解析方法

的应用，蒙特卡罗方法最大的优点是其计算的收敛速度和误差的大小与问题的复杂度或相空间的维数无关。这一性质使得蒙特卡罗方法在科学和工程领域得以广泛应用。

1.3.2 离散系统仿真

离散系统属于动态类型仿真，是由事件驱动（event-driven）的，事件的发生（occur）是离散且随机的，即系统状态变量（state variables）的取值是依时间轴离散且随机分布的，此类系统无法使用数学方程来描述，针对此类系统的仿真称为离散事件仿真（Discrete-Event Simulation，DES）。

DES是最常见的一种仿真方式，在工业工程领域应用最广泛，绝大部分的工业工程问题都可以借助DES解决。DES往往与排队论（queueing theory）相结合，解决工厂中的生产排程问题、码头堆场的集装箱装卸问题、呼叫中心中人员排班问题，以及医院中的手术室调度问题等。

DES使用两种时间推进机制，即后续事件时间推进机制（NETA），以及固定累积步长的时间推进机制（FITA）。

由于本书内容将围绕DES理论及其应用展开，因此关于DES的内容，将在后续章节详细讨论，在此不做过多论述。

当我们着重研究离散系统中的个体行为以及众多个体行为所导致的系统整体特征，采用DES会有一定的困难，因而一种新方法应运而生，即基于Agent的仿真（Agent-Based Simulation，ABS）方法。ABS是DES的衍生和变化（variation），不是孤立于DES之外的方法。

Agent称为代理（个体、实体），个体具有自治性，可以感知系统环境的变化以及系统中其他个体的行为，以所获得的信息进行决策并做出反应，个体具有记忆和思维的能力，依据既定的规则进行决策，还可以调整自身的行为以实现对系统的自适应（self-adaption）。对于复杂系统而言，当众多个体遵从既定规则进行活动时，系统会产生涌现特性（emergence），即系统表现出个体所不具备的特征。系统科学把这种整体才具有、孤立部分及其总和不具有的性质称为整体涌现性（whole emergence）。涌现性是组成成分按照系统结构方式相互作用、相互补充相互制约而激发出来，是一种组分之间的相干效应，即结构效应。例如，天空中的飞鸟群、海洋中的沙丁鱼群，其运动行为都具有一定的涌现性。

ABS可以很好地对此类系统进行仿真，通过个体行为的描述，实现对系统整体性能的度量和评价，具有重要的实践意义。

1.3.3 连续系统仿真

连续系统仿真也属于动态类型仿真，是一种基于活动（activity - based）的仿真模式，仿真时钟将时间轴分成很多细小的连续的碎片（slice），时钟沿着碎片有序地推进，系统变量在每个时间碎片上依据活动的动态变化进行相应的取值。一般来说，连续系统仿真比离散系统仿真的速度要慢一些，因为其系统时钟推进的步长更小，取值点更多。

连续系统仿真中，经常会使用微分方程（differential equation），对系统变量在某时刻的变化率进行记录和推演。当系统足够简单的时候，微分方程方法可以给出系统模型的解析解，但是当系统复杂的时候，微分方程就无能为力了，只能依靠基于数值分析技术的仿真方法加以解决。

系统动力学仿真（System Dynamic Simulation，SDS）是近年来发展比较快的一种连续系统仿真方法，多用于社会系统、商业、政府和军事等领域，重点解决政策评价和战略评估等方面的问题。

SDS大多是确定型的，但仿真模型具有纳入随机因素的能力。SDS可以比DES处理层级更多、更复杂的系统分析，因而具有对宏观问题的仿真和分析能力。

1.4 仿真应用的步骤

系统仿真项目应该按照项目管理的要求，严格遵循一定的程序或逻辑顺序，这样才能保证仿真过程的可控性和仿真结果的严谨性，如图1-6所示。

一般来说，仿真应用过程由三部分工作组成，即输入数据的采集和准备、仿真模型构建与验证、仿真结果的优化与分析。

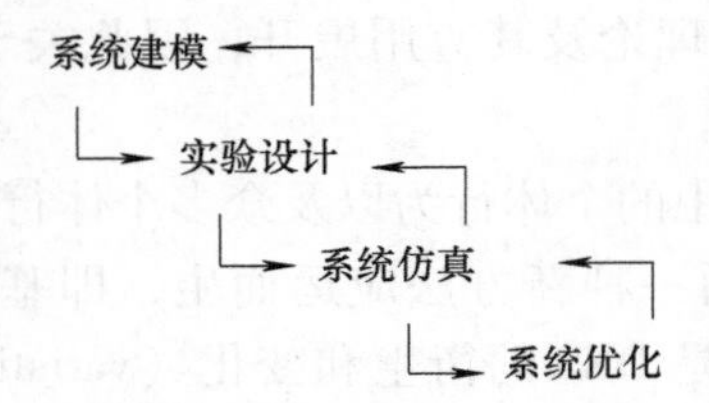

图1-6 系统仿真项目的基本步骤

系统仿真应用项目实施可以进一步细分为如下步骤：

（1）表述问题，界定范围

开展任何一项研究工作之前，首先要对所研究的问题进行细致的描述，使得所有项目相关人员对“待研究问题”有一致的、清晰的认识，这样就可以减少因歧义而造成的误解，进而避免仿真研究从一开始就偏离了最初的设想。

清晰地描述问题，还可以有效地界定项目范围。范围管理是项目管理中的基础内容，一个范围界定不清的项目（或研究问题），容易造成所考察因素（输入和输出变量）数量的变化，即可能丢掉了必要的因素，或增加了不必要的因素，会造成仿真项目从一开始就偏离问题的核心，模型可能过于简单，或者过于复杂，项目工作量、仿真输出结果都有可能带来剧烈的变化。所以项目范围的界定，是这一阶段工作的重点内容。

（2）采集数据，分析整理

在界定项目范围之后，就需要采集仿真建模所需要的数据。对于大部分仿真项目而言，数据采集工作是繁重而枯燥的，也是最重要的环节。任何组织都不太可能有我们建模所需要的全部数据，相当部分的数据是不存在的，需要我们现场采集，或者利用组织现有数据进行整理。例如，机械加工企业也许会记录每个大型齿轮的加工时间数据，但是没有齿轮在加工机台上的装卸时间数据，也没有齿轮在不同机台之间的搬运时间数据；医院信息系统可以记录病人挂号时间以及病人开始就诊的时间，而无法提供病人步行至门诊科室的时间，以及在科室门外排队等待的时间。对于这些缺乏的数据信息，要么通过人工采集的方式，进行大量的统计采样，要么通过对现有数据的合理计算和推演获得。人工采集要耗费大量的时间和成本，所获数据往往也难以保证统计分布拟合的精度，而通过计算和推演所获得的数据，误差含量也许更高。

对于任何仿真模型，无论模型本身的构建如何精密、如何准确，如果输入数据的质量不高，那么仿真输出结果的有效性和可信性也是值得怀疑的，所谓“输入的是垃圾，输出的还是垃圾”（garbage in，garbage out），就是这个意思。

在保证了所采集数据的准确性的前提下，使用合适的统计分析方法和工具，也是影响输入数据质量的关键因素之一。

在进行系统仿真的过程中，我们所采集的数据有时不能直接使用，需要获得这些数据所代表的统计分布，例如，我们可以通过现场采样的方式，获得顾客到达理发店的间隔时间，但是这些时间数据，在仿真模型中不能直接使用，而是需要将其拟合成适宜的统计分布。一般来说，理发店顾客到达时间服从参数为 λ 的指数分布，即 $X \sim \text{Expo}(\lambda)$。如果我们实际获得的统计分布不是指数分布，或者所估计的参数 $\bar{\lambda}$ 与真实值 λ 有较大偏差，那么以此为输入所构建的仿真模型，其输出结果也是无价值的，用于指导真实问题的分析，有可能会造成错误的结论。

有些数据具有周期性，例如乘坐地铁的人数会在上下班高峰期剧增，而在午后降到最低；港口集装箱码头的轮船到达情况，也具有一定的周期性，因为部分班轮会在每周（或每月）的固定时间抵达；衣物、食品的销售同样具有季节性。因此，对于周期性数据，在进行统计分布拟合的时候，就需要按照这种周期性而分段拟合。

但是对于某些情况而言，数据变化受多种因素的共同作用，有些因素具有周期性，另外一些则不具备，例如银行呼叫中心的电话到达率，一方面受时间因素的影响，具有周期性，而另外一方面，也与银行推出的服务以及金融市场波动有关，后者明显不具备周期性。对于此类数据的统计拟合，要兼顾这两类因素的影响，通过数据分段和极端数据剔除两种方式，以保证数据趋势的平稳性。也可以采用时间序列法，对数据的统计分布进行短周期的迭代研究。

（3）研究假设条件

正如经济学研究过程中需要依赖大量的假设一样，管理学的研究过程同样需要建立在假设的基础上，只不过通常情况下很少有人提到“管理学假设”这个概念。

仿真模型是对真实问题的模拟和重现，但是由于现实问题的复杂性，以及所定义系统与系统外部环境的千丝万缕的联系，任何仿真模型都不可能纳入所有的影响因素及其对外关系，即只能考虑重要的、显性的因素，而忽略那些次要的、轻微的因素，这就需要通过“假设文档”来划定范围，去除可忽视因素。

合理的假设过程，不会对模型结果造成实质性的影响，反之则不然。因此我们对于假设的合理性，需要进行认真的研究及合理的认定。这个过程是项目参与方沟通与讨论的过程。

（4）建立模型并校核

仿真模型的搭建，是一项技术含量较高的工作，主要表现为软件编程（coding or programming），可以使用Java、C ++ 等类的通用开发工具，也可以使用特定的仿真软件（如

Arena、Simio 等）完成。此时模型的开发者承担的是软件程序员的角色。

对于软件开发程序员而言，他的工作是按照系统分析文档，将分析师所设计的逻辑模型，翻译成为计算机语言，并在计算机上平稳运行。软件程序员的一项重要工作就是调试（debug）他所开发的程序代码，保证不出现异常情况，即运行过程中不会出现错误（error）。在仿真项目中，这个阶段称为校核（verification）。

校核工作的另一个目标，是确保仿真模型要完全按照分析师的逻辑模型（也称概念模型，conceptual model）运行，不能有偏差，否则所开发出来的软件就不是设计师想要的产品。例如，我们要求在自行车生产过程中，车架喷漆是一个一个独立进行的，即分别计算喷漆时间，但是只能 20 个车架成批进入烤箱烘干，即 20 个车架的烘干时间与一个车架的烘干时间是相同的，如果仿真模型对烘干过程定义为一个一个独立完成，那就扭曲了实际生产过程，会造成错误结论。

仿真模型校核，是对程序员工作结果质量的评判和认定。

（5）验证模型

模型开发完成之后，要交给系统分析人员，进行更高层级的模型验证（validation），即要确保仿真模型要与真实系统相一致，这实际上是对系统分析人员工作成果质量的检验过程。

系统分析人员所设计的逻辑模型，已经完全转化为仿真模型，通过对仿真模型的试运行（pilot runs），发现系统分析工作是否存在缺陷？是否完全反映真实系统的内在机制？是否忽略了重要的影响因素？是否界定了错误的项目范围等。

模型的验证，往往采用历史数据，将仿真输出与已经发生的真实数据进行比对，通过统计分析验证仿真输出和历史真实数据之间的统计一致性和相关性，以统计学的置信度检验作为仿真模型有效性验证的重要依据。

（6）实验设计

验证合格的仿真模型，可以进行实验设计（experimental design）。

实验设计用于进行各潜在可行方案的优劣比较和筛选，对于连续性仿真，由于可行方案是无穷多的，所以只能通过选择一些方案，去预测指标变化对仿真输出结果变化的影响趋势，从而为获取最优解确定搜寻的方向和步长，从而快速获得优化结果。

实验设计还用于确定仿真运行的次数（replication）、每次运行的时间长度（length of run），以及进入稳态仿真的预热时长（warm-up period）等参数。

（7）用户确认，项目实施

用户确认（accreditation）工作由用户和项目人员共同完成，最终用户认可所建立仿真模型的可用性和真实性，签署接收协议文档，标志着仿真模型开发的完成和成果的转移。

用户确认要建立在前述工作保质完成的基础上，并由客户对模型运行、结果以及数据分析整理提出各类问题，并获得满意结果之后完成。这个阶段的工作，往往由于用户的苛刻要求以及对仿真技术的不熟悉，而变得困难重重。

用户确认的内容包括系统分析报告、概念模型、仿真模型及配套软件、数据分析报告、模型运行自测报告等。

用户确认仿真模型及其成果之后，仿真模型可以用于解决实际问题，即项目实施。特别地，对于企业管理决策问题，往往存在多个备选方案或可能的方案组合，此时，可借助优化算法（optimization algorithm），与仿真模型结合使用，以方案寻优为目的，在众多可行方案中快速寻找到满意解（不保证是最优解，但是接近最优解），并研究该方案对于系统改善的效果，最终用于企业决策过程。

（8）项目完成，提交文档

项目完成后，由项目团队编写问题分析报告，对所研究的实际问题给出解决的方案、建议和意见。

另外，还需要编制和提交相关技术文档、用户手册，连同项目其他提交物（仿真模型、运行环境、问题分析报告等），经过用户验收确认，完成并关闭项目。图 1-7 描述了仿真过程及各步骤之间的顺序关系。

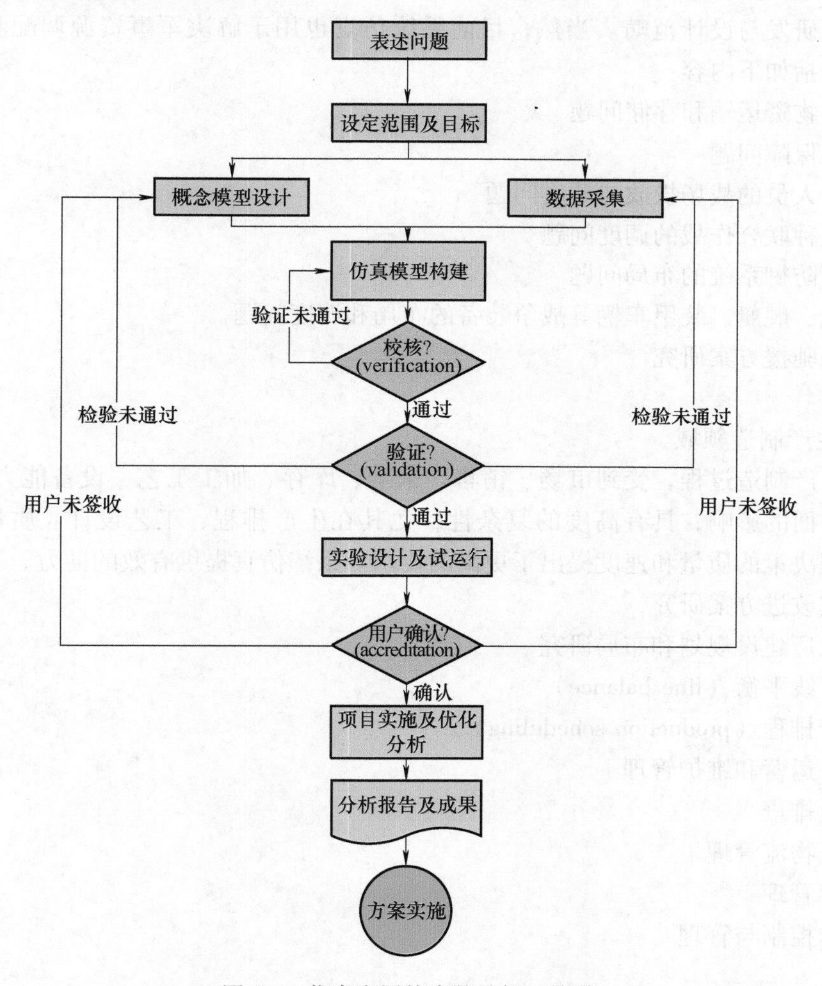

图 1-7 仿真应用的步骤及相互关系

1.5 系统仿真在管理活动中的应用范围

系统仿真最早应用于技术研发领域，只是最近 20 多年才开始应用于管理领域。目前在国内，系统仿真偏重于军事、水利水文、农业生产、机械设计、化工生产、水泥制造等领域，以评价专门技术或建设工程中的技术问题为主要目标，在管理领域的应用尚未普及，有很大的发展空间。

系统仿真技术和手段，为解决复杂系统问题提供了可能。通过数值分析方法，可以在对系统内在机制不十分了解的情况下，单纯通过输入数据和输出数据的统计分析，判定管理决策方案的实施效果，并可实现多方案之间的对比和优选。

由于系统仿真所具有的上述特征，使得其在多个领域得到了广泛的应用。

（1）军事领域

正如当今很多管理技术和方法起源于军事领域，系统仿真最早也用于军事目的，但是集中于武器研发与设计范畴。当然，目前系统仿真也用于解决军事资源调配和调度等问题，主要包括如下内容：

➢ 战争物资运输和存储问题
➢ 后勤保障问题
➢ 战斗人员的战场投放与调度问题
➢ 多兵种联合作战的调度问题
➢ 导弹防御系统的布局问题
➢ 飞机、舰艇、装甲车辆等战争装备的布局和调度问题
➢ 战场驰援方案研究
➢ …

（2）生产制造领域

企业生产制造过程，受到市场、销售、采购、库存、加工工艺、设备能力、交货期、质量等多方面的影响，具有高度的复杂性，尤其在生产排程、工艺设计、质量管理等方面，对管理决策的质量和速度提出了更高的要求。系统仿真提供有效的助力。

➢ 工艺改进方案研究
➢ 新工厂建设规划和布局研究
➢ 生产线平衡（line balance）
➢ 生产排程（production scheduling）
➢ 设备运营和维护管理
➢ 人员排班
➢ 厂区物流管理
➢ 库存管理
➢ 成本控制与管理
➢ …

（3）物流领域

➢ 跨区域物流体系的规划与布局
➢ 物流车辆的调度
➢ 运输线路的选择
➢ 物流配送和配货问题

➢ 国家或区域物流政策的影响分析

➢ …

（4）商业流程管理

商业流程管理（business process re-engineering）是对组织业务流程的再造和优化过程，其发端于组织架构的重构，形成于管理职能在新组织结构之间的重新分配，完成于组织业务流程的重新设计和优化，是现代管理咨询的重要内容。

由于管理流程的重构和优化要对现有管理体制产生巨变，具有潜在的巨大风险，且拟实施方案是否最优也需要进行评价，系统仿真可以完成评价过程的部分工作，即定量评价，因而具有更大的说服力和可行性。

➢ 新旧流程的绩效评价对比分析

➢ 企业战略目标与流程改善方案的相关性评价

➢ 系统瓶颈流程识别与分析

➢ 多方案的评比与排序

➢ 方案实施的风险评价及对策研究

➢ …

（5）建设工程项目管理

➢ 项目工期管理

➢ 项目成本管理

➢ 项目风险管理

➢ 项目资源的规划与调度

➢ …

（6）交通及运输

➢ 公路交通信号灯的设计

➢ 地铁车辆调度和管理

➢ 地铁运行时刻表的编制与优化

➢ 火车运行时刻表的编制与优化

➢ 机场设施管理优化

➢ 机场航班起降管理

➢ 高速公路收费站设置与管理

➢ 运输系统的风险管理

➢ 加油站、加气站、充电桩等的布局和规划

➢ …

（7）金融服务

➢ 呼叫中心的人力排班问题

➢ 金融产品定价

➢ 金融风险控制

➢ 保险产品的设计与定价

➢ …

(8) 港口和码头

- 港口建设规划研究
- 港口路网规划与设计
- 港口航道设计与运行管理
- 驳船调度与管理
- 集装箱码头装卸设施管理
- 集装箱堆场车辆管理
- 集装箱堆场人力资源管理
- 集装箱堆场设施配套方案研究
- …

(9) 医疗管理

- 手术室调度与手术排程
- 医护人员排班管理
- 医院设施管理
- 医院建设规划和布局优化
- 医院床位管理
- 医院内部物流管理
- 医院突发事件管理
- 社会突发事件的应急预案管理
- 医疗安全管理
- 医院应急设施管理
- 运营成本管理
- …

(10) 社会经济领域

- 经济政策效果评估
- 经济运行状况评估
- 经济发展过程中关键指标的影响分析
- …

1.6 仿真软件

对于简单系统，我们可以使用手工方式进行仿真，例如对只有一个理发师和 5 张座椅的理发店，研究理发师的工作负荷和顾客等待时间；而对于复杂系统，例如一个有 6 道加工工序，以及合计超过 400 台加工设备的电子产品制造企业，研究现有 100 余张订单的生产排程问题，对于这样的复杂系统，一是系统结构复杂，二是所包含的输入因素和不确定性因素过多，三是所研究的目标具有几十万种可行方案，因而不可能通过手工仿真的方式进行处理。幸运的是，随着计算机技术的发展，计算性能和成本不断降低，为系统仿真提供了一个高效的运行平台。因此，本书所说的系统仿真，默认是指计算机系统仿真。

应用计算机技术进行系统仿真，需要借助软件工具。数十年间，计算机程序设计语言经历了飞速的发展，相应地，系统仿真软件工具及其技术，也经历了一代一代的进化过程。

1.6.1 仿真软件的发展历史及趋势

按照系统仿真的技术发展路径，大体上可以将系统仿真分为四个阶段，即模式化阶段、图形化阶段、集成化阶段和智能化阶段。

（1）模式化阶段

该阶段从20世纪50年代中期，到20世纪70年代末。

这一阶段从探索起步，尝试使用仿真手段解决现实问题，并获得了一定的突破，依据越来越多的成功经验的累积，逐渐树立起系统仿真的规范性、构建模式、分析策略等，奠定了系统仿真理论体系的基石。这个阶段，仿真语言比较原始，编写复杂，因而仿真应用的主导群体是学者和科学家。

（2）图形化阶段

这一阶段从20世纪80年代初到21世纪初。

随着仿真应用的普及，越来越多的工程师被吸引到用户队伍中来，企业管理者也逐渐发现仿真对于决策的价值。对于工程师而言，迫切需要一个简单的开发环境，因此集成的图形化开发环境出现了，模型构建者可以使用软件系统提供的控件，通过拖拽的方式建模，并可方便地运行所建成的模型；对于管理者而言，他们对于仿真输出的各项统计指标的理解力和兴趣远远不如学者和工程师队伍，因而需要为他们构造基于3D模式的动画运行环境。通过3D环境，不仅为用户提供了直观的感受，也为设计更复杂的仿真模型解决了技术上的阻碍。

上述产品变革，提升了仿真软件的用户友好度，进一步促进了仿真应用的发展和普及。

（3）集成化阶段

本阶段从21世纪初至2014年。

建立与实际问题相一致的仿真模型并不是仿真项目的最终目的，由于系统仿真立足于管理决策的辅助支持，这就涉及在众多方案中的优选问题，与优化算法和优化工具的集成，使得系统仿真获得了更高的能力和价值。在这个阶段，仿真工具发展成为仿真套件（software suite），这些套件中不仅包含了建模环境，也囊括了数据统计分析工具、优化器等更多内容，此外还提供了与数据库的接口，以及与其他商品化软件产品（如ERP、MES等）的协同应用。

（4）智能化阶段

此阶段起步于2014年，目前还处于培育期。

随着互联网的飞速发展，人类进入了新经济时代，以互联网为主体的信息平台，促进了全球化的经济互联。企业运营环境发生了巨变，企业生存竞争发展成为全球化竞争，在这个环境中，企业决策更依赖于供应链中企业群体的协同共生。

信息资源成为企业的战略资源，决策所依赖的信息量是巨大的，信息采集和处理不可能依靠单一企业完成，需要实现供应链的整合。此外，大数据和云计算的出现和发展，也要求仿真技术与之进行集成和对接。IBM 等公司目前正在进行社会数据资源体系架构的设计，其目的就是为了实现集成化的系统仿真大数据平台。

可以预见，未来的系统仿真软件工具的发展除了更加智能化、图形化之外，将与互联网、大数据和云计算相结合，未来的仿真软件将不再需要购买并安装到本地计算机上，而是通过租赁的形式，将本地化数据上传到互联网，与社会数据资源集成，并在客户端（本地客户端或者网页）上运行，同时借助于云计算和分布式仿真技术，系统仿真的效率会大大提升，实时仿真将成为可能。

1.6.2 仿真软件分类

按照仿真建模所涉及的技术层次和技术难度，从低到高，可以将仿真软件分为三类，即通用编程语言、仿真编程语言、仿真软件套件。图 1-8 描述了仿真软件的分类方法。

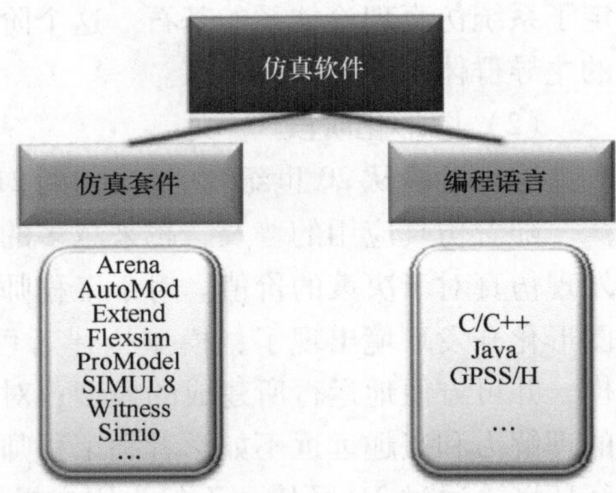

图 1-8 仿真软件的分类

1）通用编程语言（general-purpose programming languages），以 C/C ++ 、Java 为代表。这类软件的开发难度较大，建模者不仅需要具有熟练的编程技能，而且还要熟悉系统仿真模型的架构和处理逻辑。但是，由于涉及底层程序代码的编制，因而仿真模型可以获得最大的自由度，可以实现用户的大部分需求，所受限制较少，还可以通过代码优化获得最高的运行速度。

2）仿真编程语言（simulation programming languages），主要有 GPSS、GASP、SLAM、SIMAN 等，这些由专业公司开发的专业化程序设计语言，可以很好地实现快速搭建用户模型的需求，并且可以以很高的效率运行，缺点是用户需要必要的学习和适应，才能熟练运用。

3）仿真软件套件（simulation software package），此类商品化软件种类繁多，主要有 AutoMod、Extend、Witness、Arena、Flexsim、ProModel、enPlant、AnyLogic、Simio 等。此类软件具有独立的仿真建模、运行和仿真输出分析环境，提供图形化用户界面，使用方便，通过控件拖拽的方式可以快速完成模型建立，运行结果直观，可以 2D 甚至 3D 方式直接显示运行过程，缺点是客户建模需求有时不能得到满足，需要进行二次开发。

1.6.3 几种主要的商品化仿真软件

（1）Arena

在众多仿真软件中，Arena 是颇具代表性的一个，它是在早期 SIMAN/CINEMA 仿真系统基础上发展起来的，不仅保留了 SIMAN/CINEMA 的强大功能和灵活性，而且对其功能和解决问题的范围进行了重大扩充。

Arena 软件起源于 SIMAN 语言，由美国 Systems Modeling Corporation 开发，具有较强的市场影响力，在学术界被普遍采用。目前，Arena 被 Rockwell 公司收购，成为 Rockwell 公司产品族中的一员。

Arena 具有友好的用户界面和方便的动画元素，搭配 Arena 3D 模块，可以实现良好的三维动画展示效果。此外，Arena 还具有强大的底层开发能力，尤其可以与 Visual Basic 或 C 通用程序语言集成使用，提供了建模的灵活性。Arena 也提供多种模块，以及行业领域组件包，可以实现对模型的层次性刻画，既可以在较高层次上快速建模，也可以在较低层次上描述模型的个性化细节。

Arena 运行环境为 Microsoft Windows 系统。因此，对于众多熟悉 Windows 的用户来说，Arena 的操作界面和操作方式很容易掌握。图 1-9 所示为 Arena 运行和调试环境，该用户界面提供了 Arena 操作所需的绝大部分资源，集中包含了工具栏（菜单及操作按钮）、项目栏（各种控件）、流程图视图（建立模型）、电子表格视图（设置各对象的参数及属性）、状态栏（显示鼠标位置、运行时间等）等内容。

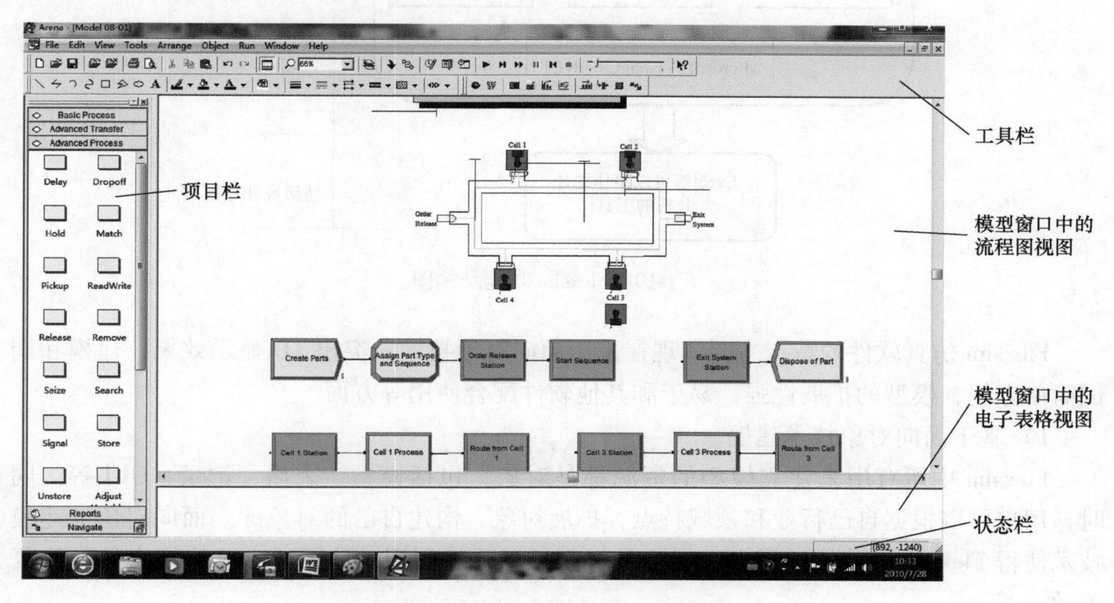

图 1-9　Arena 运行和调试环境

Arena 分为基础版（basic edition）、基础增强版（basic edition plus）、标准版（standard edition）和专业版（professional edition）。近年来，Rockwell 面对全球高校的仿真教学还推出了教学版，其功能与专业版完全相同，只是不得用于商业目的。此外，还有面向制造业的包装工具包（package template）和 Arena 3D Player 动画组件。

（2）Flexsim

Flexsim 是由美国的 Flexsim Software Production 公司出品的，是一款商业化离散事件系统仿真软件。Flexsim 采用面向对象技术，并具有三维显示功能。建模快捷方便和显示能力强大是该软件的重要特点。该软件提供了原始数据拟合、输入建模、图形化的模型构建、虚拟现实显示、运行模型进行仿真试验、对结果进行优化、生成 3D 动画影像文件等功能，也提供了与其他工具软件的接口。

Flexsim 提供了仿真模型与 ExpertFit 和 Excel 的接口，用户可以通过 ExpertFit 对输入数据进行分布拟合，同时可以在Excel中方便地实现和仿真模型之间的数据交换，包括输出和运行模型过程中动态修改运行参数等。另外，该软件还提供了优化模块Opt Quest，增加了帮助迅速建模的Microsoft Visio的接口。图1-10展示了Flexsim的功能结构。

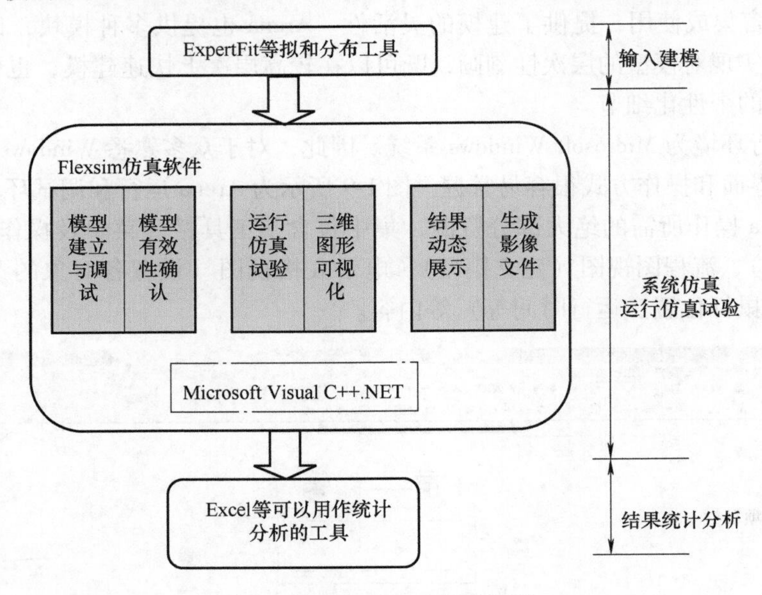

图1-10 Flexsim功能结构图

Flexsim仿真软件的特点主要体现在采用面向对象技术，突出3D显示效果，建模和调试简单方便，模型的扩展性强，易于和其他软件配合使用等方面。

1）基于面向对象技术建模

Flexsim中所有用来建立模型的资源都是对象，包括模型、表格、记录、GUI等。同时，用户可以根据自己行业和领域特点，扩展对象，构建自己的对象库。面向对象的建模技术使得Flexsim的建模过程生产线化，对象可以重复利用，从而减少了建模人员的重复劳动。

2）突出的3D图形显示功能

Flexsim支持OpenGL技术，也支持3ds、wrl、dxf和stl等文件格式。因此用户可以建立逼真的模型，从而可以帮助用户对模型有一个直观的认识，并帮助模型的验证。用户可以在仿真环境下很容易地操控3D模型，从不同角度、放大或缩小来观测。

3）建模和调试方便

建模过程中用户只需要从模型库中拖入已有的模型，根据模型的逻辑关系进行连接，然后设定不同对象的属性。建模的工作简单快捷，不需要编写程序。

4）建模的扩展性强

Flexsim支持建立用户定制对象，融合了C++编程。用户完全可以将其当作一个C++的开发平台来开发一定的仿真应用程序。

5）开放性好

提供了与外部软件的接口，可以通过ODBC与外部数据库相连，通过socket接口与外部硬件设备相连，与Excel、Visio等软件配合使用。图1-11所示是Flexsim的应用案例。

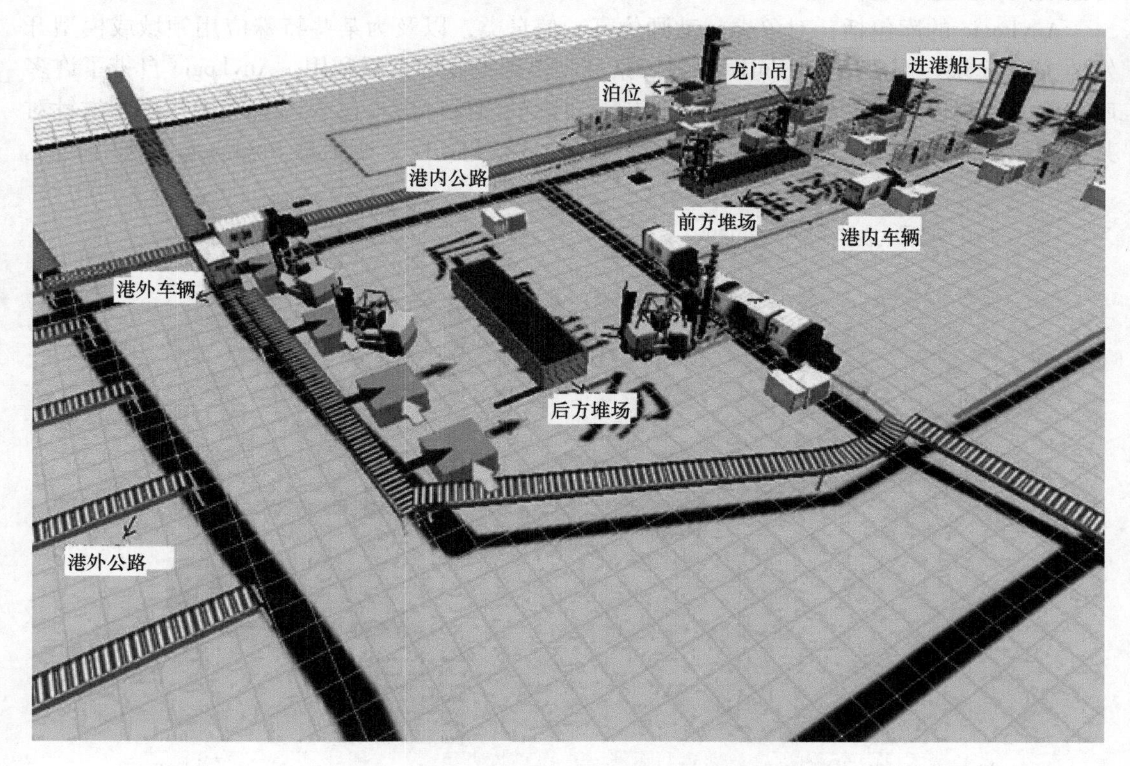

图1-11 应用Flexsim解决港口堆场装卸问题

（3）AnyLogic

AnyLogic由俄罗斯XJ Technologies公司研究开发，是一款应用广泛的，对离散、连续和混合系统建模和仿真的工具，在仿真软件领域以创新闻名，具有较强的技术领先性。其应用领域包括：控制系统、交通、动态系统、制造业、供给线、后勤部门、电信、网络、计算机系统、机械、化工、污水处理、军事、教育等。

AnyLogic支持Windows、Macintosh和Linux等系统。AnyLogic以最新的复杂系统设计方法论为基础，是第一个将UML语言引入模型仿真领域的工具，也是唯一支持混合状态机这种能有效描述离散和连续行为的语言的商业化软件。

使用AnyLogic，用户并不需要另外再学习什么语言或图形语言。AnyLogic所有的建模技术都是以UML-RT、Java和微分方程（若用户想要为连续行为建模）为基础的，这些也是目前大多数先进用户所熟悉的技术。AnyLogic也提供一系列针对不同领域的专业库。

AnyLogic的动态仿真具有独创的结构，用户可以通过模型的层次结构，以模块化的方式快速地构建复杂交互式动态仿真。AnyLogic的动态仿真是100% Java的，因此可以通过Internet访问并在Web页上显示。

AnyLogic建模语言是UML-RT的扩展。UML-RT在许多复杂大系统的建模设计中被证明是一组最佳设计方法的集合。构建AnyLogic模型的主要方法是活动对象。活动对象有其内部结构和行为，可以任意向下封装其他对象。设计AnyLogic模型，实际上就是设计活动对象的类，并定义它们之间的关系。运行时模型可看作活动对象瞬间展开的层次。

AnyLogic 的库包括：对象类、动画仿真、信息类，以及为某些特殊应用领域或模型开发的 Java 模块。有了库，不同模型的对象可以得到很好的重复利用。AnyLogic 自带了许多库文件，用户以此为基础，可以方便地创建自己的模型。用户在 AnyLogic 中正确开发针对某一领域的库文件，以后建模就非常方便。图 1-12 和图 1-13 所示是 AnyLogic 的应用案例。

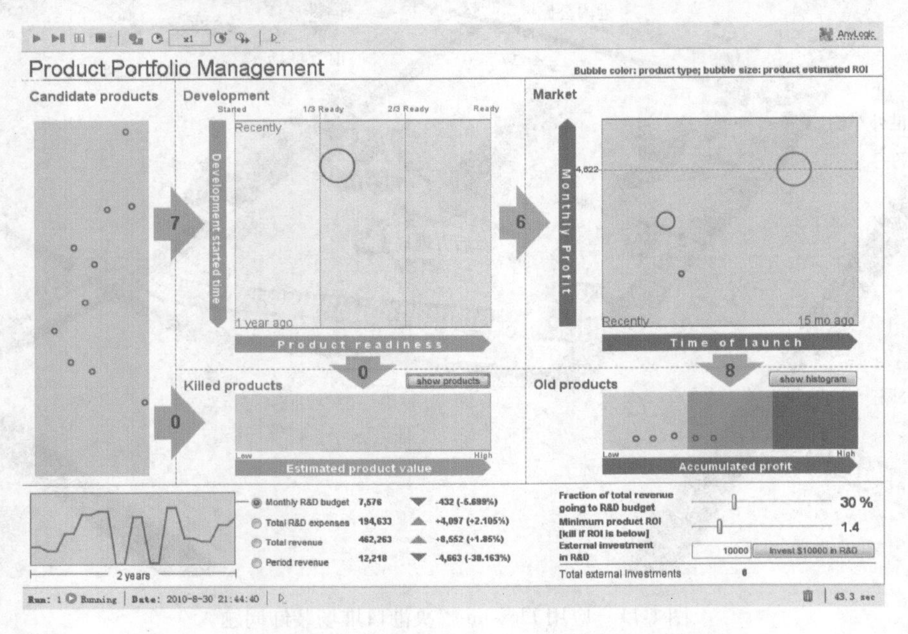

图 1-12　生产过程管理模型通过网页浏览器的运行图

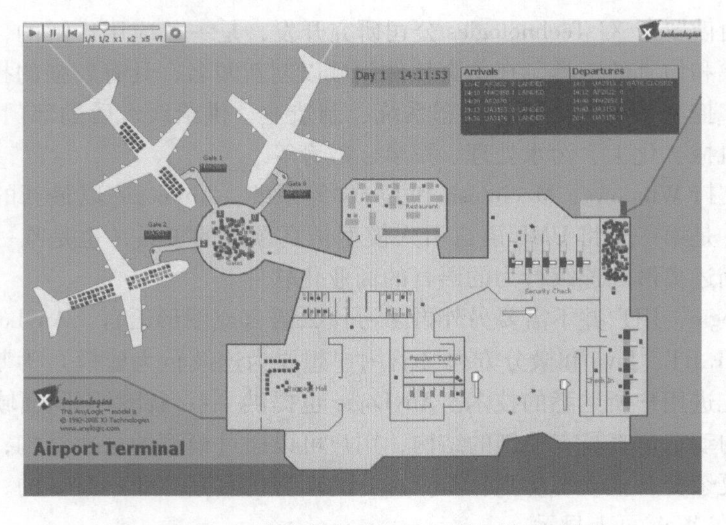

图 1-13　机场管控模型通过网页浏览器的运行图

（4） Simio

Simio 是美国 Simio LLC 公司的产品，是仿真软件发展的新一代产品，代表国际最新技术水平，是由国际知名仿真工具软件开发者 C. Dennis Pegden 博士领导完成的，Pegden 博士在计算机仿真领域具有超过 30 年的经验，同时也是 SLAM 和 Arena 软件研发的领导者。

作为仿真工具的新一代产品，Simio 采用了继“面向事件”和“面向过程”之后的“面向对象”的建模方法，并支持这三种建模方法的无缝衔接。Simio 还同时支持离散和连续系统建模，以及基于“智能主体 Agent”的大规模应用。这些不同的建模方式可以在同一个模型中自由组合使用。

Simio 提供了完全图形化的建模方式。用户通过选择标准库中对象模块就能够迅速建立模型。为满足建立大型、复杂系统的需要，用户还能够在先前开发的对象模块的基础上定制专属于自己的对象模块。

在开发技术上，Simio 为希望使用编程来扩充系统功能的高级用户提供了一个开放的基于 .NET 的开发框架。使用 .NET 支持的 50 多种编程语言中的任意一种都可以进行深度开发。

Simio 具有出色的 3D 动画设计能力，通过 2D 和 3D 一体化的建模，用户在建立 2D 模型的同时也就建立了 3D 模型，既降低了建模的复杂度，也避免了额外的成本。通过直接从 Google 仓库中下载数十万种免费的 3D 模型，Simio 也解决了制作系统 3D 部件库的难题。

Simio 具有强大的功能，通过组件的“拖-拽”，可以快速搭建模型环境，一键运行，在运行过程中，还可以随意实现二维和三维视图的转换，且不需要打断系统的运行。此外，通过鼠标右键和滚轮的操作，还可以实现三维图形的旋转和收放，方便从适宜的角度观察模拟系统的各个环节。图 1-14 中的两幅图是对同一个生产系统模型的 2D 和 3D 的运行效果视图。

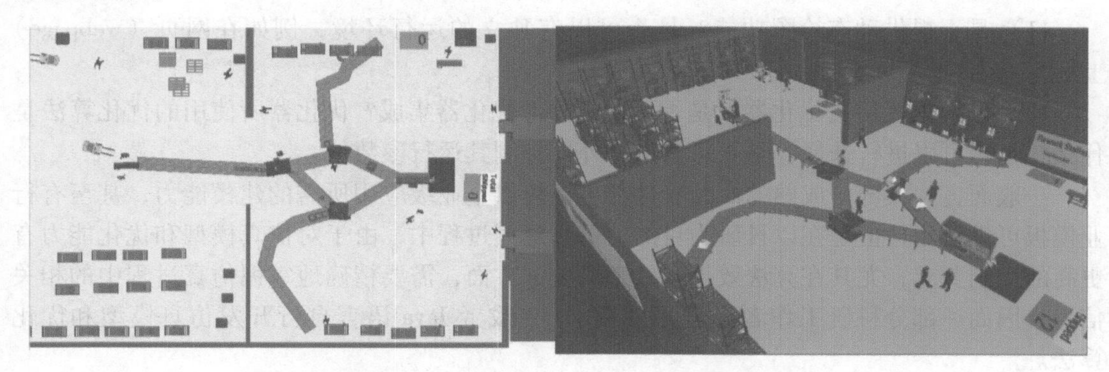

图 1-14　制造车间生产线仿真模型的 2D 和 3D 效果图

1.6.4　仿真软件的选择标准

综上所述，建立一个系统仿真模型，可以有多种方法，也有多种软件工具可供选择，那么在进行仿真建模项目建设过程中，选用何种方式以及哪种软件，需要遵从一定的标准和规范，否则会因选择不当而增加技术难度和技术成本，甚至造成项目的拖延或失败。

一般来说，选择仿真建模工具不能一味求新，要以适用为主要原则，详述如下：

1）所选用的工具软件是否可以支持你的模型类型，例如，如果你希望建立一个基于

Agent（agent-based）的仿真模型，那就要选用支持 Agent 建模的软件。

2）是否可以满足仿真建模的主要业务需求，如果有成熟的行业模板，则可以降低建模的成本和时间。

3）模型输出结果是否可以在模型中自定义，这在统计分析和方案优化过程中尤其重要。

4）如果用户有可视化和图形化需求，你所选用的软件是否支持？图形库是否丰富？图形元素是否美观？

5）是否为二次开发提供工具接口？二次开发工具是否主流、易用？不同的仿真软件提供不同的接口，例如 Visual Basic、C、C ++、C#或者 Java，用户要根据实际需求进行选择，尽量不要选择你不熟悉的软件，否则会增加学习的成本。

6）是否提供与其他信息系统集成的能力，例如数据库系统、ERP 系统、MES 系统等。如果你要建立一个实时仿真系统，需要从 MES 和 ERP 系统中获取实时数据，那么具有这样接口的软件可以为你节约大量的时间成本。

7）所选用软件工具在技术上和应用上是否成熟，其应用范围主要在哪些行业或领域？有些产品适合教学，有些适合科研，而有些则适用于特定的行业和领域，需要深入了解才能保证选择合适的产品。

8）系统运行速度和效率如何？是否支持不带动画的运行？是否支持分布式计算？是否有良好的调试功能？建模环境和运行环境之间的切换是否便利？

9）是否提供一定的底层控制能力？例如可以自己选择随机数流，或者自己确定生成随机数的种子值。

10）是否可以建立子模型？是否可以共享模型代码或相互调用？

11）是否提供动态绘图功能？是否可以有独立的运行环境，例如在网页（webpage）上运行？

12）是否内置仿真优化器，是否可以与外部优化器集成？优化器所使用的优化算法是什么？是否可以进行选择？是否可以进行外部控制其运行参数？

一般而言，大部分成熟的商品套件都可以提供企业级应用所需的建模能力，甚至有行业模板可供使用，但是在以科研为目的的仿真建模过程中，由于对仿真模型和优化能力有更高的控制要求，尤其在算法效果和效率的验证方面，需要精确地掌握仿真过程中的相关信息，因而一部分科研工作者会选择使用 C ++或者 Java 语言自行开发仿真模型和优化算法。

思　考　题

1. 系统中大多蕴含随机因素，多种随机因素的叠加使得系统具有不确定性，为什么系统仿真可以透过这种不确定性，而深入地研究系统？

2. 仿真技术和方法在管理系统中的应用，与它在物理、化学、军事等其他领域的应用有何不同？试述之。

3. 试述解析法和数值法的不同。

4. 对于可以使用解析法求解的系统问题，也可以用仿真方法进行建模求解，你认为是否有意义？为什么?

5. 蒙特卡罗方法虽然具有简单的思想，但是应用范围却非常广泛，请查找相关资料或研究成果，介绍几个蒙特卡罗的应用案例。

6. 试分析何种情况下适宜运用仿真方法，何种情况下不适宜使用。

7. 为什么说在仿真项目中，数据采集和分析，以及仿真输出的分析和优化，是仿真应用中最重要的两个步骤?

8. 冬季仿真大会（winter simulation conference）是国际仿真界最重要的国际会议之一，请读者自行前往会议网站（www. wintersim. org)，查找近年来关于工业工程领域应用的学术论文。

第2章 离散事件仿真原理

离散事件仿真（discrete-event simulation，DES）是一种广泛应用的仿真类型。本章将介绍DES的相关概念及其软件设计原理和实现技术；最后，按照由简单到复杂的顺序，介绍几种DES的实现方式和过程。

2.1 离散事件仿真的术语和概念

现实世界中的很多离散事件系统具有动态性和随机性，这样的系统包含一个或多个具有随机性的因素，为实现针对此类系统的全面描述，方便研究，定义了如下术语（terminology）和概念（concept）。

所谓随机性（randomness，stochastic），也称不确定性（uncertainty），是指那些影响系统稳定性表现的干扰因素，也称噪声。一般情况下，系统的随机性是由多个可知或不可知因素造成的，这些因素相互作用和影响的机制难以研究，并且随机特征随时间变化，我们只好将其视为一个整体影响因子去研究。

2.1.1 相关概念

➢ 系统（system）。由众多实体（entity）构成，例如顾客或者机器设备，实体之间相互作用、相互影响，系统状态随时间变化而可能发生变化，往往具有某种目的和目标。

➢ 模型（model）。模型是对现实世界系统（real world system）的逻辑抽象，模型在结构、逻辑、数学关系描述等方面与现实系统保持基本的一致（不一定完全一致，依赖于所研究的问题），模型所包含的指标和内容有：系统状态、实体及其属性、集合、处理过程、事件、活动和时间延迟。

➢ 系统状态（system state）。模型中所有变量的所有可能的取值的集合，它包含了真实系统所有可能的状态。

➢ 实体（entity）。存在于系统中、可相互区别的具体的事物，例如顾客、服务员、自动柜员机、零件、车床、车辆等。

➢ 实体属性（entity attribute）。实体所具有的特征，例如类型、加工时间、优先级、颜色、材质、计量单位等。

➢ 列表（list）。列表有两种含义，一是清单，例如实体名单、事件列表；二是队列，例如排队顾客所形成的队列，且需要事先制订排队规则（先到先服务，优先级等）。

➢ 事件（event）。瞬间发生的、能够改变系统状态的那些事情。

➢ 事件预告（event notice）。载有事件发生时刻、事件相关数据的记录（record），例如记载事件类型和发生时间的信息记录。

➢ 事件列表（event list）。由事件预告组成的、记录将要发生事件的列表，按照时间顺序排列，也被称为未来事件列表（future event list）。

➢ 活动（activity）。活动是一个过程，持续时间长度大体上是确定的，即适合于特定的统计分布和参数，例如汽车加油、零件加工、顾客购票等，会有相关的实体参与。

➢ 延迟（delay）。延迟也是一个过程，与活动不同，延迟时间长度是难以确定的，例如某一个顾客在队列中的等待时间，就具有很大的随机性，难以预知。需要说明的是，队列中全部顾客的等待时间具有统计学规律，拥有特定的期望值（expectation）。

➢（仿真）时钟（CLOCK）。用于仿真模型及其模拟过程，具有跳跃性和不连续性，与现实世界的时钟不完全对应，采用大写以示区别。

2.1.2 术语

（1）事件调度和未来事件列表

在离散事件系统仿真中，仿真过程是面向事件的，系统仿真以模拟各类事件对系统的影响为目的。事件发生是有时间顺序的，事件调度就是按照事件发生的时刻（instant）顺序，建立未来事件列表（future event list，FEL），仿真时钟（simulation clock）仅按照事件列表中的事件时刻推进，跳过那些没有事件和活动（activity）发生的时间段（duration），这样可以大大加快仿真速度，提高仿真效率。

未来事件列表的生成依赖于事件调度方法。如果我们能够得到某一类事件的历史数据，就可以通过统计回归和数据拟合对其进行分析，获得该事件的统计分布（statistical distribution）和参数（parameter），从理论上讲，特定的事件对应特定的统计分布和参数，这就为事件规律的描述提供了严格的数学表示。依赖其统计分布和参数获得的计算值，可以视为对该事件未来发生情形的采样，可以用于研究系统未来的发展和变化趋势。以上这种方法，就是事件调度方法。

事件调度（event scheduling）的目标是获得FEL，其所依赖的是特定事件的统计分布。当系统包含多个事件类型的时候，例如有顾客到达事件、顾客离开事件、设备故障事件、设备恢复运行事件等，这些事件依赖不同的、独立的统计分布和参数，我们需要按照各类事件的统计分布及其参数生成其未来事件，这些不同类型的事件混合在一起，并按照时间顺序排序（chronologically），这样所形成的一个包含各类事件的列表，称为未来事件列表。

FEL主要包含未来事件的发生时间（time of occurrence）或者时刻（instant）、事件编号（ID）等，例如FEL中可以包括客户到达的时刻、客户进入队列的时刻、客户离开队列开始接受服务的时刻、客户结束服务并离开系统的时刻，每一个时刻都有一个唯一的编号，且需要按照时间发生的先后顺序排列，符合现实系统的运行逻辑。

从理论上来说，在系统仿真过程中，即使基于相同的统计分布和参数，每次仿真所获得的FEL列表应该是不同的，这主要是因为仿真所使用的随机数流（random stream）是不同的。出于研究需要，我们可以设定每次仿真采用固定的随机数流，如此每次生成的FEL就是相同的，这样就可以比较不同方案（alternative）之间的差异和优劣。

一般而言，FEL 中事件的生成不是在仿真开始时一次完成的，即不是一次性生成所有的事件列表，而是在某一事件发生的情况下，推演得到与其相关的后续事件，并将其纳入 FEL，这样做的好处有两个：

➢ 一是可以避免事件取消而造成的 FEL 事件删除操作。例如对于顾客到达事件，我们可以将未来 1000 名顾客的到达时刻全部生成，并保存到 FEL 中，但是如果有顾客到达系统之后，发现系统中排队人数过多而不愿意等待，则该顾客离开，这时就需要将其从 FEL 中删除并重新排序，如果有较高比例的顾客（如超过 30%）有这样的心理预期，恰好系统中的排队人数确实很多，这样就会频繁操作 FEL，从而造成仿真模型运行效率的降低。

➢ 二是可以减少计算机内存的消耗。已经发生的事件即刻从 FEL 中清除，FEL 中只保留尚未发生的事件，且 FEL 中保存的未来事件也足够当前仿真的需要，这就可以保证 FEL 对内存的最低占用，也可以提高 FEL 的处理（插入排序、检索）效率。

上述 FEL 的生成和处理方式在大型系统仿真中尤其有效。

需要指出的是，FEL 中的事件，由于其产生源的不同而分为两类：内生事件（endogenous event）和外生事件（exogenous event）。所谓内生事件是指模型内部活动所引起的状态变化而产生的事件，源于系统内部行为，例如顾客在餐厅就餐完毕后的离去事件，只和系统内顾客就餐行为和习惯有关，而不受系统外因素的影响，那么顾客离去事件就是内生的；外生事件是指该事件的产生是由系统外部因素引起的，系统只能承载事件的结果而不能影响事件的发生，例如顾客到达事件、订单到达事件。对于餐厅而言，顾客到达的时间和人数，是由系统外部因素影响和决定的，餐厅只能被动接受，顾客什么时候来，每次来几个人，都不是餐厅所能预知和决定的。同理，企业每天接到的订单数以及每笔订单的订货量，受到市场和政策影响，也具有外生性。

例 2.1 客户在银行营业厅系统中的相关事件。

客户到达商业银行营业厅办理个人业务，主要包括开关账户、存取款等。个人客户到达银行的时间是随机的，客户到达事件是外生事件。假设银行上午 9 点开始营业，仿真时钟将此设定为初始时刻，即“零时刻”。假设客户到达服从参数为 $\lambda=15$ 的泊松分布（Poisson distribution），也就是说单位时间（例如每小时）内到达 15 个客户，则客户到达间隔时间（interarrival time）服从参数为 15 的负指数分布（exponential distribution），即相邻两个客户到达的时间间隔为 1/15h 或者 4min；假设客户接受银行柜员服务的时间服从正态分布 $N(5, 1.2^2)$ min。假设该营业厅只有 1 名柜员负责个人业务。图 2-1 记录的是只有一名柜员的银行营业厅服务过程模型。

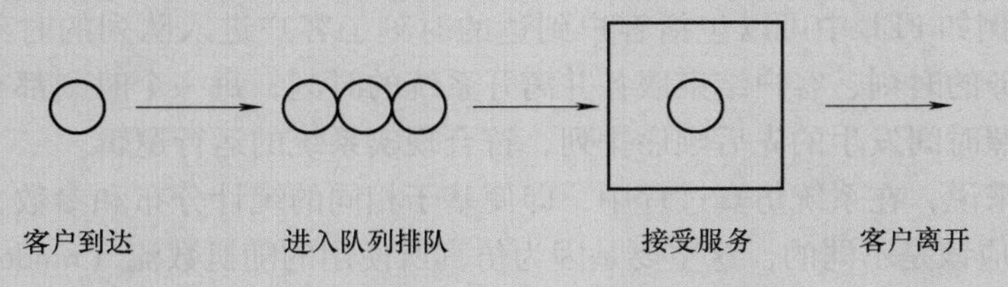

图 2-1 具有一名柜员的银行营业厅系统过程

我们用 e_{Ai} 表示第 i 个客户到达事件，毋庸置言，e_{Ai} 是外生事件；用 e_{Di} 表示第 i 个客户的离开事件，e_{Di} 是内生事件。具体过程如下：

1）我们假设第 1 名客户在零时刻到达，记为 $t_{A1}=0$，此时系统依据指数分布 Exp(λ) 产生第 2 名客户到达的时刻 $t_{A2}=2.9$，即第 2 名客户在 2.9min 时到达。由于第 1 名客户到达的时候，柜员空闲，所以可以立即接受服务，仿真系统依正态分布获得第 1 名客户服务时间为 $t_{D1}=3.7$min。此时 FEL 中包含两个事件，即 e_{A2}（$t_{A2}=2.9$）和 e_{D1}（$t_{D1}=3.7+0$），此时可表示为 FEL =（e_{A2}，e_{D1}）。

2）当时钟推进，首先到达 $t_{A2}=2.9$ 时刻，此时第 1 名客户仍然接受服务，第 2 名客户仍在排队，系统需要推测下一个事件何时发生，与 e_{A2} 事件对应的是 e_{A3}，得 $t_{A3}=6.1$，由于第 2 名客户尚在等待，所以不需要生成其服务时间，此时 *FEL* =（e_{D1}，e_{A3}）。值得注意的是，e_{A2} 事件首先从 FEL 中清除，然后再予以执行。

3）当时钟继续推进到 $t_{D1}=3.7$ 时刻，此时第 1 名客户离开系统，第 2 名客户立即接受服务，所以我们需要知道第 2 名客户的服务时间，例如等于 7.5min，则第 2 名客户离开系统的时刻 $t_{D2}=3.7+7.5=11.2$，此时 FEL =（e_{A3}，e_{D2}）。

4）以此类推，可以得到仿真过程各个阶段的 FEL 列表。图 2-2 描述了银行系统的事件调度和未来事件列表。

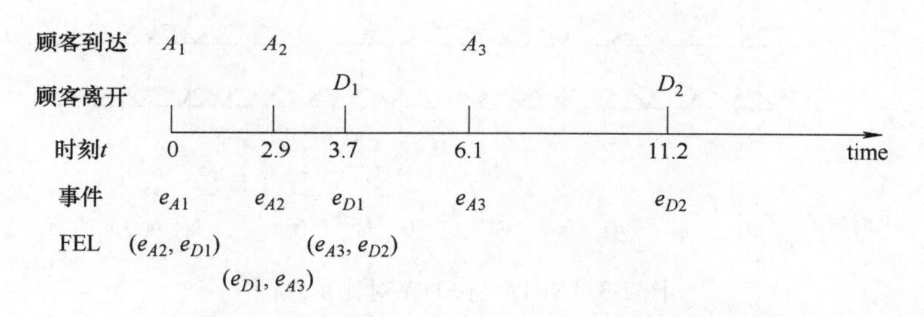

图 2-2　银行系统的事件调度和未来事件列表

（2）时间推进机制

在离散事件系统仿真中，仿真时钟是面向事件的，即“踩着”事件发生的时刻跳跃前进，是一个间断性的过程，而不是按照自然时间连续平滑推进，辅以强大的计算机处理能力，因而具有较高的效率。

相比真实系统的实际运行时间，仿真过程所需要的计算机处理时间微乎其微。绝大多数情况下，现实系统一年的运行过程，计算机仿真仅仅需要几个小时，甚至几分钟就可以完成。计算机仿真的高效率极大得益于仿真时钟的处理方式，即系统仿真时钟的时间推进机制（time-advanced mechanism）。

在离散事件系统仿真中，仿真时钟的运行是离散的，而非连续的。如果我们将仿真时钟推进的时间间隔称为“步长（increment）”。按照步长设置方式的不同，离散系统仿真的时钟推进机制有两种模式：后续事件时间推进模式（next-event time advance，NETA）、固定步长时间推进模式（fixed-increment time advance，FITA）。

简而言之，NETA 方式严格按照 FEL 中所记录的事件发生时刻序列推进，任意相邻时刻的间隔时间是不一样的，也就是说每两个相邻事件发生时刻的间隔时间（interval time）是不一样的，即仿真时钟的推进步长是不等值的；而 FITA 方式则不同，其推进步长是等值的，也就是相邻两个时刻之间的间隔是相等的。可以说，二者之间的区别就是步长是否等值。

直观上说，NETA 模式更合理，也更容易理解，因为它能保证仿真时钟与事件发生的顺序完全一致和同步，因而应用领域更加广泛。

FITA 模式在按照步长推进到下一时刻之后，需要回过头来查看这个步长周期内是否有事件发生，如果有，则需要"补记"此期间新发生事件所影响的各项状态变量和参数值的变化情况；如果没有，则继续推进到下一个时刻。若相邻事件之间的间隔时间很长，或者步长取值过小，就容易造成大量的"无效推进"，即单步步长周期内没有需要处理的事件，这会造成系统运行效率的降低。但是如果所研究的系统是周期性的，那么 FITA 就具有一定的优势，例如按照月度定时进行的财务收益核算，或者固定周期的设备检验与维护，都适合使用 FITA 模式。图 2-3 揭示了 NETA 与 FITA 之间的差异。

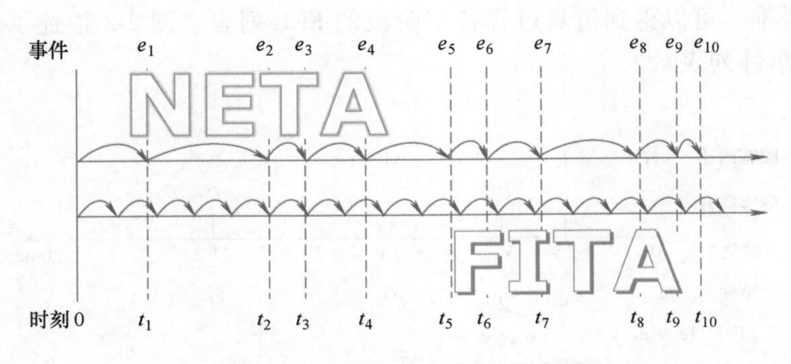

图 2-3　NETA 与 FITA 对比示意图

2.2　列表处理

计算机系统仿真中，未来事件列表、队列和实体列表，需要借助列表处理（list processing）方式进行管理。这里所指的列表，是由记录构成的可变对象，列表中的记录经过排序，按顺序链接在一起，列表内容可以修改，主要表现为记录的添加、删除和移动。

每个记录代表一个实体（entity）或者一个事件通知（event notice）。由实体组成的列表称为实体列表，由事件通知组成的列表就是 FEL。

列表由排序的记录组成，因此列表具有头（top or head）记录和尾（bottom or tail）记录，遍历列表时，需要从头记录开始，依次找到第二条记录、第三条记录、第四条记录、…，直到最后一条记录。

每一条记录都可以包含多个字段（field），例如用于存储实体的记录，除了存储实体名称或者 ID 之外，还可以存储该实体的多个属性值；用于存储事件通知的记录，除了保存事件通知的 ID 之外，还需要存储事件发生的时刻以及事件类型（顾客到达、顾客离去、设备故障等）等多项内容。

为了实现遍历的要求，通常使用指针，这个指针实现列表中记录的定位。每条记录可以设置相应的字段保存下一条记录的逻辑位置。最后，列表的尾记录由一个尾指针指向它，告知系统列表结束于此。

对于任何类型的列表，列表的处理活动主要包含以下四种类型：

1）删除列表中的头记录。

2）删除列表中的任何一条记录。

3）在列表顶端（或末端）增加一条记录。

4）在列表中的任意位置增加一条记录，需满足排序规则。

其中，第一和第三项操作比较简单，只需要变更头部或尾部的指针就可以了，耗时较少；但是，其他两项操作，首先需要定位，即找到准确的插入或删除的位置，然后修改对应的指针，操作步骤多，耗时也会多一些。

在进行系统仿真的时候，无论是使用专业化的仿真软件（Arena、AnyLogic、Simio）还是使用通用语言工具（例如 C ++、C#、Java 或者 Visual Basic），都需要将实体型记录或事件通知型记录存储在内存之中，利用特定的数据管理方式实现列表处理的功能。

在计算机世界中，实现系统仿真所要求的列表存储和处理方式可以有三种：顺序存储（sequential storage）、索引存储（index storage）和动态链接存储（dynamic linked allocation）。三种方式都需要使用数组（array），只是逻辑处理的方式不同。具体选择何种方式，既要考虑成本，更要考虑效率。

2.2.1 顺序存储处理方式

数组是计算机处理数据的一项常用技术，数组内容在内存中是连续存储的，所以它的顺序定位速度很快，而且赋值与修改元素也很简单。由于 C ++ 或 Java 等大多数语言对于数组有严格的限定，数组一旦定义后，其结构不可改变，长度更无法增加，主要是避免可能造成的内存溢出问题。因此，使用数组的时候，应一次性定义其最大长度。

数组可以是多维的，例如 $ABC(i,j,m,n)=(entityID,attr1,attr2,attr3)$ 就代表四维数组的一个取值，或者称为一个记录，可以简写为 $ABC(i)=(entityID,attr1,attr2,attr3)$。

顺序存储方式，顾名思义，是将所有的记录按照一定的顺序写到数组中，其物理顺序就是逻辑顺序，例如队列中的顾客，就可以按照其到达时间的先后记录在数组中，这样顾客之间的前后位置就固定了，如果按照先到先服务的排队规则（first come first serve，FCFS），则只需要从数组起始位置顺序读取记录即可，效率较高。

例 2.2 银行排队系统的列表处理方式。

假设某银行系统只有 10 个排队座椅，顾客到达后，如果服务台繁忙就自动进入队列中，按照 FCFS 的规则排队，则顾客队列的存储数组内容如下：

$$header\_ptr=1$$

$$Q(1)=(CUS1,2.3)$$

$Q(2) = (CUS2, 2.8)$
$Q(3) = (CUS3, 3.6)$
$Q(4) = (CUS4, 3.9)$
$Q(5) = (CUS5, 6.2)$
$Q(6) = (CUS6, 6.6)$
$Q(7) = (CUS7, 0.0)$
$Q(8) = (CUS8, 0.0)$
$Q(9) = (CUS9, 0.0)$
$Q(10) = (CUS10, 0.0)$
$tail\_ptr = 6$

由于排队队长最大为10，因此数组长度也定义为10。数组有两个属性（顾客ID和到达时间），数组记录按照时间到达先后顺序排列，数组前后有头指针和尾指针指向，$header\_ptr = 1$ 意味着队列中排在第一位的是代号CUS1的顾客，其到达时间是2.3时刻，$tail\_ptr = 6$ 标明队尾是第6名顾客。因为仅有6名顾客排队，因此Q(7)到Q(10)的数据设置为0，代表空记录。由于数组已经按照到达时间顺序排列，若仿真过程采用FCFS规则，则只需按照数组中的顺序进行读取即可。

2.2.2 索引存储处理方式

例2.2中，如果银行更改排队规则，VIP客户拥有优先权，则顾客排队的顺序就可能发生变化：后到的顾客因为具有较高的优先级，反而可能排在队列前面或者队列中间。如果仍然采用顺序存储方式，计算机程序处理就需要将对应记录插入到数组的指定位置，则插入位置之后的所有记录需要整体后移一位，造成在内存中的大量读写操作，耗费大量的处理时间，当数组中的记录较多（超过5个），这种方式的处理效率较低，一般不推荐采用。

索引存储方式，是在顺序存储方式的基础上，新增一个维度（属性），用于存储索引值，该属性值记录后序记录（next record）的逻辑位置。由此，新增记录仍可以顺序写入，然后通过排队规则建立索引，将索引值写入对应属性。

$header\_ptr = 1$
$Q(1) = (CUS1, 2.3, 1)$
$Q(2) = (CUS2, 2.8, 4)$
$Q(3) = (CUS3, 3.6, 2)$
$Q(4) = (CUS4, 3.9, 6)$
$Q(5) = (CUS5, 6.2, 3)$
$Q(6) = (CUS6, 6.6, 5)$
$Q(7) = (CUS7, 0.0, 0)$
$Q(8) = (CUS8, 0.0, 0)$
$Q(9) = (CUS9, 0.0, 0)$

$$Q(10) = (CUS10, 0.0, 0)$$
$$tail\_ptr = 4$$

我们仍采用例 2.2 说明索引存储方式。当我们按照优先级排序，则排队序列调整为1→3→5→2→6→4，我们不调整记录的物理存储顺序，但是新增一个属性，保存该记录在队列中的位置，例如 Q(5)的最后一个属性值是 3，说明该顾客在队列中排在第 3 位。此时数组的三个属性分别为顾客 ID、到达时间和索引值。此时头指针指向队列中的第一位待服务顾客（$header\_ptr = 1$），尾指针队列中最后一位接受服务的顾客（$tail\_ptr = 4$）。

当数组中记录较多时，因为不需要进行大量的物理移位操作，采用索引存储方式会有更高的效率。

2.2.3 动态链接存储方式

动态链接存储方式，是在顺序存储方式的基础上，增加了两个属性，建立特定记录与前后记录的逻辑顺序关系，我们称之为前向指针（forward pointer）和后向指针（backward pointer）。前向指针与后向指针配合使用，可实现队列的定位和双向搜寻，这种方式具有最高的综合性能和灵活性。

采用这种方式，例 2.2 中的数组内容进一步变化如下：

$$header\_ptr = 1$$
$$Q(1) = (CUS1, 2.3, header\_ptr, 3)$$
$$Q(2) = (CUS2, 2.8, 5, 6)$$
$$Q(3) = (CUS3, 3.6, 1, 5)$$
$$Q(4) = (CUS4, 3.9, 6, tail\_ptr)$$
$$Q(5) = (CUS5, 6.2, 3, 2)$$
$$Q(6) = (CUS6, 6.6, 2, 4)$$
$$Q(7) = (CUS7, 0.0, 0)$$
$$Q(8) = (CUS8, 0.0, 0)$$
$$Q(9) = (CUS9, 0.0, 0)$$
$$Q(10) = (CUS10, 0.0, 0)$$
$$tail\_ptr = 4$$

如上公式所示，记录之间的关系可以表示为 1↔3↔5↔2↔6↔4，不仅可实现前向搜索，也可进行反向定位，应用更加灵活。

2.3 高级语言实现

目前，C ++ 、C#以及 Java 等程序开发语言被广泛用于系统仿真过程，使用上述语言开发的仿真软件，功能更灵活，参数设置能力更强，运行速度也更快，但是对建模者的技术要求也更高。此外，采用通用语言开发仿真模型，还可以自行选择和设计优化算法，可以更有效地解决实际问题。

A. M. Law 在其 2015 年第 5 版《仿真建模与分析》（Simulation Modeling and Analysis）一书中，基于 C 语言介绍了 DES 模型的开发过程，并给出了 C 程序代码。Jerry Banks 在其 2015 年第 5 版《Discrete-Event System Simulation》一书中，采用 Java 语言介绍了 DES 仿真模型的开发过程并附加了 Java 程序代码。有兴趣的读者可以通过两位作者提供的网络资源，获得相关程序源代码。图 2-4 描述了基于 NETA 机制的 DES 仿真软件控制流图。

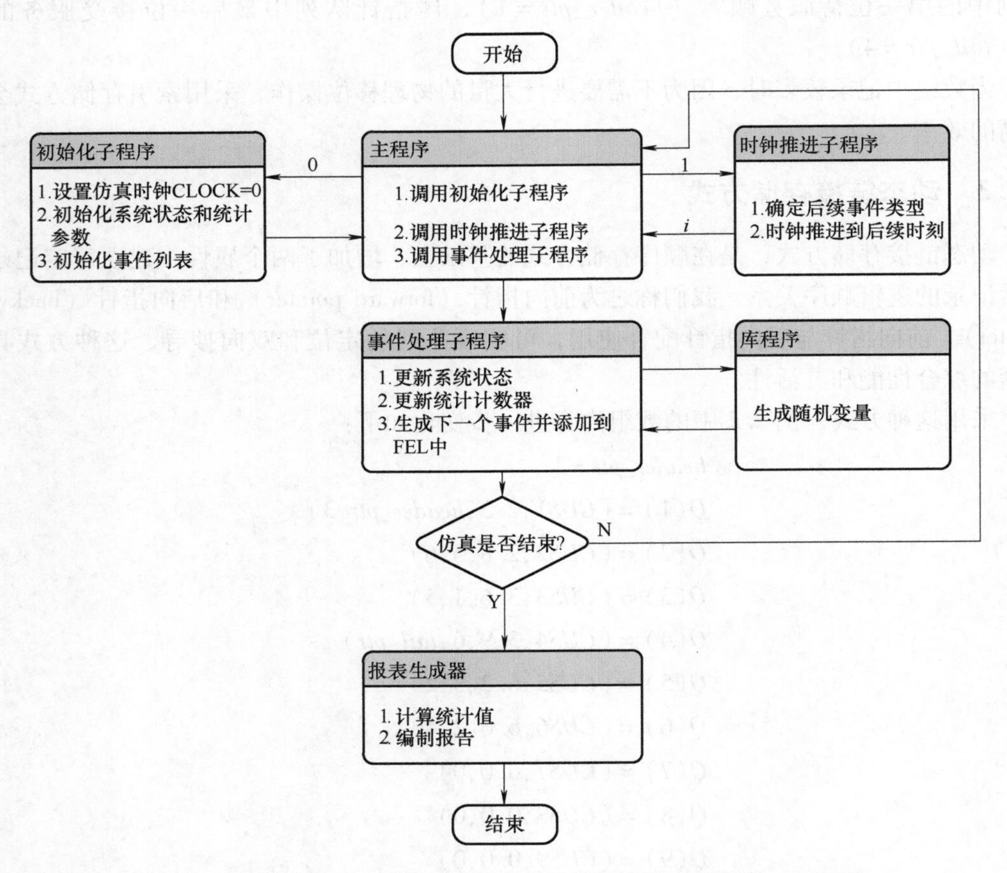

图 2-4　基于 NETA 机制的 DES 仿真软件控制流图（A. M. Law，2015）

2.4　几个仿真案例

2.4.1　使用手工仿真——单服务台系统

在离散事件系统中，客户到达和离开是最重要的事件，也是一切活动的驱动者。正如在例 2.1 中所展示的，客户到达和离开这两类事件将引起系统状态的变化，这些状态包括柜台服务员是否忙碌、系统内的客户排队队长，以及相关系统参数的变化。表 2-1 记录了本例所涉及的系统相关内容和变量。

表 2-1 系统相关内容和变量说明

系统状态	$LQ(t)$	当前系统中的排队客户数
	$LS(t)$	当前系统中正在接受服务的客户数，取值为 0 或者 1
实体	客户、柜台服务员	
事件	客户到达事件	
	客户离开事件	
	仿真结束事件	当满足仿真要求的时候，仿真过程停止。例如仿真 8h 之后，系统停止运行
事件预告	(A,t)	在未来 t 时刻将有一个客户到达
	(D,t)	在未来 t 时刻将有一个客户离开
	$(E,480)$	仿真 8h（480min）之后停止
活动	到达间隔时间	
	服务时间	
延迟	客户在队列中的等待时间	

当仿真系统模拟客户到达和离开事件的时候，仿真系统需要按照一定的规则进行判断和设置，如图 2-5 和图 2-6 所示。

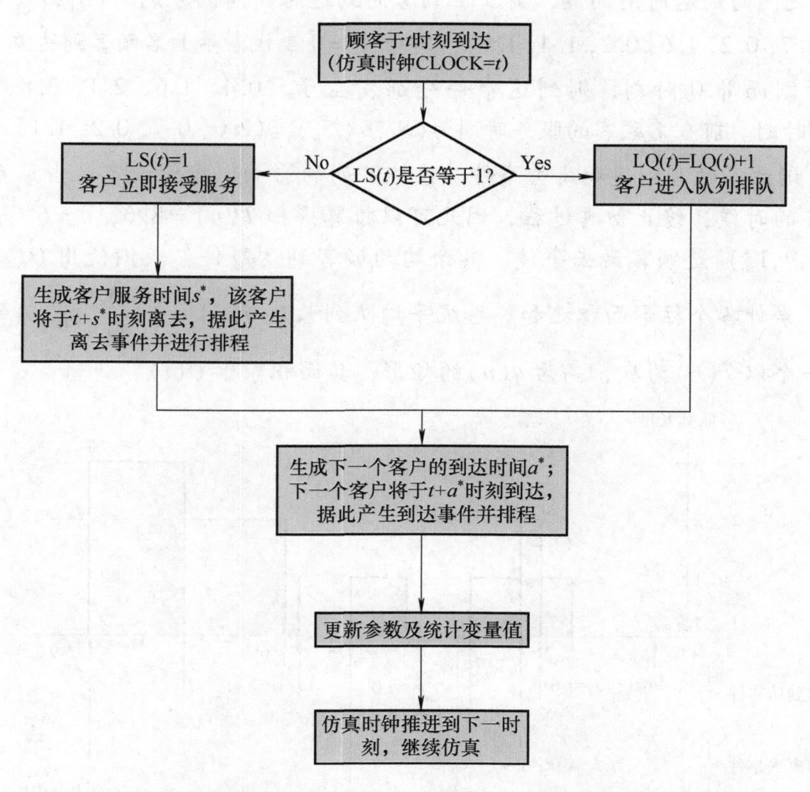

图 2-5 客户到达事件的执行过程（Jerry Banks，2010）

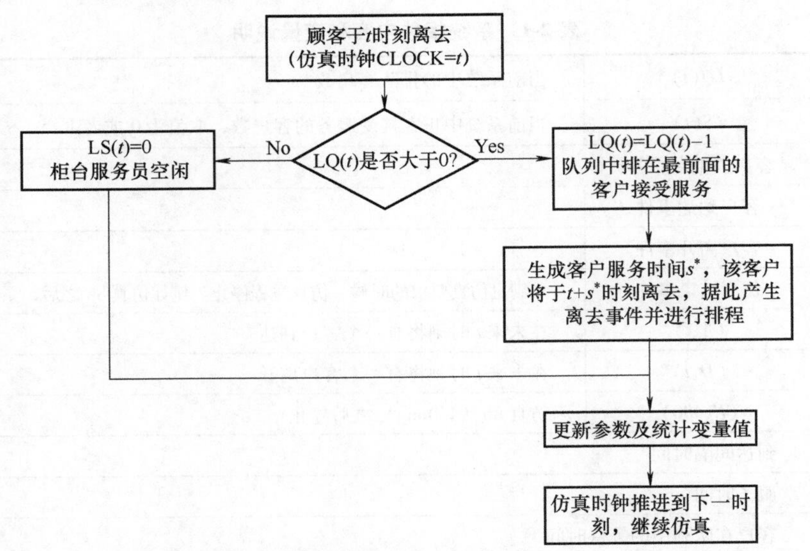

图 2-6　客户离去事件的执行过程（Jerry Banks，2010）

例 2.3　单服务台排队系统的手工仿真（A. M. Law，2015）。

一个单服务台排队系统（single-server queueing system），我们记 A_i 为第 i 名顾客和第 $i-1$ 名顾客之间的到达时间间隔，前 9 位顾客的到达时间间隔分别为 $(A_1,\cdots,A_9)=(0.4,1.2,0.5,1.7,0.2,1.6,0.2,1.4,1.9)$，其中 $A_1=0.4$ 代表第 1 名顾客到达系统的时间是在第 0.4 时刻而非 0 时刻，则到达事件分别发生于（0.4、1.6、2.1、3.8、4.0、5.6、5.8、7.2）时刻。前 6 名顾客的服务时间为 $(S_1,\cdots,S_6)=(2.0,0.7,0.2,1.1,3.7,0.6)$。

图 2-7 记录了顾客到达和离去事件对系统队列的影响。我们设定，当第 6 名顾客开始接受服务的时候，终止仿真过程，因此可以推算得知 $T(n)=8.6$，$n=6$。图 2-7 中事件（4,5,6,9,13）是顾客离去事件，其余均为顾客到达事件。我们使用 $Q(t)$ 作为统计变量，用于累计各个柱形面积之和。系统平均队列长度 $q(n)=\dfrac{Q(t)}{T(n)}$。$q(n)$ 的几何意义为：构造一个以 $T(n)$ 为底，高为 $q(n)$ 的矩形，其面积等于 $Q(t)$。

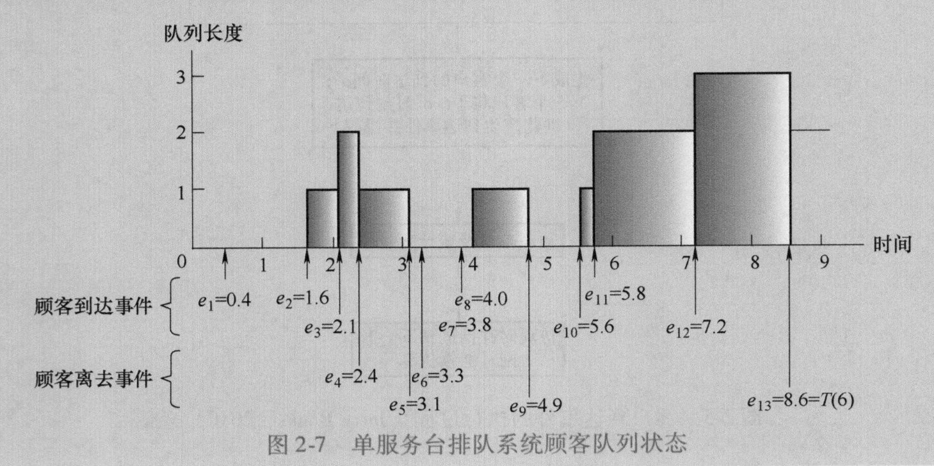

图 2-7　单服务台排队系统顾客队列状态

本例中，在第0.4时刻，第1名顾客到达系统，由于服务台空闲且队列中为空，则第1名顾客直接接受服务，此时系统排队队列为空，第2名顾客于第1.6时刻到达，此时第1名顾客仍然在接受服务，因此第2名顾客不得不排队等候，于是队列中排队人数变为1，第3名顾客在第2.1时刻到达之时，第1名顾客的业务仍然未结束，因此第3名顾客也进入队列排队，此时队列中排队人数增长到2，当第1名顾客于第2.4时刻离去的时候，队列中排在最前面的第2名到达的顾客即刻进入服务台接受服务，则系统队列中只剩下第3名到达的顾客，排队人数减少为1。后续顾客的到达和离去，读者可以比照图2-7进行分析。

图2-8记录系统服务台的繁忙状态，如果服务台是忙碌的，则取值为1，否则为0。仿照$Q(t)$，我们定义$B(t)$为柱形面积之和，则服务台的平均繁忙程度［也称为工作强度、工作负荷、利用率（utilization）］$u(n)=\dfrac{B(t)}{T(n)}$。

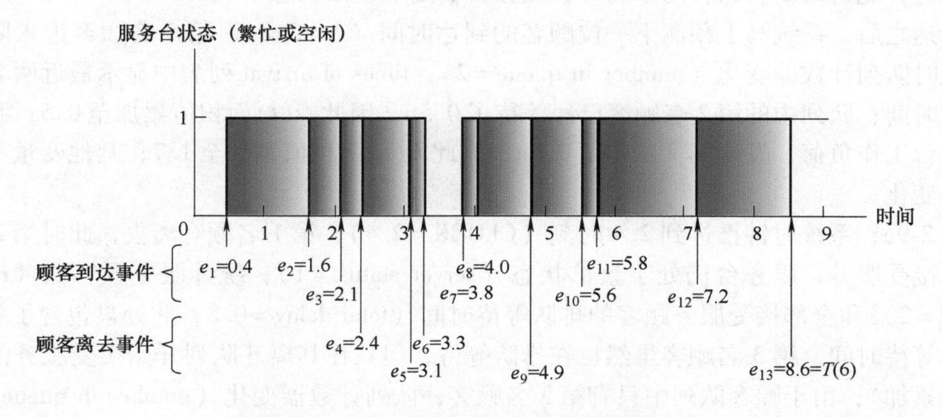

图2-8　单服务台排队系统服务台繁忙状态

以上两幅图说明了排队系统随着顾客到达和离去发生的变化，主要是排队人数和服务台繁忙程度两个指标，下面我们使用手工方式仿真系统状态的变化过程，并记录所有相关指标和因素的状态变化情况。

图2-9a反映的是系统在初始时刻的状态。在零时刻（CLOCK＝0），系统中没有顾客到达，因此服务台是空闲的（server status＝0），队列中没有顾客排队（number in queue＝0）；未来事件列表中只有一个预期到达事件，即第1名顾客将于0.4时刻到达，因为顾客尚未到达，因此其离去时间未知；statistical counters是四个统计计数器，分别记录接受服务的顾客数量（number delayed，当该数字达到6时，仿真结束）、总排队时间（total delay）、$Q(t)$累积面积（area under $Q(t)$，即图2-7中的累计图形面积）、$B(t)$累积面积（area under B（t），即图2-8中的累计图形面积）。

图2-9b对应0.4时刻的系统状态。在0.4时刻（CLOCK＝0.4），第1名顾客到达，此时服务台进入繁忙状态（server status＝1）；第1名顾客到达之后，系统马上预测下一位顾客的到达时间（第1名顾客到达时间0.4，加上到达间隔时间1.2，得到A＝1.6）；手动记下第1名顾客到达时间（time of last event ＝ 0.4），以便在其离开系统时，计算相关统计指标；第1名顾客前面没有其他顾客，不用排队，可以直接接受服务；顾客接受服务

时，需要确定其离去时间（到达时间 0.4，加上服务时间 2.0，得到 D = 2.4）；第 1 名顾客到达后虽然没有排队，但是我们认为其进入了队列，停留时间为 0，因此需要进行累加（number delayed 加 1）。其他变量和统计量没有变化。

图 2-9c 对应 1.6 时刻的系统状态。在 1.6 时刻（CLOCK = 1.6），第 2 名顾客到达，此时服务台仍处于繁忙状态（server status = 1）；第 2 名顾客到达之后，系统马上预测下一位顾客的到达时间（A = 2.1）；由于第 1 名顾客仍在办理业务，尚未离开，因此第 2 名顾客只能进入队列等待，此时队列计数器变化（number in queue = 1），并记录第 2 名顾客到达时间（times of arrival 是一个列表，记录排队顾客的到达时间）；我们检查服务台工作负荷，发现其已经工作了 1.2h，因此 $B(t)$ = 1.2；其他变量和统计量没有变化。

图 2-9d 记录系统推进到 2.1 时刻的系统状态。在 2.1 时刻（CLOCK = 2.1），第 3 名顾客到达，此时第 1 名顾客尚未离开，服务台仍处于繁忙状态（server status = 1）；第 3 名顾客到达之后，系统马上预测下一位顾客的到达时间（A = 3.8）；第 3 名顾客进入队列等待，此时队列计数器变化（number in queue = 2），times of arrival 列表中显示最近两名顾客的到达时间；队列中的第 2 名顾客已经等待了 0.5h，因此 $Q(t)$ 面积值累加至 0.5；我们检查服务台工作负荷，发现其又工作了 0.5h，因此 $B(t)$ 面积值累计至 1.7；其他变量和统计量没有变化。

图 2-9e，系统时钟推进到 2.4 时刻（CLOCK = 2.4），第 1 名顾客离去，此时第 2 名顾客立即接受服务，服务台仍处于繁忙状态（server status = 1）；统计服务顾客数（number delayed = 2）和全部接受服务顾客的排队等待时间（total delay = 0.8，此处只包含了第 2 名顾客的等待时间，第 3 名顾客虽然也在排队等待，但只在其离开队列开始接受服务的时候才进行累加）；由于顾客队列中只有第 3 名顾客，队列计数器变化（number in queue = 1），times of arrival 列表中保留第 3 名顾客的到达时间信息；自从上次事件之后，队列中的第 2 名顾客和第 3 名顾客又等待了 0.3h，因此 $Q(t)$ 面积值增加 $2 \times 0.3 = 0.6$ 至 1.1；服务台又工作了 0.3h，因此 $B(t)$ 面积值累计至 2.0；其他变量和统计量没有变化。

按照上述规则，请读者尝试自行解读后续步骤中各项指标值和状态的变化。

依据以上手工仿真的结果，可以计算 $q(6) = \dfrac{9.9}{8.6} = 1.151$，即队列中的平均排队人数为 1.151 人；$u(6) = \dfrac{7.7}{8.6} = 0.8953$，即服务台利用率为 89.53%。

可以看到，本例中事件分为两类：顾客到达时间和顾客离去事件，在顾客到达事件中，首先要预测下一个顾客到达时刻，然后检查该顾客是否可以开始接受服务，如果可以接受服务，则要确定其离去的时间；在顾客离去事件中，则只需要规划下一个顾客的离去时间。这种规则可用于指导建立软件仿真模型的设计思路。

2.4.2 使用电子表格仿真：基于 Excel 的快餐店模型

除了手工方式以外，还可以借助电子表格（spreadsheet）软件进行仿真。经过几十年的发展，电子表格软件已拥有强大的数据处理能力和图形能力，通过内置函数以及随机数生成器，可以满足逻辑简单但是过程复杂系统的仿真要求。

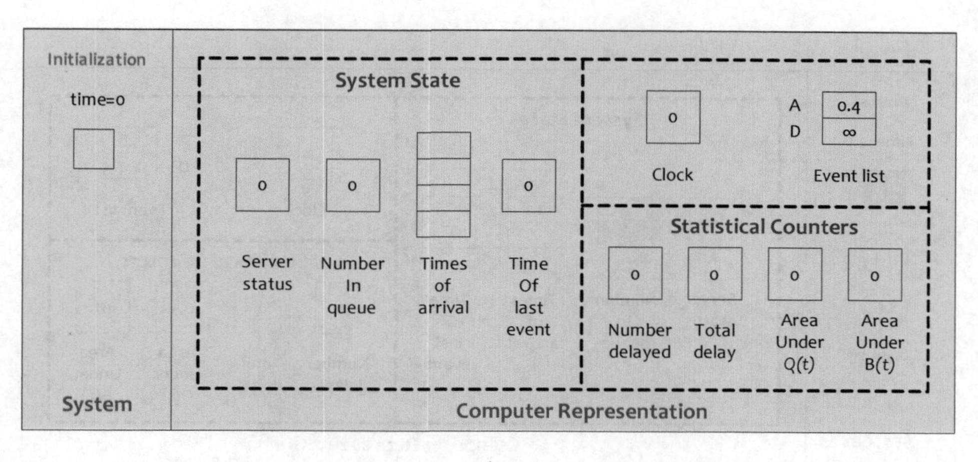

a)

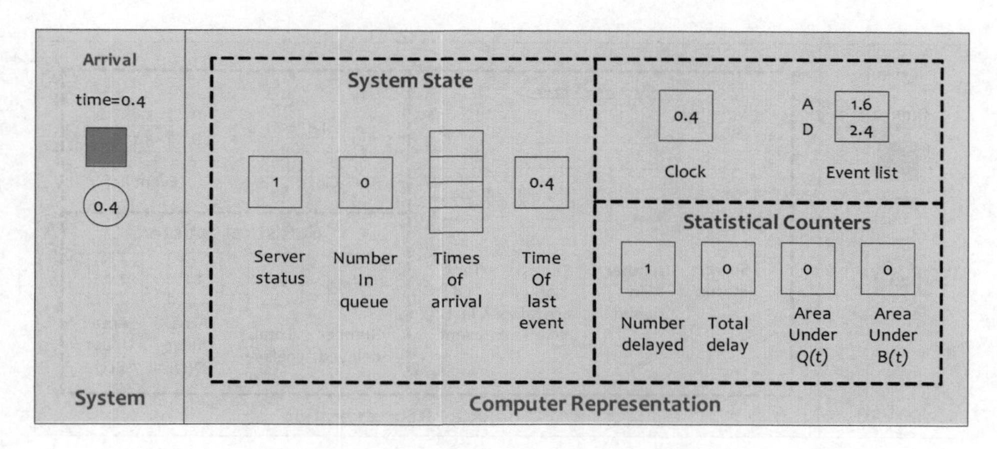

b)

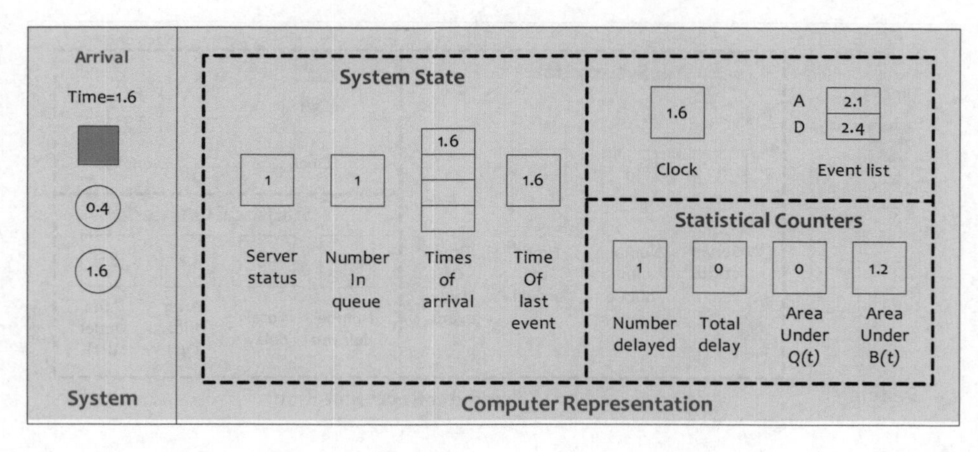

c)

图 2-9　各状态情况

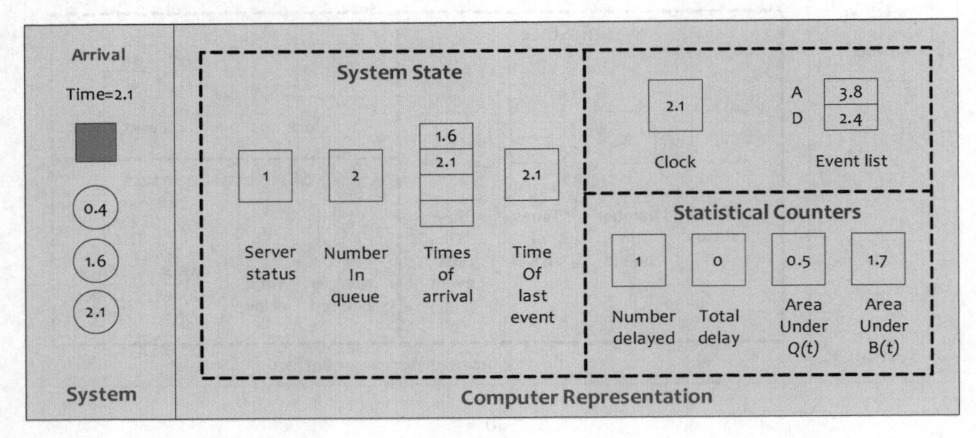
Arrival
Time=2.1
0.4
1.6
2.1
System
System State
1
2
1.6
2.1
2.1
Server status
Number In queue
Times of arrival
Time Of last event
2.1
Clock
A
D
3.8
2.4
Event list
Statistical Counters
1
0
0.5
1.7
Number delayed
Total delay
Area Under Q(t)
Area Under B(t)
Computer Representation

d)

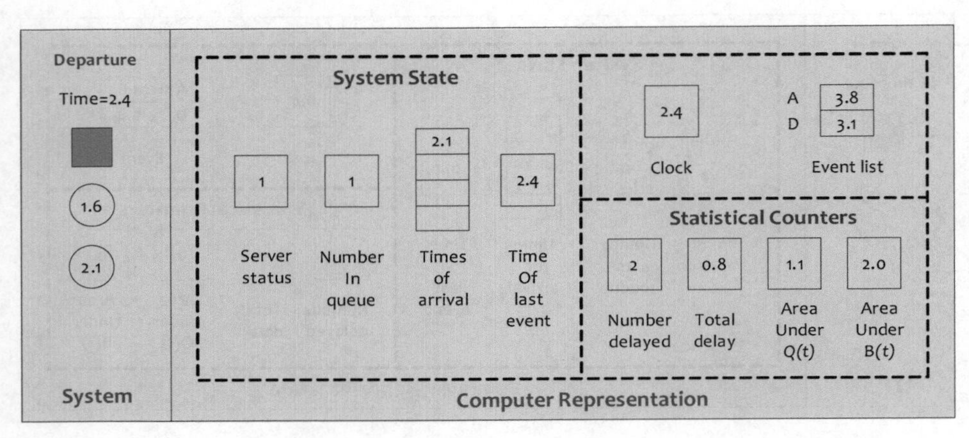
Departure
Time=2.4
1.6
2.1
System
System State
1
1
2.1
2.4
Server status
Number In queue
Times of arrival
Time Of last event
2.4
Clock
A
D
3.8
3.1
Event list
Statistical Counters
2
0.8
1.1
2.0
Number delayed
Total delay
Area Under Q(t)
Area Under B(t)
Computer Representation

e)

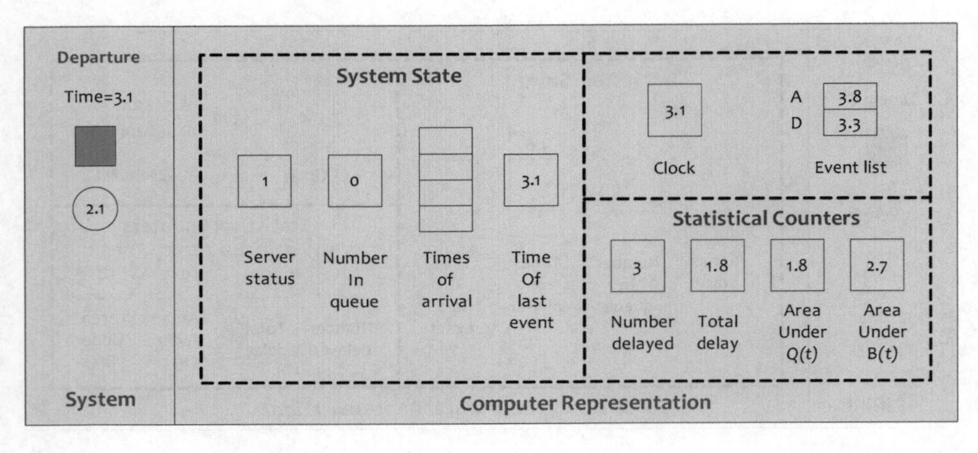
Departure
Time=3.1
2.1
System
System State
1
0
3.1
Server status
Number In queue
Times of arrival
Time Of last event
3.1
Clock
A
D
3.8
3.3
Event list
Statistical Counters
3
1.8
1.8
2.7
Number delayed
Total delay
Area Under Q(t)
Area Under B(t)
Computer Representation

f)

图 2-9

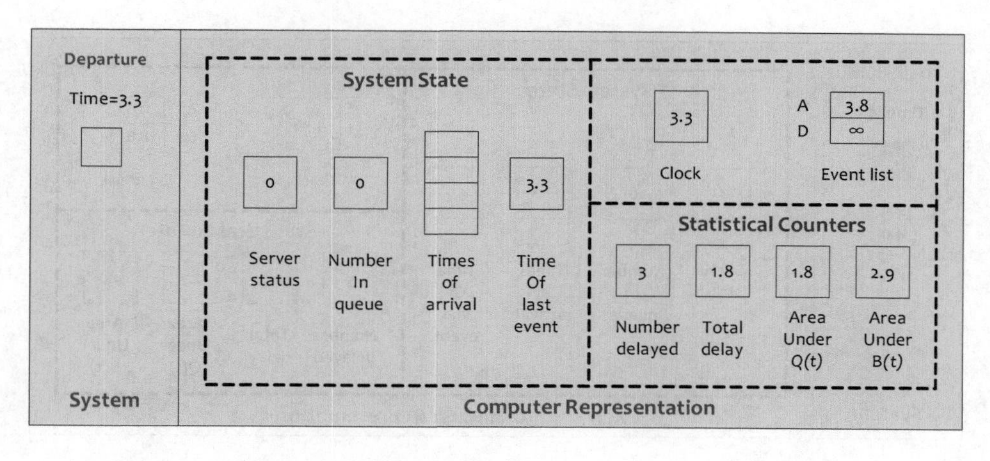
Departure
Time=3.3
System State
0
0
3.3
Server status
Number In queue
Times of arrival
Time Of last event
3.3
Clock
A
D
3.8
∞
Event list
Statistical Counters
3
1.8
1.8
2.9
Number delayed
Total delay
Area Under Q(t)
Area Under B(t)
System
Computer Representation

g)

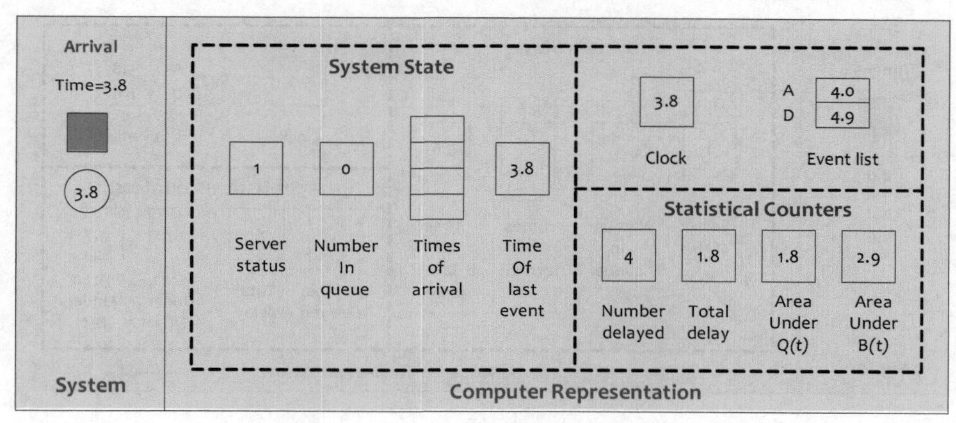
Arrival
Time=3.8
3.8
System State
1
0
3.8
Server status
Number In queue
Times of arrival
Time Of last event
3.8
Clock
A
D
4.0
4.9
Event list
Statistical Counters
4
1.8
1.8
2.9
Number delayed
Total delay
Area Under Q(t)
Area Under B(t)
System
Computer Representation

h)

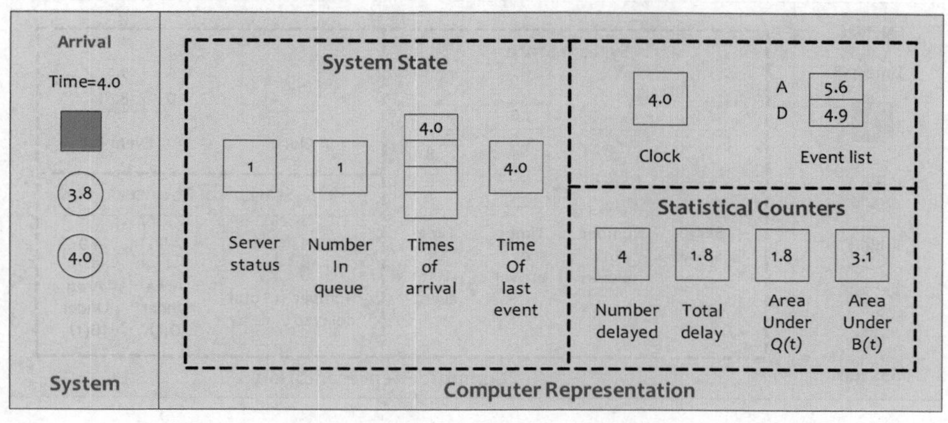
Arrival
Time=4.0
3.8
4.0
System State
1
1
4.0
4.0
Server status
Number In queue
Times of arrival
Time Of last event
4.0
Clock
A
D
5.6
4.9
Event list
Statistical Counters
4
1.8
1.8
3.1
Number delayed
Total delay
Area Under Q(t)
Area Under B(t)
System
Computer Representation

i)

各状态情况（续）

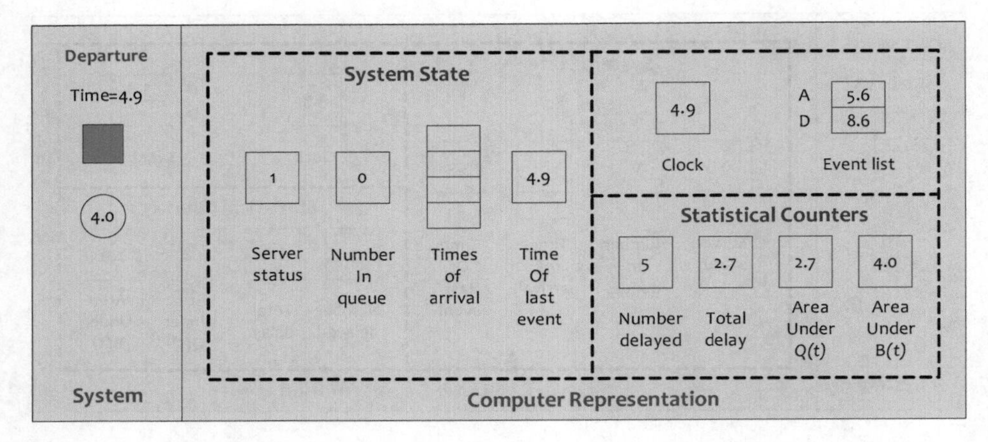

j)

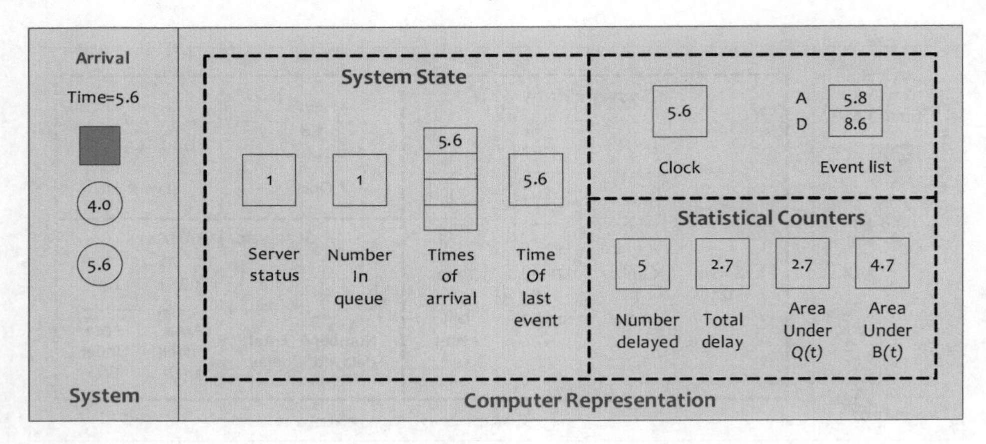

k)

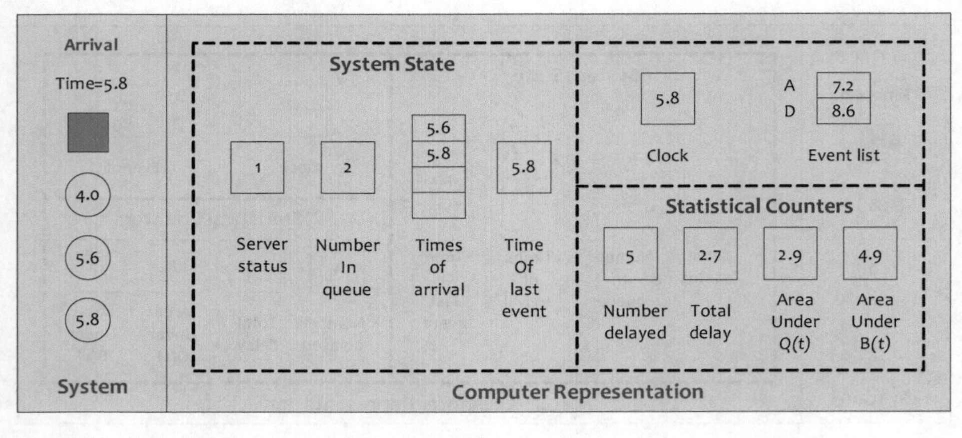

l)

图 2-9　各状态情况（续）

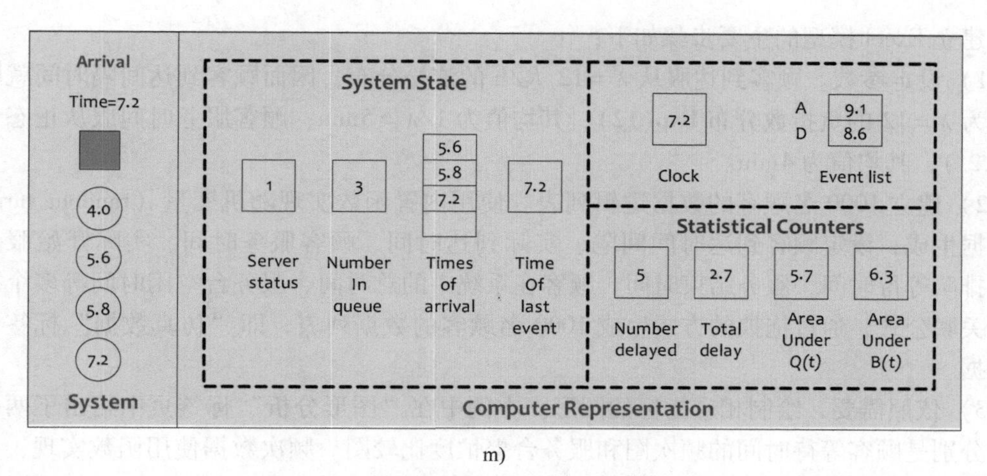

m)

Departure
Time=8.6
5.6
5.8
7.2
System
System State
1
2
5.8
7.2
8.6
Server status
Number In queue
Times of arrival
Time Of last event
8.6
Clock
A
D
9.1
9.2
Event list
Statistical Counters
6
5.7
9.9
7.7
Number delayed
Total delay
Area Under Q(t)
Area Under B(t)
Computer Representation

n)

图 2-9　各状态情况（续）

相对于手工处理，使用电子表格软件可以大大提升效率，处理能力也得到增强。例 2.3 中，我们仅对 6 名顾客进行了仿真，这对于研究系统问题而言是远远不够的，这是因为，当模拟的事件过少，事件中的随机因素对系统输出结果会产生较大影响，从而不能准确反映出系统特征和内在规律，对于辅助和支持系统决策活动是没有价值的。如果我们对 1000 名顾客的到达和服务情况进行模拟，随机因素的作用很大程度上可以得到相互抵消，但是通过手工方式将是非常低效率的，而电子表格软件就非常适合。

例 2.4　快餐店系统仿真。

某快餐店，只有一个服务员，顾客在一个队列中排队，顾客到达时间间隔服从指数分布 Exp（5），单位是 min；顾客服务时间服从正态分布 $N(4,2^2)$，单位是 min；当顾客到达后，如果服务台繁忙则进入队列排队，否则接受服务；顾客服务结束后立即离开系统，排队规则为先到先服务；请模拟 1000 名顾客接受服务的过程。

本例中，我们以 Microsoft Excel 2013 为工具进行仿真。读者可在 www.simconrse.com 网站上找到相应的 Excel 文件。

建立 Excel 模型的主要步骤如下:

1）设定参数。顾客到达服从 $\lambda=12$ 人/h 的泊松分布，因而顾客到达间隔时间就服从参数为 $\lambda=12$ 的负指数分布 Exp(12)，其均值为 $1/\lambda=5\text{min}$；顾客服务时间服从正态分布 $N(4,2^2)$，其均值为 4min。

2）建立 1000 名顾客的数据逻辑列表。使用内置函数实现随机变量（random variate）的数据生成；设定顾客到达时间间隔、实际到达时间、顾客服务时间、实际开始服务时间、排队等待时间、服务结束时间、顾客在系统中的总时间、服务台空闲时间等多个指标间的关联公式，通过拖拽的方式生成 1000 名顾客的数据列表，即“仿真数据”标签页中的数据。

3）依照需要，绘制相应指标的图形。本例中在“图形分析”标签页中给出了两张图形，分别是顾客等待时间的频次图和服务台繁忙度比较图。频次数据使用函数实现，记为 =FREQUENCY（仿真数据！F9：F1008，图形分析！B3：B16），编写此公式的时候，需要同时选定从“C3”到“C16”的列，输入公式后，按“Ctrl + Shift + Enter”键完成公式输入。

4）通过宏（macro）完成实验设计。对仿真模型运行 50 次，并绘制出频次图。

在此，我们特别对本例中的宏编程做简单说明。Microsoft Excel 中的宏是基于 Visual Basic 的，通过录制宏并进行修改，可以达到程序运行的结果。

本例中，当我们完成“仿真数据”标签页之后，仿真模型就基本建好了，可以通过单击“F9”功能键实现一次仿真，可以看到，每次仿真的输出结果是不同的。特别需要指出的是，对于仿真系统的输出分析（output analysis）而言，仅仅通过增加客户数仍不足以达到稳定的输出，本例中顾客平均排队时间指标在每次仿真中会有较大幅度的变化，就反映了这个情况。为进一步解决这个问题，可以将同一仿真模型运行多次。依据统计学理论，每一次仿真都是对系统的一次采样（sampling），当采样次数足够大时，依据采样数据所获得的统计分析结果才具有较高的置信水平（confidence level）。

为运行 50 次仿真并记录其结果，我们需要使用宏。具体操作过程如下：

1）按照“文件-选项-自定义功能区”菜单顺序，选中“开发工具”，确认退出后在 Excel 顶部菜单栏中就可以看到“开发工具”标签页，进入该标签页，选中“使用相对引用”。然后单击录制宏按钮，设定宏名称，本例宏名称为“experiment”。

2）将鼠标移动到需要填写统计数据的位置单元格，即“实验设计”标签页中的“C22”单元格，单击激活此单元格。

3）打开“仿真数据”标签页，按“F9”功能键重新仿真一次，找到“F1009”单元格并单击，按“Ctrl + C”复制此单元格内容。

4）打开“实验设计”标签页，单击“C22”单元格，按“Ctrl + V”复制其内容，选择复制数据而非公式，这样数据就不会变化了。

5）单击“C22”下方的“C23”单元格，然后结束宏的录制。

6）在“实验设计”标签页中单击“开发工具”按钮，单击其中的“Visual Basic”按钮，找到刚才录制的宏，代码如下：

```
Sub Experiment()
```

```
        ' Experiment 宏 ActiveCell. Select
        Sheets("仿真数据"). Select
        Calculate
        Range("F1009"). Select
        Selection. Copy
        Sheets("实验设计"). Select
        ActiveCell. Select
        Selection. PasteSpecial Paste: = xlPasteValues, Operation: = xlNone, SkipBlanks _: = False, Transpose: = False
ActiveCell. Offset(1, 0). Range("A1"). Select
End Sub
```


7）上一步骤完成了宏的录制，下面我们还需要做进一步调整，以实现重复50次仿真并将仿真结果记录在相应位置的目的，因此需要对代码进行完善，修改后的代码如下：

```
Sub Experiment()
' Experiment 宏
    Application. ScreenUpdating = False
    Range("C22"). Select
For i = 1 To 50
    ActiveCell. Select
    Sheets("仿真数据"). Select
    Calculate
    Range("F1009"). Select
    Selection. Copy
    Sheets("实验设计"). Select
    ActiveCell. Select
    Selection. PasteSpecial Paste: = xlPasteValues, Operation: = xlNone, SkipBlanks _: = False, Transpose: = False
    ActiveCell. Offset(1, 0). Range("A1"). Select
Next i
    Application. ScreenUpdating = True
End Sub
```

8）在“实验设计”标签页中加入按钮，并将按钮与“宏 experiment”建立关联，即可通过单击按钮实现50次仿真运行。

关于宏的使用和编程的进一步细节，请读者自行阅读相关书籍，本书不再赘述。

对使用电子表格软件进行仿真感兴趣的读者，还可以阅读 Jerry Banks 等编写的《Discrete-Event System Simulation》第5版的第2章，该书对此进行了更多的讨论和应用，并在相关网站提供了配套的模型和代码资料，读者可以参考使用。

2.4.3 使用通用语言仿真：基于 C ++ 语言的加油站仿真

对于现实世界中更加复杂问题的研究，需要借助通用语言自行开发程序。使用通用语言开发仿真模型是最灵活的一种方式，可以完全体现现实系统的逻辑过程，而不会受到现有工具软件的功能制约，但是这种方式对建模人员的编程能力和素质要求很高，人工成本较高，因而在普通商业领域并未获得广泛采用，多用于高成本、高风险的商业项目，军工项目，国家大型重要工程项目中，此外学术研究领域也较多采用。

本书给出 C ++ 语言代码，供读者参考。A. M. Law 和 Jerry Banks 分别使用 C 语言和 Java 语言建立了仿真模型，在其书中和网站都可以找到程序代码。

例 2.5 加油站系统仿真。

某加油站位于市区，因场地限制，只有一个加油泵，且只供应两种标号的汽油，分别为 90#和 93#。由工作人员负责加油，不设自助服务。

车辆到达具有随机性，且服从参数 $\lambda = 15$ 辆/h 的泊松分布，车辆到达后进入唯一的队列进行排队，采取 FCFS 排队方式，车辆加满油后立即离开系统。

加油站聘请多名服务员，倒班工作，每次只有一名服务员操作加油泵。假设每名服务员的服务时间相同，且服务时间服从 $\mu = 3$min/辆的负指数分布，服务工作包含打开油箱盖、注油和收费等全部过程。

假设对车辆排队的队列长度没有限制，中途不允许车辆从队列退出。加油站为全天 24h 营业，假设该区间内的车辆到达情况没有显著变化，且服务员始终保持同样的工作质量和效率。仿真模型的初始时刻就有第一辆车到达。

C ++ 主程序代码如下：

```
#include "hf. h"
void main()
{
/* intialize matlab engine* /
if (! hplotInitialize()){
        printf("Initialize MATLAB Failed\n");
        exit(0);
}

cout < < "选择动态仿真[d]ynamic 或者静态仿真[s]tatic  [d/s] < < ";
cin > > judged;

/* main* /
infile = fopen("input. txt", "r");
outfile = fopen("output. txt", "w");

num_events = 2;

fscanf(infile, "% f % f % d % d", &mean_interarrival, &mean_service, &start_time, &end_time);
mean_interarrival = 1. 0 / mean_interarrival * 60;
start_time = start_time *  60;
end_time = end_time *  60;
fprintf(outfile, "加油站仿真系统\n\n");
fprintf(outfile, "平均车辆到达间隔时间% 11. 3f 分钟\n\n", mean_interarrival);
fprintf(outfile, "平均服务时间% 16. 3f 分钟\n\n", mean_service);
```

```
fprintf(outfile, "仿真开始时间% 14i:% 02i\n\n", int(start_time / 60), int(start_time) % 60);
fprintf(outfile, "仿真结束时间% 14i:% 02i\n\n", int(end_time / 60), int(end_time) % 60);
printf("加油站仿真系统\n\n");
printf("平均车辆到达间隔时间% 11. 3f 分钟\n\n", mean_interarrival);
printf("平均服务时间% 16. 3f 分钟\n\n", mean_service);
printf("仿真开始时间% 14i:% 02i\n\n", int(start_time / 60), int(start_time) % 60);
printf("仿真结束时间% 14i:% 02i\n\n", int(end_time / 60), int(end_time) % 60);

initialize();

while (sim_time < = end_time){
        timing();
        update_time_avg_stats();
        switch (next_event_type){
        case 1:
                arrive();
                break;
        case 2:
                depart();
                break;
        }
}

report();

/* long term simulation* /

/* all initialization* /
all_mean_service = 0. 0;
all_total_of_delay = 0. 0;
all_total_time = 0. 0;
all_num_in_q = 0;
all_num_custs_delayed = 0;

for (int i = 0; i < TIMES; i ++ ){
num_events = 2;

initialize();

while (sim_time < = end_time){
        timing();
        update_time_avg_stats();
```

```
        switch (next_event_type){
        case 1:
            arrive();
            break;
        case 2:
            depart();
            break;
        }
}

all_mean_service += area_server_status / (sim_time - start_time);
all_total_of_delay += total_of_delays / num_custs_delayed;
all_total_time += total_time / num_custs_delayed;
all_num_custs_delayed += num_custs_delayed;
all_num_in_q += num_in_q;
}
printf("==========================================\n多次仿真结果\n\n");
printf("总平均服务车辆数%16.3f 辆\n\n", 1.0* all_num_custs_delayed / TIMES);
printf("总平均队列长度%16.3f 辆\n\n", 1.0* all_num_in_q / TIMES);
printf("总平均服务率%16.3f \n\n", all_mean_service / TIMES);
printf("总平均等待时间%16.3f \n\n", all_total_of_delay / TIMES);
printf("总平均服务时间%16.3f \n\n", all_total_time / TIMES);

fprintf(outfile,"==========================================\n多次仿真结果\n\n");
fprintf(outfile, "总平均服务车辆数%16.3f 辆\n\n", 1.0* all_num_custs_delayed / TIMES);
fprintf(outfile, "总平均队列长度%16.3f 辆\n\n", 1.0* all_num_in_q / TIMES);
fprintf(outfile, "总平均服务率%16.3f \n\n", all_mean_service / TIMES);
fprintf(outfile, "总平均等待时间%16.3f \n\n", all_total_of_delay / TIMES);
fprintf(outfile, "总平均服务时间%16.3f \n\n", all_total_time / TIMES);


fclose(infile);
fclose(outfile);
hplotTerminate();

}

void initialize(void){

randnum = 1;
sim_time = start_time;
```

```
/* state variables* /
server_status = IDLE;
num_in_q = 0;
time_last_event = start_time;

/* statistical counters* /
num_custs_delayed = 0;
total_of_delays = 0.0;
total_time = 0.0;
area_num_in_q = 0.0;
area_server_status = 0.0;
max_num_in_q = 0;

/* event list* /
time_next_event[1] = sim_time;
time_next_event[2] = 1.0e+30;

}

void timing(void){
int i;
float min_time_next_event = 1.0e+29;

next_event_type = 0;

for (i = 1; i <= num_events; i++)
if (time_next_event[i] < min_time_next_event){
        min_time_next_event = time_next_event[i];
        next_event_type = i;
}

if (next_event_type == 0){
        fprintf(outfile, "\n事件列表在%f为空", sim_time);
        printf("\n事件列表在%f为空", sim_time);
        exit(1);
}

sim_time = min_time_next_event;

}

void arrive(void){
```

```
float delay;
time_next_event[1] = sim_time + expon(mean_interarrival);
if (sim_time > end_time){ num_in_q_p = num_in_q; }

if (server_status == BUSY){
    ++num_in_q;

    if (num_in_q > max_num_in_q)
        max_num_in_q = num_in_q;

    if (num_in_q > Q_LIMIT){
        fprintf(outfile, "\n 超过规定队列长度");
        fprintf(outfile, " 时间: %f", sim_time);
        fprintf(outfile, "\n 超过规定队列长度");
        fprintf(outfile, " 时间: %f", sim_time);
        exit(2);
    }

    time_arrival[num_in_q] = sim_time;

    vtimen.push_back(sim_time/60.0);
    vvaln.push_back(num_in_q);

}

else {
    delay = 0.0;
    total_of_delays += delay;

    ++num_custs_delayed;
    server_status = BUSY;

    time_next_event[2] = sim_time + expon(mean_service);

    total_time += time_next_event[2] - sim_time;

    vtimeb.push_back(sim_time/60.0);
    vvalb.push_back(BUSY);
}
}

void depart(void){
```

```
if (sim_time > end_time){ num_in_q_p = num_in_q; }

if (num_in_q == 0){
        server_status = IDLE;
        time_next_event[2] = 1.0e+30;


        vtimeb.push_back(sim_time / 60.0);
        vvalb.push_back(IDLE);

}


else{

        -- num_in_q;


        delay = sim_time - time_arrival[1];
        total_of_delays += delay;

        ++ num_custs_delayed;
        time_next_event[2] = sim_time + expon(mean_service);


        total_time += time_next_event[2] - time_arrival[1];


        for (int i = 1; i <= num_in_q; i++)
            time_arrival[i] = time_arrival[i + 1];

        vtimen.push_back(sim_time/60.0);
        vvaln.push_back(num_in_q);

}
}

void report(void){
fprintf(outfile, "\n\n共服务车辆%11i辆\n\n", num_custs_delayed);
fprintf(outfile, "排队中车辆%11i辆\n\n", num_in_q_p);
fprintf(outfile, "队列中平均等待时间%11.3f分钟\n\n", total_of_delays / num_custs_delayed);
fprintf(outfile, "队列中平均停留时间%11.3f分钟\n\n", total_time / num_custs_delayed);
fprintf(outfile, "平均队列长度%10.3f\n\n", area_num_in_q / (sim_time - start_time));
fprintf(outfile, "最大队列长度%10i\n\n", max_num_in_q);
fprintf(outfile, "服务率%15.3f\n\n", area_server_status / (sim_time - start_time));
printf("\n\n共服务车辆%11i辆\n\n", num_custs_delayed);
printf("排队中车辆%11i辆\n\n", num_in_q_p);
```

```
printf("队列中平均等待时间%11.3f分钟\n\n", total_of_delays / num_custs_delayed);
printf("队列中平均停留时间%11.3f分钟\n\n", total_time / num_custs_delayed);
printf("平均队列长度%10.3f\n\n", area_num_in_q / (sim_time - start_time));
printf("最大队列长度%10i\n\n", max_num_in_q);
printf("服务率%15.3f\n\n", area_server_status / (sim_time - start_time));


cout << "==================================================\n绘制仿真直方图?
(作图需要MATLAB环境)\n\n提示:长期仿真会占用大量系统资源\n\n仍然要绘图?[y/n] << ";
cin >> judge;
cout << endl;


if (judge == 'y'){

        /* solve problems of last time which busy in quene* /
        vtimeb.push_back(end_time/60.0);
        vvalb.push_back(vvalb[vvalb.size() - 1]);

        vtimen[vtimen.size() - 1] = end_time / 60.0;

        /* plot* /
        mwArray timen_plot(1, vtimen.size(), mxDOUBLE_CLASS);
        timen_plot.SetData(&vtimen[0], vtimen.size());
        mwArray valn_plot(1, vvaln.size(), mxDOUBLE_CLASS);
        valn_plot.SetData(&vvaln[0], vvaln.size());

        mwArray timeb_plot(1, vtimeb.size(), mxDOUBLE_CLASS);
        timeb_plot.SetData(&vtimeb[0], vtimeb.size());
        mwArray valb_plot(1, vvalb.size(), mxDOUBLE_CLASS);
        valb_plot.SetData(&vvalb[0], vvalb.size());

        int x = 1;
        mwArray h1(1, 1, mxINT32_CLASS);
        h1.SetData(&x, 1);
        int y = 2;
        mwArray h2(1, 1, mxINT32_CLASS);
        h2.SetData(&y, 1);

        mwArray t1("加油站等待人数直方图");
        mwArray t2("加油站服务率直方图");
```

```
        hplot(h1, timen_plot, valn_plot, t1);
        hplot(h2, timeb_plot, valb_plot, t2);

    mclWaitForFiguresToDie(NULL);
    }


    }

    void update_time_avg_stats(void){
    float time_since_last_event;

    time_since_last_event = sim_time - time_last_event;
    time_last_event = sim_time;

    area_num_in_q += num_in_q* time_since_last_event;

    area_server_status += server_status* time_since_last_event;
    }

    float expon(float mean){
    switch (judged){
    case 'd':
            ttimet = time(NULL);
            ttimet += randnum;
            randnum++;
            ttimet = ttimet & 31;
            return - mean* log(lcgrand(ttimet));
            break;
    case 's':
            randtemp = randnum;
            randnum++;
            randtemp = randtemp % 31;
            return - mean* log(lcgrand(randtemp));
            break;
    default:
            cout << "\n您的输入有误" << endl;
            exit(0);
            break;
    }
    }
```

2.4.4　使用商业软件仿真：基于 Arena 的生产过程仿真

随着商品化仿真套装软件（suite software）的发展和成熟，仿真建模的速度和效率越来越高，成本越来越低，因而越来越多的仿真应用采用商品化仿真软件。这类软件虽然是以通用型离散系统仿真为目标设计，但也大多提供附加的行业工具包，可以满足特定行业或应用领域的需要，因而得到广泛应用。

例 2.6 生产过程仿真。

问题描述：

某工厂有一个总装车间，生产三种型号的26寸[㊀]的自行车A、B和C，总装车间有一条车轮生产线，所产车轮适用于所有三种型号的自行车。车轮生产时间服从Exp（3），时间为min，运送到下一道组装工序需要使用托盘，每次运送10个，运送时间为5min。

A、B、C三种车架在另外一个车间生产完成，并通过自动流水线运送到总装车间。A车架的到达时间间隔服从Tria(5,6,7)[㊁]，B车架的到达时间间隔服从$N(5,8)$，C车架的到达时间间隔服从Expo(4.5)，单位为min。

总装车间还有两条电镀生产线，其中一条用于对A和C两种自行车的车架进行电镀，另外一条生产线专门电镀B车型的车架。电镀工艺必须要求四个同样的车架放在一起才能进行，A车架电镀时间服从Tria(10,13,17)，B车架电镀时间服从Tria(17,18,19)，C车架电镀时间服从Tria(8,12,14)。

电镀之后的车架需要等待5min才能使用，以免油漆没有完全干透，之后车架被运送到组装工序，在那里将与车轮一起被组装成自行车成品，三种车架需要使用托盘，不能混合运输，每次运送6个，每次运送时间为3min。

A、B、C三种型号的自行车在组装工序的加工时间均服从常数为6min，组装工序有两个组装台可供使用，不设优先级。

其加工流程和处理逻辑如图2-10所示。

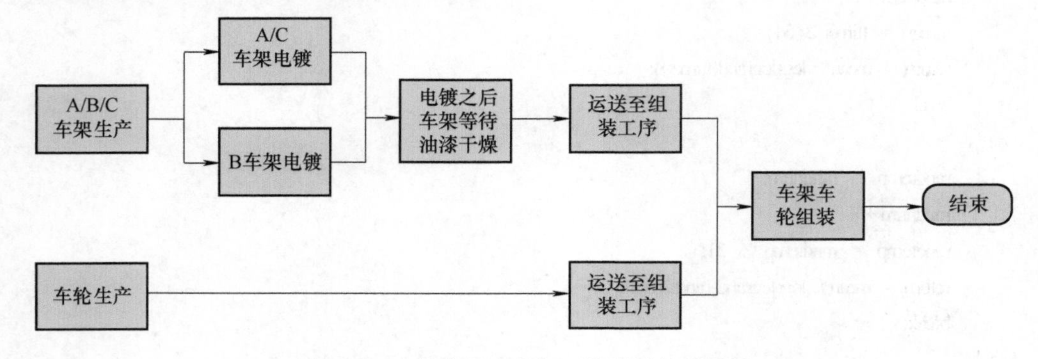

图2-10 自行车厂产品加工流程及处理逻辑

㊀ 1寸=（1/30）m=0.033m。——编辑注
㊁ Tria表示三角分布。——编辑注

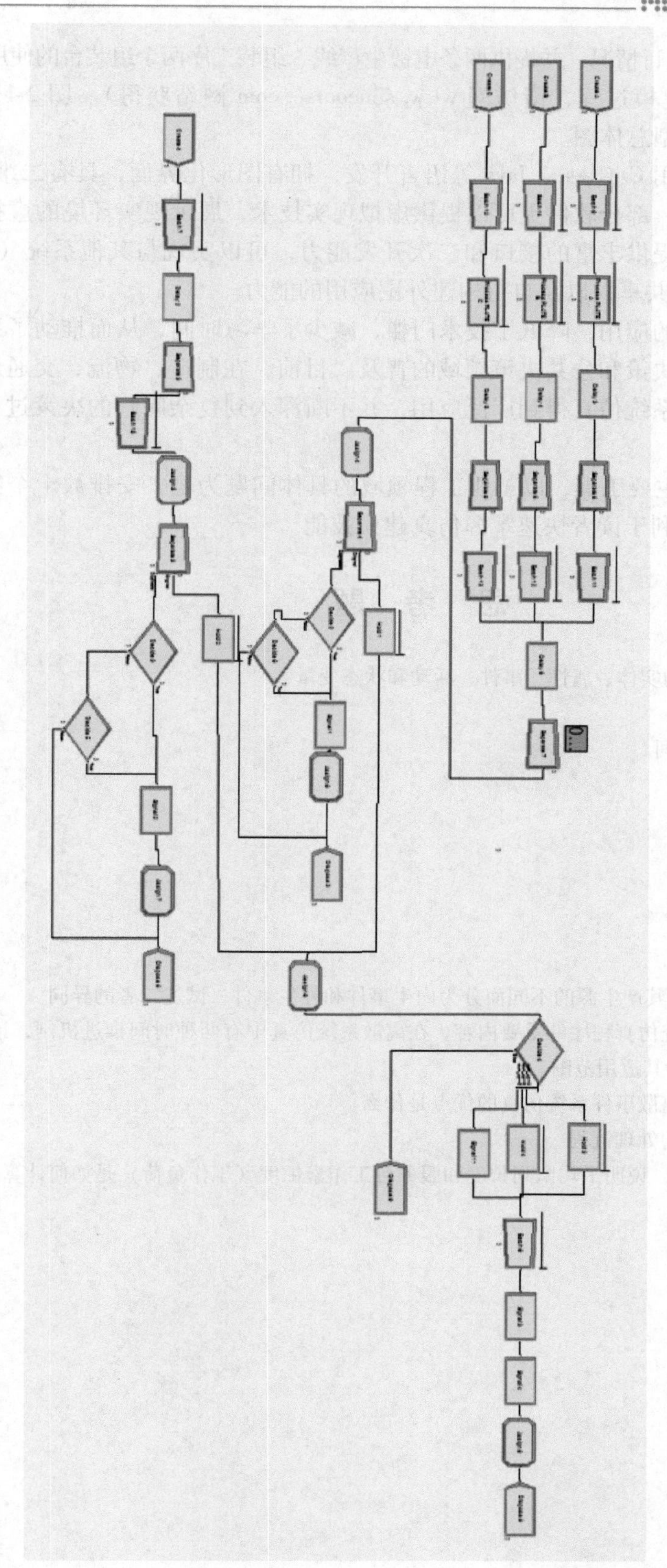

图 2-11 Arena 模型

试模拟上述系统的运行情况，并提供两条电镀生产线、组装工序两个组装台的使用效率。

Arena 模型（具体建模过程，请访问 www. simcourse. com 网站获得）。图 2-11 所示是自行车生产过程仿真模型总体图。

套装型软件大多采用 C/C ++ 、Java 等语言开发，拥有图形化界面，具有二维/三维展示技术，具有动画能力，部分软件更可以提供虚拟现实技术，展示现实环境的虚拟布置和运营。此外，套装软件提供丰富的接口和二次开发能力，可以实现与其他系统（如 ERP、MES、CRM 等）的数据共享，以及自行构建外围应用的能力。

商品化软件工具集的应用，降低了技术门槛，减少了学习时间，从而推动了系统仿真方法和技术在企业管理决策和公共决策领域的普及。目前，在制造、物流、交通运输、金融、医疗等众多领域，系统仿真得到广泛应用，并不断深入到复杂问题的决策过程，发挥了积极作用。

本书将以 Arena 为主要工具，以工业工程领域的具体问题为题，安排数十个案例并给出建模过程和模型，以利于读者快速掌握仿真建模技能。

思　考　题

1. 请分析下述场景中的实体、属性、事件、活动和状态变量：

1）集装箱堆场

2）制造企业的生产车间

3）制造企业的仓库

4）医院门诊系统

5）银行营业厅

6）餐厅

7）加油站

8）飞机场

2. FEL 中的事件，由于其产生源的不同而分为内生事件和外生事件，试述二者的异同。

3. 时间推进机制是系统仿真程序的重要内容，在离散系统仿真中有两种时间推进机制，请对比分析两种机制的异同点，并说明其适用范围。

4. 简述由事件驱动的离散事件系统仿真的优点是什么。

5. 简述未来事件列表的处理流程。

6. 结合图 2-7 和图 2-8，说明平均队列长度和服务台工作繁忙度（工作负荷）是如何计算出来的。

第3章 概率与统计相关理论知识

应用第2章介绍的仿真知识和技术，我们可以很快地建立起有效的仿真模型，但是建模工作仅仅是系统仿真项目的一部分，还需要完成前期的数据分析和整理，以及后期的输出分析和优化等工作内容。数据分析、仿真建模和输出优化中所用到的技术和方法，都建立在相关理论的基础上，理解和掌握这些理论，不仅可以更好地完成系统仿真过程，更可以了解仿真过程中存在或可能出现的问题，从而采取有效措施，确保仿真过程和结果的科学性和准确性。

本章介绍概率和统计的相关理论和知识，这些知识点是理解和掌握系统仿真必不可少的知识基础。

3.1 术语和概念

3.1.1 条件概率与条件分布

1. 条件概率

在概率论中，条件概率考虑的是当事件 A 发生后，在此条件或环境下，事件 B 发生的概率，记作 $P(B|A)$。当概率 $P(A)$ 和 $P(AB)$ 存在的情况下，条件概率（conditional probability）为

$$P(B|A)=\frac{P(AB)}{P(A)} \tag{3-1}$$

我们使用图3-1对条件概率的概念进行简单说明。图3-1中，矩形代表事件集 A，圆形代表事件集 B，其中事件集 A 由7个子事件组成，分别标记为 A_1 至 A_7，事件 A_i 的面积记作 $S(A_i)$，则概率 $P(A_i)=\dfrac{S(A_i)}{\sum\limits_{i=1}^{7}S(A_i)}=\dfrac{S(A_i)}{S(A)}$，且 $\sum\limits_{i=1}^{7}P(A_i)=1$。每个事件 A_i 与事件 B 可能存在交集，记作 $(A_i\cap B)$ 或 (A_iB)，交集面积记作 $S(A_iB)$。因此，我们所定义的概率是“面积比”而非面积本身。

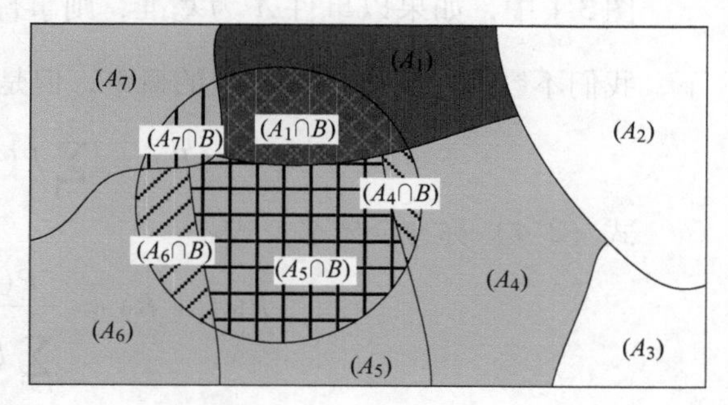

图3-1 条件概率示意图

由于以事件 A_i 的发生为条件研究事件 B 发生的情况，因此需要以事件集 A 为参考基准计算 $P(A_iB)$ 的值，即 $P(A_iB)==\dfrac{S(A_iB)}{S(A)}$，即子事件 A_i 与事件 B 交集的面积占事件集 A

的面积之比。

不失一般性，我们考察事件 A_1 发生条件下事件 B 发生的概率，即 $P(B|A_1)$，按照条件概率公式可得

$$P(B|A_1)=\frac{P(A_1B)}{P(A_1)}=\frac{S(A_1B)}{S(A)}\Big/\frac{S(A_1)}{S(A)}=\frac{S(A_1B)}{S(A)}\cdot\frac{S(A)}{S(A_1)}=\frac{S(A_1B)}{S(A_1)} \tag{3-2}$$

式（3-2）的几何含义是：图3-1中，事件 A_1（深蓝色区域）与事件 B 的交集为事件 (A_1B)（深蓝色网格线部分），则条件概率 $P(B|A_1)=\frac{P(A_1B)}{P(A_1)}$ 可以理解为 $S(A_1B)$ 与 $S(A_1)$ 的面积之比。

进一步地，若将 A 和 B 作为单个事件而非事件集考虑，那么事件 A 包含事件 B，即 $B\subset A$，则 $P(AB)=P(B)$，那么事件 B 发生条件下事件 A 发生的条件概率 $P(A|B)=\frac{P(AB)}{P(B)}=\frac{P(B)}{P(B)}=1$（此处 B 的发生是条件，因此分母是 $P(B)$），其几何解释为：事件 A 和事件 B 的交集就是事件 B，即事件 A 包含事件 B，则 B 发生 A 一定发生。

特别需要指出的是，如果我们将 B 定义为事件集，则 $B=\{(A_1B),(A_4B),(A_5B),(A_6B),(A_7B)\}$，即事件集 B 由5个子事件构成，若以事件集 B 为基准定义事件 (A_iB) 的概率，则有 $P(A_iB)=\frac{S(A_iB)}{\sum_{i=1,4,5,6,7}S(A_iB)}=\frac{S(A_iB)}{S(B)}$，且满足 $\sum_{i=1,4,5,6,7}P(A_iB)=1$。如果以此概率计算条件概率 $P(B|A_1)$，则可得

$$P(B|A_1)=\frac{P(A_1B)}{P(A_1)}=\frac{S(A_1B)}{S(B)}\Big/\frac{S(A_1)}{S(A)}=\frac{S(A_1B)}{S(B)}\cdot\frac{S(A)}{S(A_1)}=\frac{S(A_1B)}{S(A_1)}\cdot\frac{S(A)}{S(B)} \tag{3-3}$$

可以发现式（3-3）和式（3-2）相比，多了一个系数 $\frac{S(A)}{S(B)}$，这是因为选择不同基准（事件 A 还是事件 B）计算概率造成的，理解了这一点，对于理解条件概率的概念是非常有意义的。

图3-1中，如果以事件 A 为基准，则事件 B 发生的概率 $P(B)=\frac{S(B)}{S(A)}$，在很多情况下，我们不容易了解事件 B 发生的概率，但是可以比较容易地知道 $P(A_i)$ 和 $P(B|A_1)$，则

$$P(B)=\sum_{i=1}^{7}P(B\mid A_i)P(A_i) \tag{3-4}$$

式（3-4）称为全概率公式。

$$P(A_1\mid B)=\frac{P(B\mid A_1)P(A_1)}{\sum_{i=1}^{7}P(B\mid A_i)P(A_i)} \tag{3-5}$$

当我们变换条件，即研究当事件 B 发生条件下事件 A_1 发生的概率，则有式（3-5），式（3-5）称为贝叶斯公式（Bayesian formula），贝叶斯公式催生了数理统计学中的贝叶斯学派，是20世纪数理统计学领域发展过程中的重要事件。

贝叶斯公式的重要意义在于：当我们对事件 B（结果）不甚了解的情况下，可以通过历史数据或经验大致确定事件 A_i（原因）发生的概率 $P(A_i)$，随着对事件 A_i 的了解不断

深入，发现事件 B 与其具有某种关联并获得了条件概率 $P(B|A_i)$ 的时候，我们可以通过贝叶斯公式了解到导致事件 B 发生的众多原因（A_i）中哪个是最重要的原因。

我们沿用图3-1进行举例。例如某零部件的生产会出现质量问题（事件 B），假设我们经过短期调查和观测，知晓了所有7种成因（事件 A_1 到 A_7）发生的概率 $P(A_i)$，以及各个原因发生情况下产品出现质量问题的概率 $P(B|A_i)$，就可以通过贝叶斯公式，计算当产品质量出现问题情况下各原因所占的比例（概率）$P(A_i|B)$，其中概率数值最大的就是最主要原因，需要首先解决，这是质量管理所应用的统计学方法。

再如，当前已知癌症类型有 N 种（肺癌、肝癌、胃癌等），定义其为事件 A_i，$i=1$，…，N，如果研究罹患上述癌症一年期（或多年期）病人的死亡情况（事件 B），则可以获得各种癌症发生的比例或概率 $P(A_i)$，以及每种癌症类型中患病一年期患者的死亡率 $P(B|A_i)$，通过贝叶斯公式可以计算出造成患病一年期患者死亡的各类癌症的比例 $P(A_i|B)$，从而找到致死率最高的癌症类型。

2. 条件分布

二维随机变量（X,Y）作为一个整体，具有联合概率分布（joint probability distribution），其中 X 或 Y 作为单个随机变量，具有边缘概率分布（marginal distribution）。如果在随机变量 X 取得某个固定值的条件下，随机变量 Y 的概率分布称为条件概率分布（conditional probability distribution），简称条件分布。

若 X 和 Y 是离散型随机变量，其分布律（probability mass function，PMF）为

$$P\{X=x_i,Y=y_j\}=p_{ij},i,j=1,2,\cdots \tag{3-6}$$

(X,Y)关于 X 和关于 Y 的边缘分布律分别为

$$P\{X=x_i\}=p_{i\cdot}=\sum_{j=1}^{\infty}p_{ij},i,j=1,2,\cdots \tag{3-7}$$

$$P\{Y=y_j\}=p_{\cdot j}=\sum_{i=1}^{\infty}p_{ij},i,j=1,2,\cdots \tag{3-8}$$

当我们考虑在事件 $\{Y=y_j\}$ 发生条件下，事件 $\{X=x_i\}$ 发生的概率，即

$$P\{X=x_i|Y=y_j\}=\frac{P\{X=x_i,Y=y_j\}}{P\{Y=y_j\}}=\frac{p_{ij}}{p_{\cdot j}},i,j=1,2,\cdots \tag{3-9}$$

同理有

$$P\{Y=y_j|X=x_i\}=\frac{P\{X=x_i,Y=y_j\}}{P\{X=x_i\}}=\frac{p_{ij}}{p_{i\cdot}},i,j=1,2,\cdots \tag{3-10}$$

若 X 和 Y 是连续型随机变量，则对任意(x,y)，有 $P\{X=x\}=0$，$P\{Y=y\}=0$，就不能直接用条件概率公式引入条件分布函数。设(X,Y)是二维连续型随机变量，其联合概率密度为$f(x,y)$，则(X,Y)关于 Y 的边缘概率密度函数（probability density function，PDF）为$f_Y(y)$，给定 y，当 $P\{y<Y\leqslant y+\varepsilon\}>0$ 时，对于任意固定的 $\varepsilon>0$，有

$$P\{X\leqslant x|y<Y\leqslant y+\varepsilon\}=\frac{P\{X\leqslant x,y<Y\leqslant y+\varepsilon\}}{P\{y<Y\leqslant y+\varepsilon\}}$$

$$=\frac{\int_{-\infty}^{x}\left[\int_{y}^{y+\varepsilon}f(x,y)\,\mathrm{d}y\right]\mathrm{d}x}{\int_{y}^{y+\varepsilon}f_Y(y)\,\mathrm{d}y} \tag{3-11}$$

在某些条件下，当 ε 很小时，式（3-10）中的分子和分母分别近似等于 $\varepsilon\int_{-\infty}^{x} f(x,y)\,\mathrm{d}x$ 和 $\varepsilon f_Y(y)$，于是有

$$P\{X \leqslant x \mid y < Y \leqslant y + \varepsilon\} \approx \frac{\varepsilon\int_{-\infty}^{x} f(x,y)\,\mathrm{d}x}{\varepsilon f_Y(y)} = \int_{-\infty}^{x} \frac{f(x,y)}{f_Y(y)}\mathrm{d}x \tag{3-12}$$

则称 $\frac{f(x,y)}{f_Y(y)}$ 为在 $Y=y$ 条件下的 X 的条件概率密度，记为

$$f_{X|Y}(x|y) = \frac{f(x,y)}{f_Y(y)} \tag{3-13}$$

我们记 $F_{X|Y}(x|y)$ 为在 $Y=y$ 条件下的 X 的条件分布密度，则有

$$F_{X|Y}(x \mid y) = \int_{-\infty}^{x} f_{X|Y}(x \mid y)\,\mathrm{d}x \tag{3-14}$$

同理可得

$$f_{Y|X}(y|x) = \frac{f(x,y)}{f_X(x)} \tag{3-15}$$

$$F_{Y|X}(y \mid x) = \int_{-\infty}^{y} f_{Y|X}(y \mid x)\,\mathrm{d}y \tag{3-16}$$

3.1.2　随机变量

在概率和统计学中，随机变量（random variate，stochastic variable）是系统仿真模型中具有随机特征的那些变量，分为自变量（independent variable）和因变量（dependent variable）。随机变量对应于现实系统中的各种特征因素，我们对于此类特征因素的描述往往通过概率统计方法表征。对于离散型随机变量，使用概率质量函数（probability mass function，PMF）和累积质量函数（cumulative mass function，CMF）；对于连续型随机变量，使用概率密度函数和累积分布函数（cumulative distribution function，CDF）。

随机变量的所有可能取值构成该随机变量的样本空间（sample space），每一个可能取值称为样本点或采样点（sample points），取值过程称为采样（sampling），针对随机变量的每一次采样，对应于仿真模型的一次实验（experiment），每次仿真实验之前对于实验结果（outcomes）是未知的，或者不能完全确定（uncertainty）。

随机变量具有内在的规律和特征，可以使用统计分布（statistical distribution）来描述其数值特征。比较两个随机变量的差异，不仅通过各自归属的统计分布，还需要比较分布的参数值。例如，顾客到达间隔时间和顾客服务时间都可能服从指数分布，但是参数 λ 可能是不同的。

3.1.3　统计分布的特征指标

一种类型的统计分布有别于另一种类型的统计分布，或者其固有特征的描述，需要借助一些指标来度量和分析。下面对这些指标做简单介绍，以便读者查阅。

1. 均值

均值（mean）也称为数学期望（expectation）。

对于离散型随机变量 X，假设其 PMF 为

$$P\{X = x_k\} = p_k, k = 1,2,\cdots \tag{3-17}$$

若级数 $\sum_{k=1}^{\infty} x_k p_k$ 绝对收敛，则称级数 $\sum_{k=1}^{\infty} x_k p_k$ 为随机变量 X 的数学期望，记为 $E(X)$，即

$$E(X) = \sum_{k=1}^{\infty} x_k p_k \tag{3-18}$$

对于连续型随机变量 X，假设其 PDF 为 $f(x)$，若积分 $\int_{-\infty}^{+\infty} xf(x)\mathrm{d}x$ 绝对收敛，则称积分 $\int_{-\infty}^{+\infty} xf(x)\mathrm{d}x$ 的值为随机变量 X 的数学期望，记为 $E(X)$，即

$$E(X) = \int_{-\infty}^{+\infty} xf(x)\mathrm{d}x \tag{3-19}$$

数学期望完全由随机变量的概率分布 PMF 或 PDF 所决定，若随机变量 X 服从某个分布，也称 $E(X)$ 为该分布的数学期望。

任何概率分布都有特定的均值，但是在进行系统仿真的时候，不能简单地使用均值代替概率分布，这是因为均值难以体现随机变量的随机性和波动性，某些情况下，我们更关注某一个或某几个因素（随机变量）在极端情况下对系统造成的瞬间压力，这对于系统设计和风险管理具有极高的价值。

例如，对于变电站系统，我们研究用电周期内电网电压的变化情况，关注的是电网瞬间产生的峰值高压多长时间发生一次？对变电站会造成哪些影响？变电站系统是否可以有效过载？可以看到，如果使用均值，那么反映的就是系统平稳运行的过程，是静态过程，难以体现风险因素的影响。

不过，当我们不掌握更多的数据，难以拟合合适的概率分布函数，但是可以获得样本均值，这时候，为了大体上了解仿真模型的运行情况，我们可以暂时使用样本均值代替概率分布，等待数据完备后再获得准确的概率分布函数。这种情况还可能出现在项目预研阶段。

2. 离差、方差、标准差和变异系数

对于随机变量 X，其离差（deviation）被定义为 $D = E[X - E(X)]$，即偏离值的数学期望。表示数据分布的集中程度，反映了真实值偏离平均值的差距。可能出现结果与平均预期的偏离程度，代表风险程度的大小。

由于离差的取值可正可负，相互抵消甚至等于零，无法反映真实值偏离平均值的差距，因此可以用绝对离差（absolute deviation），即 $D_A = E[|X - E(X)|]$，即偏离值绝对值的数学期望。

若对于随机变量 X，$E\{[X - E(X)]^2\}$ 存在，则称 $E\{[X - E(X)]^2\}$ 为 X 的方差（variance），对于离散型随机变量 X，其方差为

$$D(X) = \sum_{k=1}^{\infty} [x_k - E(X)]^2 p_k \tag{3-20}$$

对于连续型随机变量 X，其方差为

$$D(X) = \int_{-\infty}^{+\infty} [x - E(X)]^2 f(x)\mathrm{d}x \tag{3-21}$$

方差与数学期望的关系可以证明为

$$D(X)=E(X^2)-[E(X)]^2 \tag{3-22}$$

对于随机变量 X，$\sigma(X)=\sqrt{D(X)}$ 被定义为标准差（standard deviation）或均方差（mean square deviation）。

当需要比较两组数据离散程度大小的时候，如果两组数据的均值相差较大，或者数据量纲不同，简单地通过方差或者标准差进行比较是不科学的，此时就应当消除测量尺度和量纲的影响，为此提出变异系数。变异系数（coefficient of variation）被定义为

$$C.V=\frac{\sqrt{D(X)}}{E(X)} \tag{3-23}$$

变异系数是无量纲的，并且与方差一样，都是反映数据离散程度的绝对值。其数据大小不仅受变量值离散程度的影响，而且还受变量值平均水平大小的影响。

3. 协方差及相关系数

对于二维随机变量(X,Y)，除了使用数学期望和方差表征以外，还需要讨论描述二者之间相互关系的数学特征。

我们将 $E\{[X-E(X)][Y-E(Y)]\}$ 定义为随机变量 X 和 Y 的协方差（covariance），记为

$$\begin{aligned}\mathrm{Cov}(X,Y)&=E\{[X-E(X)][Y-E(Y)]\}\\&=E(XY)-E(X)E(Y)\end{aligned} \tag{3-24}$$

若随机变量 X 和 Y 相互独立，则 $\mathrm{Cov}(X,Y)=0$，因为两个独立随机变量满足 $E(XY)=E(X)E(Y)$；反之，若 $\mathrm{Cov}(X,Y)\neq 0$，则变量 X 和 Y 相互不独立。

在概率论和统计学中，协方差用于衡量两个变量的总体误差。而方差是协方差的一种特殊情况，即当两个变量相同时的情况，即 $\mathrm{Cov}(X,X)=D(X)$。

如果两个变量的变化趋势一致，即其中一个大于（或小于）自身的期望值时另外一个也大于（或小于）自身的期望值，那么两个变量之间的协方差就是正值；如果两个变量的变化趋势相反，即其中一个变量大于（或小于）自身的期望值时另外一个却小于（或大于）自身的期望值，那么两个变量之间的协方差就是负值。

协方差作为描述随机变量 X 和 Y 相关程度的量，在同一物理量纲下有一定作用，但若两个随机变量 X 和 Y 采用不同的物理量纲，可能使得它们的协方差在数值上表现出很大的差异。为此需要引入相关系数（correlation coefficient）的概念。定义相关系数 ρ_{XY} 为

$$\rho_{XY}=\frac{\mathrm{Cov}(X,Y)}{\sqrt{D(X)}\sqrt{D(Y)}} \tag{3-25}$$

相关系数是一个无量纲的数。

4. 位置参数、尺度参数和形状参数

在概率统计学中，可以用三个参数描述概率密度函数PDF曲线的特征，分别为位置参数（location parameter）、尺度参数（scale parameter）和形状参数（shape parameter）。统计学中的所有分布，其参数大都可以归属于上述三种参数之中。

位置参数（γ）又称位移参数，决定PDF或PMF曲线沿横轴的平移位置，该参数会影响到分布的均值、中位数（median）和众数（mode）。位置参数的作用相当于移动了图

形原点的位置，即

$$f_{x_0}(x)=f(x-x_0)$$

图 3-2 显示了两个正态分布的概率密度函数的曲线图，其中 $x_0=3$，相当于对图形沿横轴进行了平移。

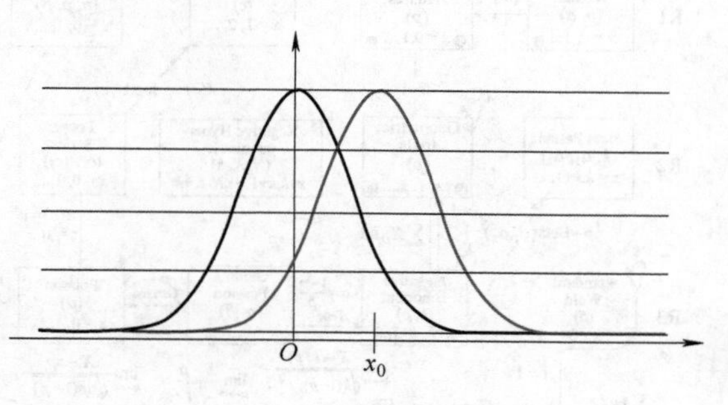

图 3-2 位置参数的作用和影响

尺度参数（β）也称比例参数，表现为对 PDF 曲线在横纵两个方向的挤压和拉伸，即定义“高矮胖瘦”的形状，具有比例尺的作用。图 3-3 中，两个正态分布的标准差值分别为 2 和 5，当标准差越小的时候，图形越高耸，否则就会变得扁平。尺度参数的影响，犹如对图形进行了“拉伸”操作。

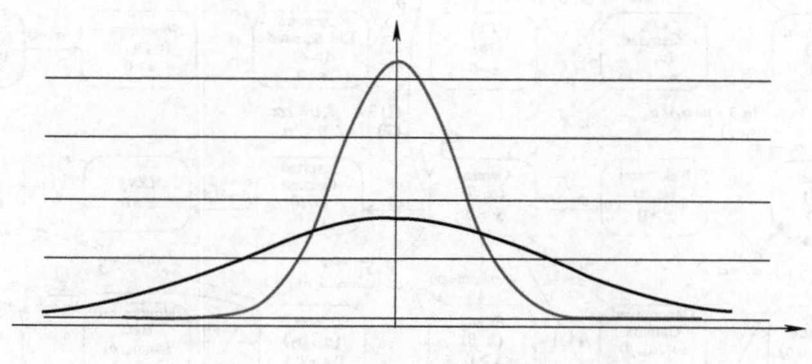

图 3-3 尺度参数的作用和影响

形状参数（α）对概率密度函数 PDF 的影响最大，决定 PDF 曲线的基本形状，也改变分布函数的性质，因而是三个参数之中最重要的。图 3-4 展示了形状参数对 Beta 分布的影响，可以看到随着形状参数的变化，Beta 分布的 PDF 曲线呈现出完全不同的样式。

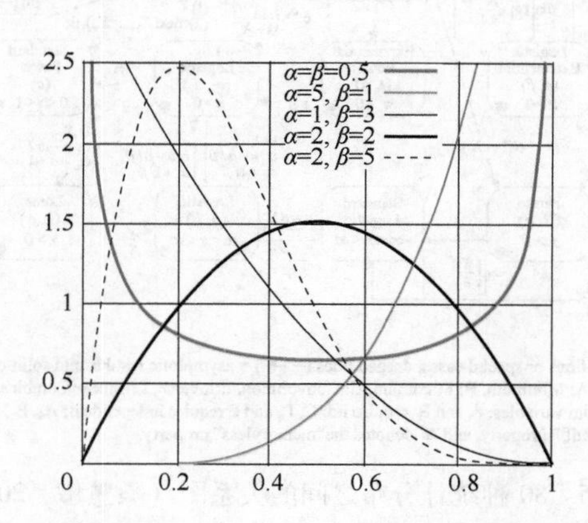

图 3-4 形状参数对 Beta 分布概率密度函数曲线的影响

随着形状参数的改变，某个分布就有可能演变成另一种分布，因此各种分布之间是通过参数相联系和演化的。图 3-5 展示了 80 种分布之间的关系及其参数演化过程。

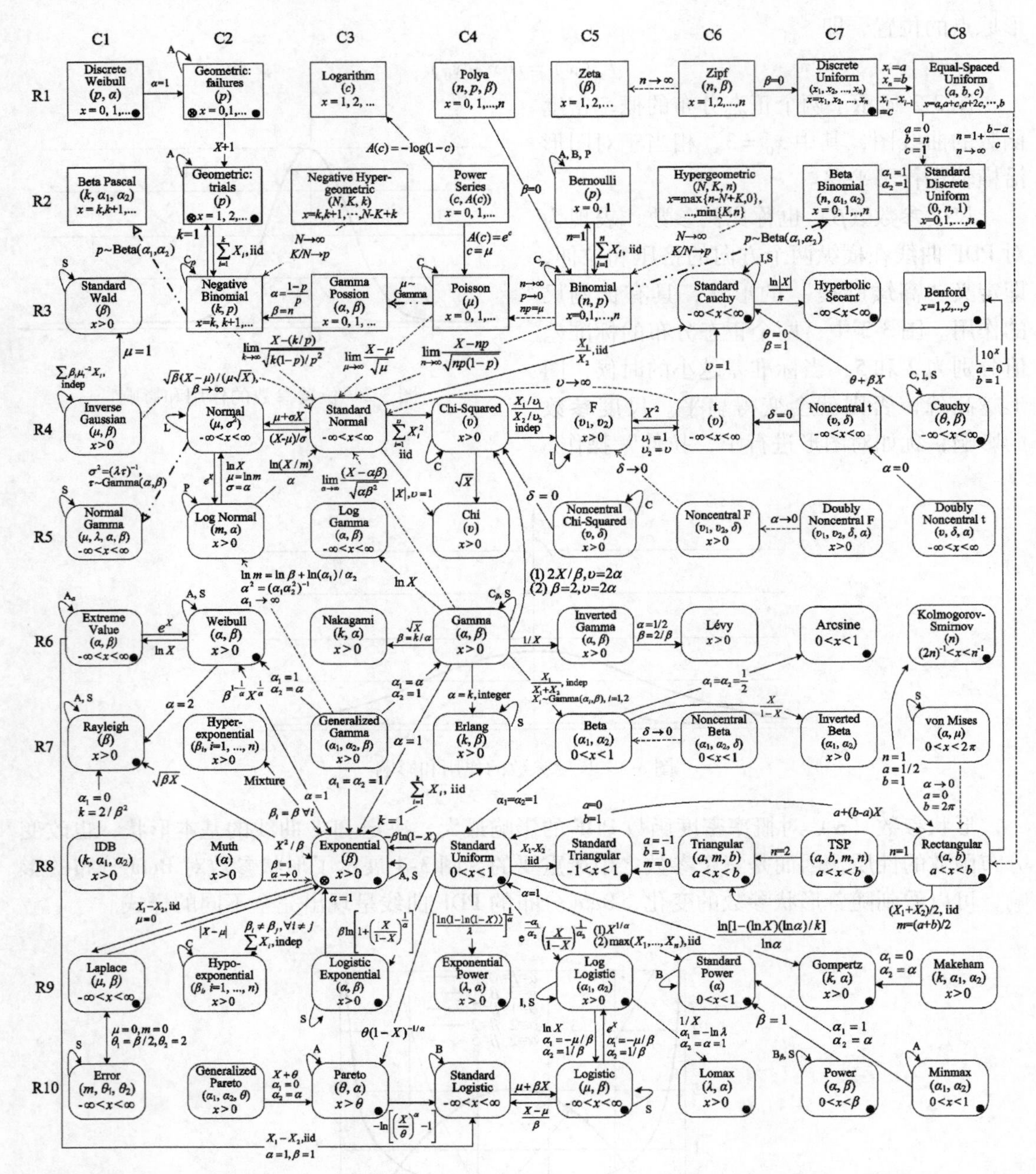

Note 1: Lines: solid lines (⟶) = transformations or special cases, dashed lines (- - →) = asymptotic results, and solid-dotted lines (-·-▷) = Bayesian relationships.
Note 2: Self-directed arrows include A: Minimum, B: Maximum, C: Convolution, I: Inverse, L: Linear Combination, P: Product, S: Scaling.
(The following require source random variables: A and B require iid; C, L, and P require independent; A_α, B_β, C_β, C_p require "variational iid".)
Note 3: ● denotes the "closed-form inverse cdf" property, and ⊗ denotes the "memoryless" property.

图 3-5　80 种统计分布之间的关系图（桑慧敏，2011）

5. 偏度和峰度

在概率学和统计学中，偏度（skewness）统计数据分布偏斜方向和程度的度量，是统计数据分布不对称程度（asymmetry）的数字特征，用于描述随机变量关于其均值的对称

性，即用来度量 PDF 曲线是否对称。偏度的计算公式被定义为

$$\nu = E\left[\left(\frac{X-\mu}{\sigma}\right)^3\right] = \frac{E[(X-\mu)^3]}{(\sigma^2)^{3/2}} = \frac{k_3}{k_2^{3/2}} \tag{3-26}$$

式中，k_2 和 k_3 分别为二阶和三阶中心距。偏度多用于讨论单峰（unimodal）的情况，且偏度的值可正可负。

若 $\nu<0$，则称分布具有负偏离（negative skew），也称左偏态，此时数据位于均值左边的比位于右边的少，直观表现为左边的尾部相对于右边的尾部要长，形成左侧的长尾（left long tail）；若 $\nu>0$，则称分布具有正偏离（positive skew），也称右偏态，此时数据位于均值右边的比位于左边的少，直观表现为右边的尾部相对于左边的尾部要长，形成右侧的长尾（right long tail）；当 $\nu\to 0$，即偏度趋近于零时，则可认为分布是对称的。简单来说，左偏则长尾在左边，右偏则长尾在右边。

正态分布的偏度为0，因而正态分布常被作为参考基准，用于对比其他分布的偏度水平。正态分布的均值、中位数和众数均相等。分布右偏时一般有“均值 > 中位数 > 众数”，左偏时相反，即“众数 > 中位数 > 均值”，但是，此规律不适用于所有分布。在图 3-6 中，中位数是均分图形面积的数值，众数是出现频率最多的数值。

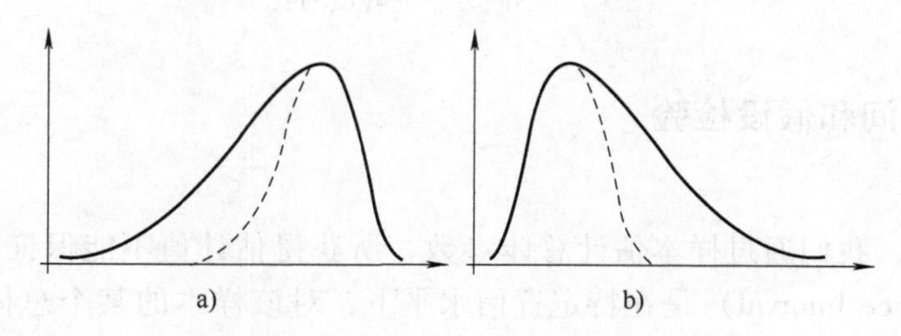

图 3-6 偏度示意图

a）负偏离（左偏态） b）正偏离（右偏态）

峰度（kurtosis）是用来反映 PDF 曲线顶端的尖峭或扁平程度的指标，用来度量数据在曲线中心的聚集程度。有时两组数据的均值、标准差和偏度都相同，但 PDF 曲线顶端的高耸程度却不同。

Karl Pearson 最早使用四阶中心距定义峰度，其公式为

$$\beta_2 = \frac{E[(X-\mu)^4]}{(E[(X-\mu)^2])^2} = \frac{\mu_4}{\sigma^4} \tag{3-27}$$

式中，μ_4 为均值 μ 的四阶中心距；σ^4 为方差的平方。为了使用正态分布作为参考基准，目前多使用超额峰度（excess kurtosis）的定义，即

$$\gamma_2 = \beta_2 - 3 = \frac{\mu_4}{\sigma^4} - 3 \tag{3-28}$$

对于正态分布而言，其超额峰度值为0。可以看到，峰度和超额峰度之间相差 3，两个概念之间具有一致性。

目前，超额峰度的定义使用更为广泛，在很多概率和统计软件工具中使用超额峰度作为验证概率分布的指标值。

图 3-7 中，三种不同分布具有不同的峰度值，峰度值越高则曲线越是尖耸，否则峰顶（peak）就较为平坦。

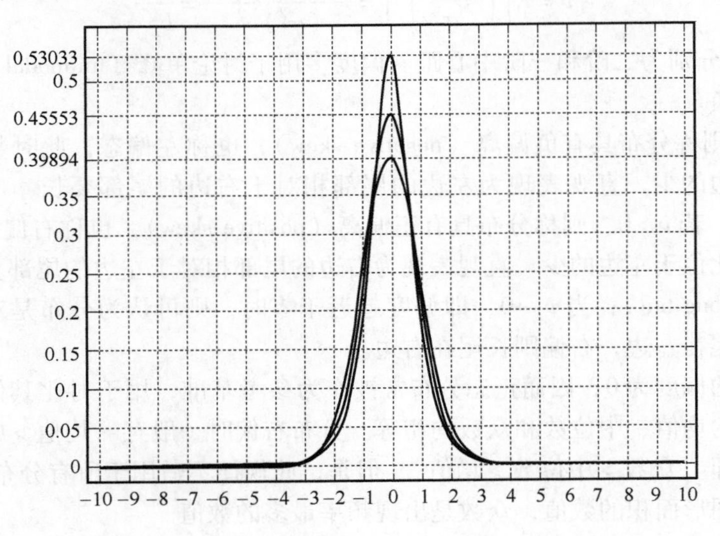

图 3-7　不同分布的峰度对比

3.1.4　置信区间和假设检验

1. 置信区间

在统计学中，我们通过样本估计总体参数，所获得估计值不能保证 100% 准确，置信区间（confidence Interval）是在特定置信水平下，对该样本的某个总体参数的区间估计。简单地说，置信区间刻画该参数的真实值落在测量结果（如均值）周围的可信程度。

设总体 X 的分布函数 $F(x;\theta)$ 含有一个未知参数 θ，$\theta\in\Theta$（Θ 是 θ 可能取值的范围），对于给定值 α（$0<\alpha<1$），若由来自 X 的样本 X_1，X_2，…，X_n 确定的两个统计量 $\underline{\theta}=\underline{\theta}(X_1,X_2,\cdots,X_n)$ 和 $\overline{\theta}=\overline{\theta}(X_1,X_2,\cdots,X_n)$（$\underline{\theta}<\overline{\theta}$），对于任意 $\theta\in\Theta$ 满足

$$P\{\underline{\theta}(X_1,X_2,\cdots,X_n)<\theta<\overline{\theta}(X_1,X_2,\cdots,X_n)\}\geqslant 1-\alpha \tag{3-29}$$

则称随机区间$(\underline{\theta},\overline{\theta})$是 θ 的置信水平为 $1-\alpha$ 的置信区间，$\underline{\theta}$ 和 $\overline{\theta}$ 分别称为置信水平为 $1-\alpha$ 的双侧置信区间的置信下限和置信上限，$1-\alpha$ 称为置信水平（confidence level）。

当 X 是连续型随机变量时，对于给定的 α，我们总是按照 $P\{\underline{\theta}<\theta<\overline{\theta}\}=1-\alpha$ 求出置信区间。当 X 是离散型随机变量时，对于给定的 α，常常找不到区间$(\underline{\theta},\overline{\theta})$使得 $P\{\underline{\theta}<\theta<\overline{\theta}\}$ 恰好等于 $1-\alpha$，此时我们去找区间$(\underline{\theta},\overline{\theta})$使得 $P\{\underline{\theta}<\theta<\overline{\theta}\}$ 至少为 $1-\alpha$，且尽可能地接近 $1-\alpha$。

式（3-29）的含义如下：若反复抽样多次（每次样本容量相等且均为 n），每个样本值确定一个区间$(\underline{\theta},\overline{\theta})$，每个这样的区间要么包含 θ 的真值，要么不包含 θ 的真值。按照伯努利大数定律，在这么多的区间中，包含 θ 真值的约占 $100(1-\alpha)\%$，不包含 θ 真值的约占 $100\alpha\%$。例如，若 $\alpha=0.01$，反复抽样 1000 次，则得到的 1000 个区间中不包含 θ 真

值的约为10个。

设正态分布 $N(\mu,\sigma^2)$，$\overline{X}$ 和 S^2 分别为样本均值和样本方差，当方差 σ^2 已知时，均值 μ 的置信水平为 $1-\alpha$ 的置信区间为

$$\left(\overline{X} \pm \frac{\sigma}{\sqrt{n}} z_{\alpha/2}\right) \tag{3-30}$$

当方差 σ^2 未知时，均值 μ 的置信水平为 $1-\alpha$ 的置信区间为

$$\left(\overline{X} \pm \frac{S}{\sqrt{n}} t_{\alpha/2}(n-1)\right) \tag{3-31}$$

当均值 μ 未知时，方差 σ^2 的置信水平为 $1-\alpha$ 的置信区间为

$$\left(\frac{\sqrt{n-1}S}{\sqrt{\chi^2_{\alpha/2}(n-1)}}, \frac{\sqrt{n-1}S}{\sqrt{\chi^2_{1-\alpha/2}(n-1)}}\right) \tag{3-32}$$

正态分布的置信区间计算公式在离散系统仿真中会经常用到。

2. 假设检验

假设检验（hypothesis testing）是数理统计学中根据一定假设条件由样本推断总体的一种方法。在总体的分布函数完全未知或已知其形式，但不知其参数的情况下，为了推断总体的某些未知特性，提出某些关于总体的假设。我们需要依据样本对所提出的假设做出是接受还是拒绝的决策。假设检验是做出这一决策的过程。

假设检验的步骤如下：

1）根据问题的需要对所研究的总体做某种假设，记作 H_0；

2）选取合适的统计量，这个统计量的选取要使得在假设 H_0 成立时，其分布为已知；

3）由样本值计算出统计量的值，并根据预先给定的显著性水平进行检验，做出拒绝或接受假设 H_0 的判断。

在系统仿真中，假设检验常用于系统输出（output）的验证，依据中心极限定理，仿真输出结果应服从正态分布，因而假设检验中最常用的就是正态分布。

例3.1 双边假设检验

依据历史数据，我们认为随机变量 $X \sim N(\mu_0,\sigma_0^2)$，其中 μ_0 和 σ_0 依据历史数据获得。我们对其观测并进行采样，获得样本值 $(x_1,x_2,\cdots,x_n)$，则样本均值为

$$\overline{x} = \frac{\sum_{i=1}^{n} x_i}{n}$$

我们检验该样本环境下，随机变量 X 是否确实服从均值为 μ_0 的正态分布，因此提出如下假设

$$\begin{cases} H_0: \ \mu = \mu_0 \\ H_1: \ \mu \neq \mu_0 \end{cases}$$

由于总体均值 $\overline{X}$ 是样本均值 $\overline{x}$ 的无偏估计（unbiased estimate），我们考虑检验偏差 $|\overline{x}-\mu_0|$，如果 $|\overline{x}-\mu_0|$ 过大，则拒绝 H_0，否则接受 H_0。

由于$\dfrac{\overline{X}-\mu_0}{\sigma/\sqrt{n}}\sim N(0,1)$，因此衡量$|\overline{x}-\mu_0|$的大小就转化为衡量$\dfrac{\overline{x}-\mu_0}{\sigma/\sqrt{n}}$的大小，即寻找一个正数$k$，使得当观察值$\overline{x}$满足$\dfrac{|\overline{x}-\mu_0|}{\sigma/\sqrt{n}}\geqslant k$时就拒绝假设$H_0$，反之，若$\dfrac{|\overline{x}-\mu_0|}{\sigma/\sqrt{n}}<k$，就接受$H_0$。

然而，由于决策依据的仅仅是一个样本，但实际上H_0为真时仍然存在拒绝H_0的可能（弃真错误），或者H_0为假时存在接受H_0的可能（取伪错误），我们无法杜绝上述两种错误的发生，但是可以要求将错误发生的概率限定在合理范围内，由此给出一个较小的数α（$0<\alpha<1$），使得错误发生的概率不超过α，即

$$P\{当 H_0 为真时拒绝 H_0\}\leqslant\alpha \tag{3-33}$$

为了确定常数k，我们只需使式（3-33）取等式，即令

$$P\{当 H_0 为真时拒绝 H_0\}=P_{\mu_0}\left\{\left|\frac{\overline{X}-\mu_0}{\sigma/\sqrt{n}}\right|\geqslant k\right\}=\alpha$$

由于当H_0为真时，$Z=\dfrac{\overline{X}-\mu_0}{\sigma/\sqrt{n}}\sim N(0,1)$，由标准正态分布分位点定义得$k=z_{\alpha/2}$，因而当$Z$的观察值满足

$$|z|=\left|\frac{\overline{x}-\mu_0}{\sigma/\sqrt{n}}\right|\geqslant k=z_{\alpha/2}$$

时，则拒绝H_0，当

$$|z|=\left|\frac{\overline{x}-\mu_0}{\sigma/\sqrt{n}}\right|<k=z_{\alpha/2}$$

时，则接受H_0。

在概率和统计学中，将α称为显著性水平（significance level），统计量$Z=\dfrac{\overline{X}-\mu_0}{\sigma/\sqrt{n}}$称为检验统计量。

本例中，如果均值μ和方差σ^2均未知，而我们希望检验方差σ^2是否为σ_0^2，则需要使用样本方差S^2作为σ^2的无偏估计量，我们提出下述假设

$$\begin{cases}H_0:\ \sigma^2=\sigma_0^2\\ H_1:\ \sigma^2\neq\sigma_0^2\end{cases}$$

检验观察值$\dfrac{s^2}{\sigma_0^2}$是否接近于1，由于

$$\frac{(n-1)S^2}{\sigma^2}\sim\chi^2(n-1)$$

采用双边检验法，可得拒绝域为

$$\frac{(n-1)s^2}{\sigma_0^2}\leqslant\chi^2_{1-\alpha/2}(n-1)\text{或}\frac{(n-1)s^2}{\sigma_0^2}\geqslant\chi^2_{\alpha/2}(n-1)$$

常用的假设检验方法有μ检验法、t检验法、χ^2检验法、F检验法、秩和检验（rank sum test）等。

3. 置信区间和假设检验之间的关系

置信区间与假设检验有明显的联系。

首先，假设检验中的显著性水平α与置信区间置信水平$1-\alpha$中的参数α具有相同的含义。

其次，为求出参数θ的置信水平为$1-\alpha$的置信区间，我们可以先求出显著性水平为α的假设检验问题：H_0：$\theta=\theta_0$，H_1：$\theta\neq\theta_0$的接受域$\underline{\theta}(x_1,x_2,\cdots,x_n)<\theta_0<\overline{\theta}(x_1,x_2,\cdots,x_n)$，那么$(\underline{\theta}(x_1,x_2,\cdots,x_n),\overline{\theta}(x_1,x_2,\cdots,x_n))$就是参数$\theta$的置信水平为$1-\alpha$的置信区间。

3.2 随机过程与马尔可夫链

在概率论中，我们所研究的系统共分为两类，一类是确定型系统（deterministic system），一类是随机型系统（stochastic system）。

➤确定型系统。系统的结构和参数是确定的（certainty），在输入确定的情况下，输出也是确定的，即相同的输入产生相同的输出，换句话说，输出具有可预测性（predictable）。

➤随机型系统。虽然系统结构基本上是确定的，但是系统参数存在不确定性（uncertainty），因此对于相同的输入，会产生不同的输出，即结果具有不可预测性（unpredictable）。随机系统中，系统构成因素（内生因素）以及影响系统的外部因素（外生因素）的概率随机性会依赖于时间（time dependent）而发生变化。

在概率论中，随机性（stochastic）就是因素（变量）状态随时间的变化而呈现随机性变化，虽然可以使用概率分布进行统计学分析，但是难以精确预测其后续状态变化过程，这样的系统具有动态性（dynamic），无法建立解析模型并使用解析法求解。

3.2.1 随机过程

随机过程（stochastic process）被认为是概率论中的“动力学”部分，即它的研究对象是随时间演变的随机现象，对于这种现象，人们已经不能使用随机变量或多维随机变量来合理地表达，而需要用一族（无限多个）随机变量来描述。

1. 随机过程概念

设T是一无限实数集，我们把依赖于参数$t\in T$的一族（无限多个）随机变量称为随机过程，记为$\{X(t),t\in T\}$，这里对每一个$t\in T$，$X(t)$为一个随机变量，T叫作参数集。我们将t视为时间，称$X(t)$为时刻t时进程的状态，而$X(t_1)=x$（x是实数）说成是$t=t_1$时刻过程处于状态x，对于一切$t\in T$，$X(t)$所有可能取值的全体称为随机过程的状态空间（state space）。

对随机过程$\{X(t),t\in T\}$进行一次试验（即在T上进行一次全程观测），其结果是t的函数，记为$x(t)$，$t\in T$，称它为随机过程的一个样本函数（sample function）或样本曲线（sample curve）。所有不同的实验结果构成一族（可以只包含有限个结果）的样本函数。

随机过程可以看作多维随机变量的延伸。随机过程与其样本函数的关系就像数理统计中总体与样本的关系一样。

随机系统中，系统初始状态、系统参变量以及外部作用因素都具有随机性，三者构成随机系统随机性的主要来源。

例如，热噪声电压的变化过程$\{V(t),t\geqslant 0\}$是一个随机过程，它的状态空间是$\{-\infty,+\infty\}$，一次观测到的电压-时间函数就是这个随机过程的一个样本函数。

再如，在测量运动目标的距离时存在随机误差，若以$\varepsilon(t)$表示在时刻t的测量误差，则它是一个随机变量。当目标随时间t按照一定规律运动时，测量误差$\varepsilon(t)$也随时间t变化。也就是说，$\varepsilon(t)$是依赖于时间t的一族随机变量，即$\{\varepsilon(t),t\geqslant 0\}$是一个随机过程，且它们的状态空间是$\{-\infty,+\infty\}$。

工程中有很多随机现象，例如，地震波幅、结构物承受的风载荷、时间间隔$(0,t]$内船舶甲板“上浪”的次数、通信系统和自控系统中的各种噪声和干扰，以及生物群体生长等变化过程，都可以使用随机过程进行描绘。由于自然界和社会系统中产生随机因素的机理是极其复杂的，难以直接观察，因而对于这样的随机过程，只能通过分析由观察所获得的样本函数才能掌握它们随时间变化的统计规律性。

随机过程可依其在任一时刻的状态是连续型随机变量还是离散型随机变量而分为连续型随机过程和离散型随机过程。随机过程还可依时间（参数）是连续还是离散进行分类，当时间集T是有限或无限区间时，称$\{X(t),t\in T\}$为连续参数随机过程，若T是离散集合，例如$T=\{0,1,2,\cdots\}$，则称$\{X(t),t\in T\}$为离散参数随机过程或随机序列，此时常记成$\{X_n,n=0,1,2,\cdots\}$。

2. 随机过程的统计描述

给定随机过程$\{X(t),t\in T\}$，对于每一个固定的$t\in T$，随机变量$X(t)$的分布函数一般与t有关，记为

$$F_X(x,t)=P\{X(t)\leqslant x\},\ x\in\mathbf{R}$$

则称其为随机过程$\{X(t),t\in T\}$的一维分布函数，而$\{F_X(x,t),t\in T\}$称为一维分布函数族。

为了描述随机过程在不同时刻状态之间的统计联系，一般可对任意$n(n=2,3,\cdots)$个不同的时刻t_1，t_2，$\cdots$，$t_n\in T$，引入n维随机变量$(X(t_1),X(t_2),\cdots,X(t_n))$，它的分布函数记为

$$F_X(x_1,x_2,\cdots,x_n;t_1,t_2,\cdots,t_n)=P\{X(t_1)\leqslant x_1,X(t_2)\leqslant x_2,\cdots,X(t_n)\leqslant x_n\},\ x_i\in\mathrm{R},\ i=1,2,\cdots,n$$

对于固定的n，我们称$\{F_X(x_1,x_2,\cdots,x_n;t_1,t_2,\cdots,t_n),\ t\in T\}$为随机过程$\{X(t),t\in T\}$的$n$维分布函数族。

当n充分大时，n维分布函数族能够近似地描述随机过程的统计特性。显然，n取的值越大，则n维分布函数族描述随机过程的特性也愈加完善。

科尔莫戈罗夫定理：有限维分布函数族，即$\{F_X(x_1,x_2,\cdots,x_n;t_1,t_2,\cdots,t_n),\ n=1,2,\cdots,\ t\in T\}$，完全地确定了随机过程的统计特性。

给定随机过程$\{X(t),t\in T\}$，固定$t\in T$，$X(t)$是一随机变量，它的均值一般与t有关，记为

$$\mu_X(t)=E[X(t)] \tag{3-34}$$

$\mu_X(t)$为随机过程$\{X(t),t\in T\}$的均值函数，表示随机过程$X(t)$在各个时刻的摆动中心，代表随机过程的所有样本函数在时刻t的函数值的平均值，通常称之为集平均或统计平均。

我们把随机过程$X(t)$的二阶原点矩（也称均方值函数）和二阶中心距（也称方差函数）分别记作

$$\Psi_X^2(t)=E[X^2(t)] \tag{3-35}$$

和

$$\sigma_X^2(t)=D_X(t)=\mathrm{Var}[X(t)]=E\{[X(t)-\mu_X(t)]^2\} \tag{3-36}$$

方差函数的算术平方根$\sigma_X(t)$称为随机过程的标准差函数，它表示随机过程$X(t)$在时刻t对于均值$\mu_X(t)$的平均偏离程度。

设任意t_1，$t_2\in T$，我们把随机变量$X(t_1)$和$X(t_2)$的二阶原点混合矩记作

$$R_{XX}(t_1,t_2)=E[X(t_1)X(t_2)] \tag{3-37}$$

并称其为随机过程$\{X(t),t\in T\}$的自相关函数（autocorrelation function），简称相关函数（correlation function），记为$R_{XX}(t_1,t_2)$或$R_X(t_1,t_2)$。

类似地，还可以写出$X(t_1)$和$X(t_2)$的二阶混合中心距，记作

$$C_{XX}(t_1,t_2)=\mathrm{Cov}[X(t_1),X(t_2)]=E\{[X(t_1)-\mu_X(t_1)][X(t_2)-\mu_X(t_2)]\} \tag{3-38}$$

式（3-38）也称为随机过程$\{X(t),t\in T\}$的自协方差函数（autocovariance function），简称协方差函数（covariance function），$C_{XX}(t_1,t_2)$也可记为$C_X(t_1,t_2)$。由多维随机变量数字特征的知识可知，自相关函数和自协方差函数是刻画随机过程自身在两个不同时刻状态之间的统计依赖关系的数字特征。

按照上面的定义，可得

$$\Psi_X^2(t)=R_X(t,t) \tag{3-39}$$

$$C_X(t_1,t_2)=R_X(t_1,t_2)-\mu_X(t_1)\mu_X(t_2) \tag{3-40}$$

$$\sigma_X^2(t)=C_X(t,t)=R_X(t,t)-\mu_X^2(t) \tag{3-41}$$

3. 平稳随机过程

现实过程中，存在这样一类平稳过程，其统计特性不随时间的推移而变化，即：如果对于任意的$n(n=1,2,\cdots),t_1,t_2,\cdots,t_n\in T$和任意实数$h$，当$t_1+h,t_2+h,\cdots,t_n+h\in T$时，$n$维随机变量

$$(X(t_1),X(t_2),\cdots,X(t_n))\text{和}(X(t_1+h),X(t_2+h),\cdots,X(t_n+h)) \tag{3-42}$$

具有相同的分布函数，则称随机过程$\{X(t),t\in T\}$具有平稳性，称之为平稳随机过程（stationary stochastic process），简称平稳过程（stationary process）。按照以上定义确定的平稳过程为严平稳过程（strict stationary process）或狭义平稳过程（narrow sense stationary process）。

平稳过程的参数集T一般为$(-\infty,+\infty)$，$[0,+\infty)$，$\{0,\pm1,\pm2,\cdots\}$或$\{0,1,2,\cdots\}$。当定义在离散参数集上时，也称过程为平稳随机序列或平稳时间序列。

在实际问题中，确定过程的分布函数并用它来判定其平稳性，一般是很难办到的。但是对于一个被研究的随机过程，如果环境和主要条件都不随时间的推移而变化，则认为其是平稳的。

设平稳过程 $X(t)$ 的均值函数 $E[X(t)]$ 存在，对于一维随机变量的情况（$n=1$），在式（3-42）中，令 $h=-t_1$，依据平稳性定义，一维随机变量 $X(t_1)$ 和 $X(t_2)$ 同分布，于是 $E[X(t_1)]=E[X(0)]$，均值函数必为常数，记为 μ_X，同样的，$X(t)$ 的均方值函数和方差函数亦为常数，分别记为 Ψ_X^2 和 σ_X^2。据此可知，平稳过程的所有样本曲线都在水平直线 $x(t)=\mu_X$ 上下波动，平均偏离度为 σ_X，恰如商品价格围绕其价值上下波动一样。

若平稳过程 $X(t)$ 的自相关系数 $R_X(t_1,t_2)=E[X(t_1)X(t_2)]$ 存在，对于二维随机变量的情况（$n=2$），在式（3-42）中，令 $h=-t_1$，由平稳性定义，二维随机变量 $(X(t_1),X(t_2))$ 与 $(X(0),X(t_2-t_1))$ 同分布，于是有

$$R_X(t_1,t_2)=E[X(t_1)X(t_2)]=E[X(0)X(t_2-t_1)]$$

等式右端只与时间差 t_2-t_1 有关，记为 $R_X(t_2-t_1)$，即有

$$R_X(t_1,t_2)=R_X(t_2-t_1) \tag{3-43}$$

或

$$R_X(t,t+\tau)=E[X(t)X(t+\tau)]=R_X(\tau) \tag{3-44}$$

这表明：平稳过程的自相关函数仅是时间 $t_2-t_1=\tau$ 的单变量函数，即不随时间的推移而变化。

同样的，对于二维随机变量而言，其协方差函数可以表示为

$$C_X(\tau)=E\{[X(t)-\mu_X][X(t+\tau)-\mu_X]\}=R_X(\tau)-\mu_X^2 \tag{3-45}$$

特别地，如果令 $\tau=0$，则有

$$\sigma_X^2=C_X(0)=R_X(0)-\mu_X^2 \tag{3-46}$$

给定随机过程 $\{X(t),t\in T\}$，如果对于任意 t，$t+\tau\in T$，

$$E[X(t)]=\mu_X(\text{常数})$$

$$E[X(t)X(t+\tau)]=R_X(\tau)$$

则称 $\{X(t),t\in T\}$ 为宽平稳过程（wide-sense stationary process）、弱平稳过程（weak-sense stationary process）或广义平稳过程。

宽平稳过程只要求一阶矩函数（均值函数）和自相关函数不依时间变化而变化，而严平稳函数则要求随机变量具有相同的分布函数，而在现实中，我们难以准确获得随机变量的分布函数，因而判断一个随机过程是否为严平稳过程较难实现，所以我们平时提到平稳过程时，多指宽平稳过程。

由于宽平稳过程的定义仅涉及一维、二维分布有关的数字特征，所以一个严平稳过程只要二阶矩存在，则它必定也是宽平稳的，反之一般不成立。但是正态过程除外。因为正态过程的概率密度是由均值函数和自相关函数完全确定的，因而如果均值函数和自相关函数不随时间推移而变化，则概率密度也不随时间推移而变化，由此一个宽平稳的正态过程必定是严平稳的。

3.2.2 马尔可夫链

在自然界和人类社会中，存在着这样的系统：当过程（或系统）在时刻 t_0 所处的状态为已知的条件下，过程在时刻 $t>t_0$ 所处状态的条件分布与过程在时刻 t_0 之前所处的状态无关。通俗地说，就是在已经知道过程“现在”的条件下，其“将来”不依赖于“过

去"。我们称系统所具有的上述特性为马尔可夫性（Markov property）或无后效性（non-aftereffect property）。马尔可夫过程是具有马尔可夫性的随机过程。

现在用分布函数来描述马尔可夫性。设随机过程$\{X(t), t\in T\}$的状态空间为I，如果对时间t的任意n个数值$t_1<t_2<\cdots<t_n$，$n\geqslant 3$，$t_i\in T$，在条件$X(t_i)=x_i$，$x_i\in I$，$i=1$，2，…，$n-1$下，$X(t_n)$的条件分布函数恰等于在条件$X(t_{n-1})=x_{n-1}$下$X(t_n)$的条件分布函数，即

$$\begin{aligned}P\{X(t_n)\leqslant x_n \mid X(t_1)=x_1, X(t_2)=x_2,\cdots,X(t_{n-1})\}\\ =P\{X(t_n)=x_n \mid X(t_{n-1})=x_{n-1}\},\ x_n\in\mathbf{R}\end{aligned}\tag{3-47}$$

或写成

$$F_{t_n|t_{n-1}}(x_n,t_n \mid x_1,x_2,\cdots,x_{n-1};t_1,t_2,\cdots,t_{n-1})=F_{t_n|t_{n-1}}(x_n,t_n \mid x_{n-1},t_{n-1})\tag{3-48}$$

则称随机过程$\{X(t),t\in T\}$具有马尔可夫性或无后效性，并称此随机过程为马尔可夫过程（Markov process）。时间和状态都是离散的马尔可夫过程称为马尔可夫链（Markov chain），记为$\{X_n=X(n), n=0,1,2,\cdots\}$，可看作在时间集$T=\{0,1,2,\cdots\}$上对离散状态的马尔可夫过程相继观察的结果。我们约定马尔可夫链的状态空间为$I=\{\alpha_1,\alpha_2,\cdots\}$，$\alpha_i\in\mathbf{R}$。马尔可夫性通常用条件概率表示，即对任意的正整数$n$，$r$和$0\leqslant t_1<t_2<\cdots<t_r\leqslant m$；$t_i$，$m$，$n+m\in T$，有

$$P\{X_{m+n}=\alpha_j \mid X_{t_1}=\alpha_{i_1},X_{t_2}=\alpha_{i_2},\cdots,X_{t_r}=\alpha_{i_r},X_m=\alpha_i\}=P\{X_{m+n}=\alpha_j \mid X_m=\alpha_i\}\tag{3-49}$$

式中，$\alpha_i\in I$，$i=0$，1，2，…。记上式右端为$P_{ij}(m,m+n)$，我们称条件概率

$$P_{ij}(m,m+n)=P\{X_{m+n}=\alpha_j \mid X_m=\alpha_i\}\tag{3-50}$$

为马尔可夫链在时刻m处于状态α_i条件下，在时刻$m+n$转移到状态α_j的转移概率（transition probability），也称为状态转移概率（state transition probability）。

由于在时刻m从任何一个状态α_i出发，到另一个时刻$m+n$，必然转移到α_1，α_2，…诸状态中的某一个，所以

$$\sum_{j=1}^{+\infty}P_{ij}(m,m+n)=1,\ i=1,2,\cdots\tag{3-51}$$

由转移概率组成的矩阵$\boldsymbol{P}(m,m+n)=(P_{ij}(m,m+n))$称为马尔可夫链的状态转移概率矩阵，由式（3-51）可知此矩阵中的每一行元之和为1。

当转移概率$P_{ij}(m,m+n)$只与i、j及时间间距n有关时，可将其记为$P_{ij}(n)$，即

$$P_{ij}(m,m+n)=P_{ij}(n)$$

并称此转移概率具有平稳性，同时也称此链是齐次的（homogeneous）或时齐的。

在马尔可夫链为齐次的情况下，其状态转移概率

$$P_{ij}(n)=P\{X_{m+n}=\alpha_j \mid X_m=\alpha_i\}\tag{3-52}$$

称为马尔可夫链的n步转移概率，$\boldsymbol{P}(n)=(P_{ij}(n))$为$n$步转移概率矩阵。特别地，我们定义

$$p_{ij}=P_{ij}(1)=P\{X_{m+1}=\alpha_j \mid X_m=\alpha_i\}\tag{3-53}$$

或由它们组成的一步转移概率矩阵

X_{m+1}的状态

$$
\begin{array}{cc}
 & \begin{matrix} \alpha_1 & \alpha_2 & \alpha_3 & \alpha_4 & \alpha_5 \end{matrix} \\
\begin{matrix} X_m \\ 的 \\ 状 \\ 态 \end{matrix}
\begin{matrix} \alpha_1 \\ \alpha_2 \\ \alpha_3 \\ \alpha_4 \\ \alpha_5 \end{matrix}
& \begin{pmatrix} p_{11} & p_{12} & \cdots & p_{1j} & \cdots \\ p_{21} & p_{22} & \cdots & p_{2j} & \cdots \\ \vdots & \vdots & & \vdots & \\ & & \cdots & & \cdots \\ p_{i1} & p_{i2} & & p_{ij} & \\ \vdots & \vdots & & \vdots & \end{pmatrix} = \boldsymbol{P}(1) \longrightarrow \boldsymbol{P}
\end{array}
$$

上述矩阵中的左侧和上侧标上状态 α_1，α_2，…，是为了显示 P_{ij} 是由状态 α_i 经一步转移到状态 α_j 的概率。

设 $\{X(n), n=0,1,2,\cdots\}$ 是齐次马尔可夫链，则对任意的 $u,v \in T$，有

$$P_{ij}(u+v) = \sum_{k=1}^{+\infty} P_{ik}(u) P_{kj}(v),\ i,j = 1,2,\cdots \tag{3-54}$$

式（3-54）就是切普曼-科尔莫戈罗夫（Chapman-Kolmogorov）方程，简称 C-K 方程。C-K 方程基于如下事实：即“从时刻 s 所处的状态 α_i，即 $X_s = \alpha_i$ 出发，经时段 $u+v$ 转移到状态 α_j，即 $X(s+u+v) = \alpha_j$”这一事件可以分解为“从 $X_s = \alpha_i$ 出发，先经时段 u 转移到中间状态 $\alpha_k(k=1,2,\cdots)$，再从 α_k 经时段 v 转移到状态 α_j”这样一些事件之和。证明如下：

$$
\begin{aligned}
& P\{X(s+u+v) = \alpha_j, X(s+u) = \alpha_k \mid X(s) = \alpha_i\} \\
&= P\{X(s+u) = \alpha_k \mid X(s) = \alpha_i\} P\{X(s+u+v) = \alpha_j \mid X(s+u) = \alpha_k, X(s) = \alpha_i\} \\
&= P_{ik}(u) P_{kj}(v)
\end{aligned} \tag{3-55}
$$

又由于事件组 $X(s+u) = \alpha_k$，$k=1$，2，…构成一个划分，因此有

$$
\begin{aligned}
P_{ij}(u+v) &= P\{X(s+u+v) = \alpha_j \mid X(s) = \alpha_i\} \\
&= \sum_{k=1}^{+\infty} P\{X(s+u+v) = \alpha_j, X(s+u) = \alpha_k \mid X(s) = \alpha_i\}
\end{aligned} \tag{3-56}
$$

将式（3-55）代入式（3-56），即可得证。

3.3 离散分布

有些随机变量，其全部可能取值为有限个或可列无限多个，此类随机变量被称为离散型随机变量。

设离散型随机变量 X 所有可能取值为 $x_k(k=1,2,\cdots)$，X 取各种可能值的概率，即事件 $\{X = x_k\}$ 的概率，为

$$P\{X = x_k\} = p_k,\ k=1,2,\cdots \tag{3-57}$$

式（3-57）为离散型随机变量 X 的分布律，或称概率质量函数。

设 X 是一个离散型随机变量，x 是任意实数，函数

$$F(x) = P\{X \leqslant x\},\ -\infty < x < +\infty \tag{3-58}$$

称为离散型随机变量 X 的累积分布函数。

对于任意实数 $x_1, x_2(x_1 < x_2)$，有

$$P\{x_1 < X \leqslant x_2\} = P\{X \leqslant x_2\} - P\{X \leqslant x_1\} = F(x_2 - x_1) \tag{3-59}$$

下面我们介绍几种常见的离散型分布。

3.3.1 0-1 分布

设随机变量 X 只能取 0 与 1 两个值，其分布律为

$$P\{X = k\} = p^k (1-p)^{1-k},\ k = 0,1\ (0 < p < 1) \tag{3-60}$$

则称 X 服从以 p 为参数的（0-1）分布或两点分布。

（0-1）分布的分布律也可以写成

X	0	1
p	$1-p$	p

3.3.2 二项分布

当试验 E 只有两个可能的结果 A 及 $\overline{A}$，则称 E 为伯努利试验（Bernoulli experiments）。设 $P(A) = p\ (0 < p < 1)$，则有 $P(\overline{A}) = 1 - p$。将 E 重复地进行 n 次，事件 A 及 $\overline{A}$ 发生的概率在每一次独立试验中都保持不变，则称这一串重复的独立试验为 n 重伯努利试验，也称伯努利过程或二项分布（binomial distribution）。当试验次数为 1 时，二项分布就是伯努利分布。

例如，投掷硬币不是得到正面就是反面，如果第 i 个试验得到正面（成功），则令 $X_i = 1$，如果得到背面就令 $X_i = 0$。针对每次试验来说，成功的概率是常数 p，失败的概率是 $1 - p$，则有

$$p(x_1, x_2, \cdots, x_n) = p_1(x_1) p_2(x_2) \cdots p_n(x_n) \tag{3-61}$$

而且

$$p_i(x_i) = p(x_i) = \begin{cases} p & x_i = 1 \quad (i = 1, 2, \cdots, n) \\ 1 - p & x_i = 0 \quad (i = 1, 2, \cdots, n) \\ 0 & \text{其他} \end{cases} \tag{3-62}$$

式（3-62）所代表的分布，称为伯努利分布。

伯努利分布的均值和方差如下：

$$E(X_i) = 0 \times q + 1 \times p = p \tag{3-63}$$

$$\mathrm{Var}(X_i) = [(0^2 \times q) + (1^2 \times p)] - p^2 = p(1 - p) \tag{3-64}$$

3.3.3 泊松分布

泊松分布的概率密度函数是

$$p(x) = \begin{cases} \dfrac{\mathrm{e}^{-\alpha} \alpha^x}{x!} & x = 0, 1, \cdots \\ 0 & \text{其他} \end{cases} \tag{3-65}$$

式中，$\alpha > 0$。泊松分布最重要的性质之一是其均值、方差都等于 α，即

$$E(X) = \mathrm{Var}(X) = \alpha$$

累积分布函数为

$$F(x) = \sum_{i=0}^{x} \frac{e^{-\alpha}\alpha^{i}}{i!} \tag{3-66}$$

它们的函数图像如图3-8所示。

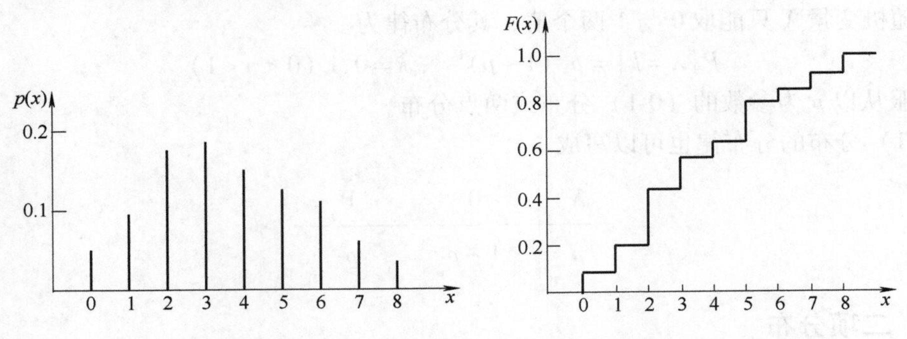

图3-8　泊松分布的概率密度函数（PMF）和累积分布函数（CDF）

3.4　连续分布

如果对于随机变量 X 的分布函数 $F(x)$，存在非负可积函数 $f(x)$，使得对于任意实数 x 有

$$F(x) = \int_{-\infty}^{x} f(t)\,dt \tag{3-67}$$

则称 X 为连续型随机变量，$f(x)$ 称为连续型随机变量 X 的概率密度函数，简称概率密度。$F(x)$ 称为连续型随机变量 X 的累积分布函数。

下面介绍几种常见的连续型分布。

3.4.1　均匀分布

一个随机变量 X 在区间 (α,β) 上呈均匀分布，如果它的概率密度函数PDF是

$$f(x) = \begin{cases} \dfrac{1}{\alpha - \beta} & \alpha \leqslant x \leqslant \beta \\ 0 & 其他 \end{cases} \tag{3-68}$$

其累积分布函数CDF为

$$F(x) = \begin{cases} 0 & x < \alpha \\ \dfrac{x-\alpha}{\beta-\alpha} & \alpha \leqslant x < \beta \\ 1 & x \geqslant \beta \end{cases} \tag{3-69}$$

分布的均值和方差分别为

$$E(X) = \frac{\alpha+\beta}{2} \tag{3-70}$$

$$\mathrm{Var}(X) = \frac{(\beta-\alpha)^2}{12} \tag{3-71}$$

它们的函数图像如图 3-9 所示。

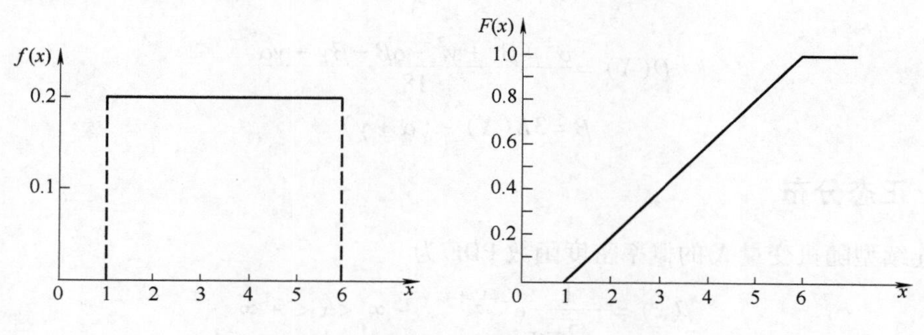

图 3-9 均匀分布的 PDF 和 CDF

3.4.2 指数分布

随机变量 X 具有参数为 λ 的指数分布，则其概率密度函数为

$$f(x)=\begin{cases}\lambda e^{-\lambda} & x\geqslant 0\\ 0 & \text{其他}\end{cases} \tag{3-72}$$

均值和方差分别为

$$E(X)=1/\lambda \tag{3-73}$$

和

$$D(X)=1/\lambda^2 \tag{3-74}$$

它们的函数图像如图 3-10 所示。

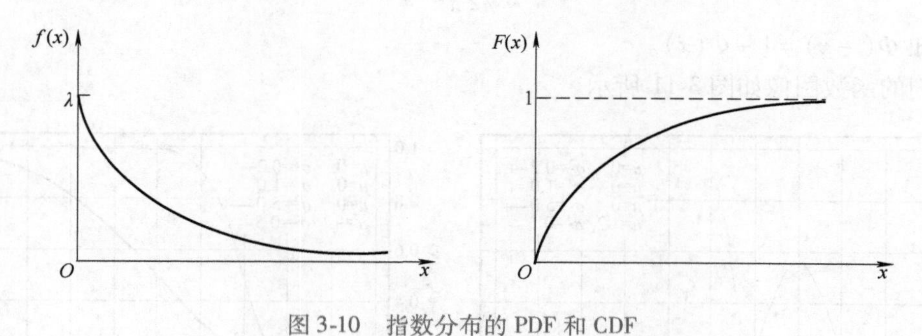

图 3-10 指数分布的 PDF 和 CDF

3.4.3 三角分布

如果一个变量 X 服从三角分布，则其 PDF 由下式给出：

$$f(x)=\begin{cases}\dfrac{2(x-\alpha)}{(\beta-\alpha)(\gamma-\alpha)} & \alpha\leqslant x\leqslant\beta\\ \dfrac{2(\gamma-x)}{(\gamma-\beta)(\gamma-\alpha)} & \beta< x\leqslant\gamma\\ 0 & \text{其他}\end{cases} \tag{3-75}$$

式中，$\alpha\leqslant\beta\leqslant\gamma$。众数出现在 $x=\beta$ 处。三角分布的均值、方差和众数分别为

$$E(X)=\frac{\alpha+\beta+\gamma}{3} \tag{3-76}$$

$$D(X)=\frac{\alpha^2+\beta^2+\gamma^2-\alpha\beta-\beta\gamma-\gamma\alpha}{18} \tag{3-77}$$

$$\beta=3E(X)-(\alpha+\gamma) \tag{3-78}$$

3.4.4 正态分布

若连续型随机变量 X 的概率密度函数 PDF 为

$$f(x)=\frac{1}{\sqrt{2\pi}\sigma}\mathrm{e}^{-\frac{(x-\mu)2}{2\sigma^2}},\quad -\infty<x<+\infty \tag{3-79}$$

式中，μ、$\sigma(\sigma>0)$ 为常数。则称 X 服从参数为 μ、σ（$\sigma>0$）的正态分布或高斯分布（Gaussian distribution），记为 $X\sim N(\mu,\sigma)$。

其均值和方差分别为

$$E(X)=\mu$$

$$D(X)=\sigma^2$$

当 $\mu=0$，$\sigma=1$ 时，可得标准正态分布，记为 $X\sim N(0,1)$，其概率密度函数 PDF 和分布函数 CDF 分别为

$$\varphi(x)=\frac{1}{\sqrt{2\pi}}\mathrm{e}^{-x^2/2},\quad -\infty<x<+\infty \tag{3-80}$$

$$\Phi(x)=\frac{1}{\sqrt{2\pi}}\int_{-\infty}^{x}\mathrm{e}^{-t^2/2}\mathrm{d}t \tag{3-81}$$

易知 $\Phi(-x)=1-\Phi(x)$。

它们的函数图像如图 3-11 所示。

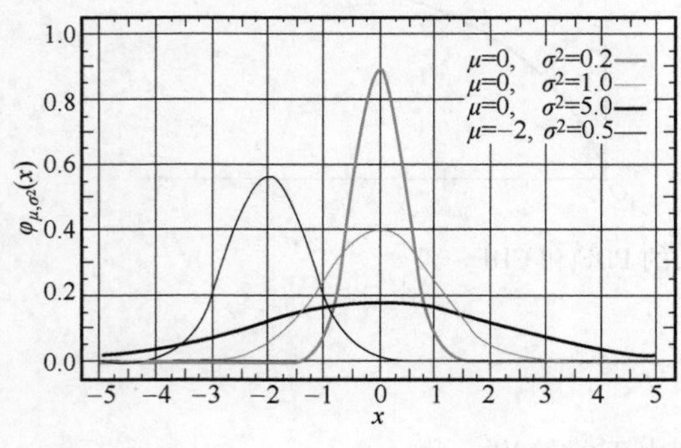

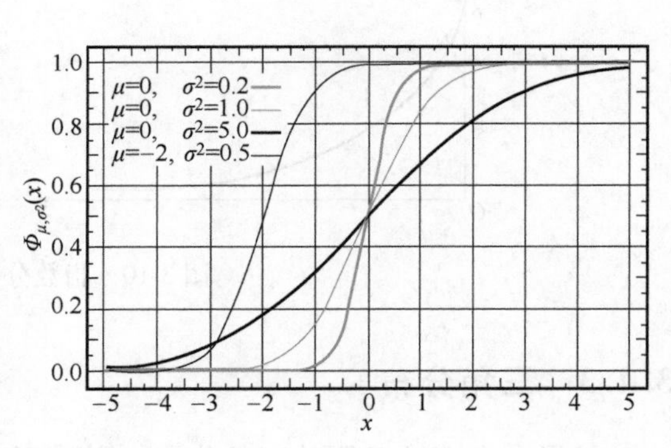

图 3-11　正态分布的 PDF 和 CDF

3.5 经验分布

经验分布函数是依据样本以频率估计概率的方式得到的实际分布函数的一个逼近，其构造思想是以频率估计概率。当无法通过现有统计学方法获得随机变量的合适的理论分布及参数时，往往采用经验分布。经验分布既可以是离散型也可以是连续型，其分布函数的

参数来自于样本观测值。经验分布的优点是：除了样本观察值之外无须事先进行假设，这也是它的一个缺点，因为样本值有可能并未覆盖其全部取值范围。

设$(X_1, X_2, \cdots, X_n)$为来自总体X的一个样本，$(x_1, x_2, \cdots, x_n)$是样本观测值且$x_1 < x_2 < \cdots < x_n$，定义函数

$$F_n(x) = \frac{1}{n} \cdot \{X_1, X_2, \cdots, X_n \text{ 中小于或者等于 } x \text{ 的个数}\}, -\infty < x < +\infty$$

或者写作

$$F_n(x) = \begin{cases} 0 & -\infty \leqslant x < x_1 \\ k/n & x_k \leqslant x < x_{k+1} \ (k = 1, 2, \cdots, n-1) \\ 1 & x_n \leqslant x < +\infty \end{cases} \tag{3-82}$$

则称$F_n(x)$为样本分布函数或经验分布函数（empirical distribution），简称经验分布。经验分布具有分布函数的一切性质。

相应地，称函数

$$\tilde{F}_n(x) = \frac{1}{n} \cdot \{x_1, x_2, \cdots, x_n \text{ 中小于或者等于 } x \text{ 的个数}\}, -\infty < x < +\infty$$

为经验分布函数的观测值。

直方图是确定经验分布的重要方法，直方图的绘制方法如下：

1. 编制频率分布表

（1）将样本观察值分组求频数

1）找出观察值的最大值和最小值，并求极差。

2）将区间等分成若干小区间，一般分为8～15个小区间。注意：小区间的长度应略大于极差除以小区间数，各小区间端点值比观察值多一位小数。

3）列表求频数。

（2）求概率密度的近似值——频率密度

2. 作直方图。

以每个小区间Δx_i为底，以相应的频率密度$\frac{v_i}{n}/\Delta x_i$为高做出一系列矩形，如图3-12a所示。图3-12b所示为对应的累积频率。

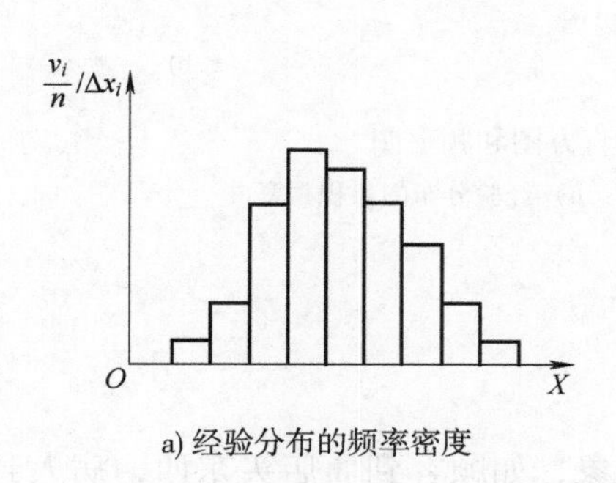

a) 经验分布的频率密度

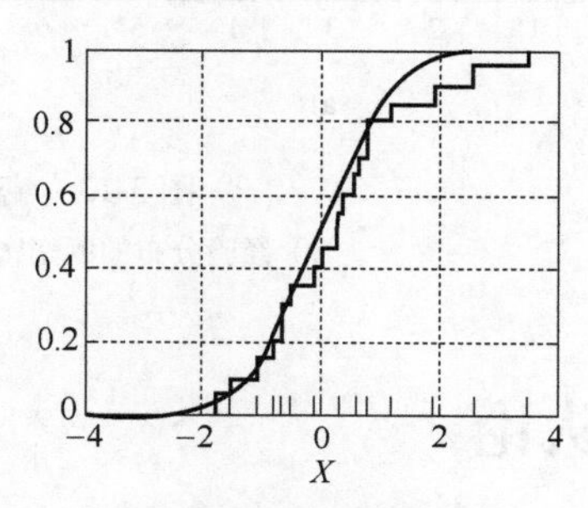

b) 经验分布的累积频率

图3-12 经验分布

格列汶科定理：

设总体 X 的分布函数为 $F(x)$，经验分布函数为 $F_n(x)$，对于任何实数 x，记

$$D_n = \sup_{-\infty < x < +\infty} |F_n(x) - F(x)| \tag{3-83}$$

则有

$$P\{\lim_{n\to\infty} D_n = 0\} = 1$$

在上述定理中，当 n 很大时，$F_n(x)$ 可近似地等于总体分布函数 $F(x)$，因此，格列汶科定理是用样本分布推断总体分布的一个理论依据。

例如，有这样一组样本观测值（2,5,3,7,6,4,2,6,5,4），其经验分布函数和累积频率分布的观测值计算见表 3-1。

表 3-1　经验分布频率及累积频率分布

间　隔	出现次数	频　率	累积频率
$-\infty < x < 2$	0	0	0
$2 \leqslant x < 3$	2	0.2	0.2
$3 \leqslant x < 4$	1	0.1	0.3
$4 \leqslant x < 5$	2	0.2	0.5
$5 \leqslant x < 6$	2	0.2	0.7
$6 \leqslant x < 7$	2	0.2	0.9
$7 \leqslant x < +\infty$	1	0.1	1.0

依照表 3-1，我们可以绘制出它的频率密度直方图，并可进一步绘制累积频率，用于代替累积分布函数。如图 3-13 所示。

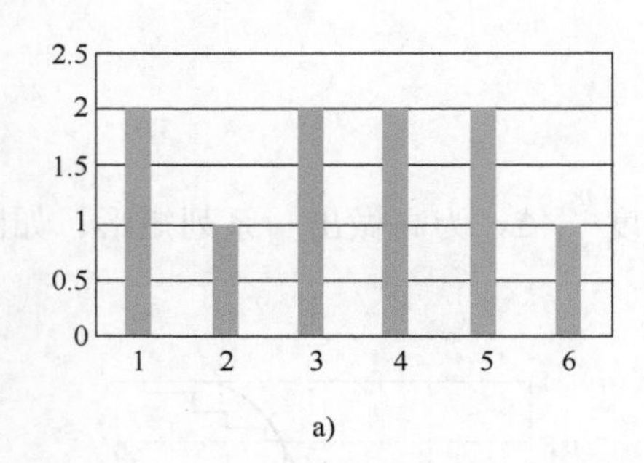

a）

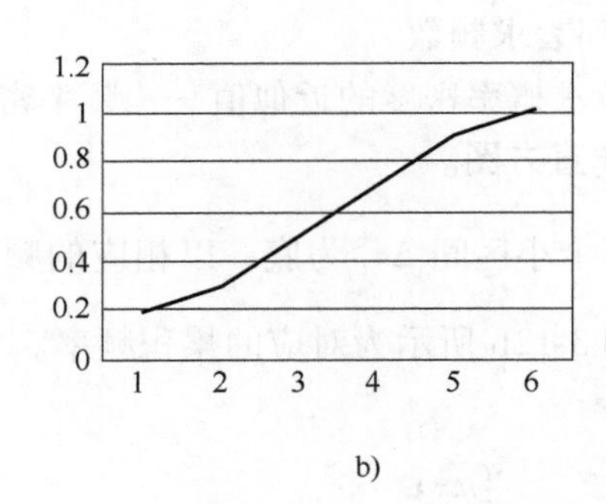

b）

图 3-13　密度直方图和频率图

a）经验分布的频率密度　b）经验分布的累积频率

3.6　排队论

排队是人们在日常生活中经常遇到的现象，如顾客到商店买东西，病人到医院看病，人们上下汽车，故障机器停机待修等常常都要排队。排队的人或事物统称为顾客，为顾客服务的人或事物叫作服务机构（服务员或服务台等）。顾客排队要求服务的过程或现象称

为排队系统或服务系统。由于顾客到来的时刻与进行服务的时间一般来说都是随机的，所以服务系统又称随机服务系统。

一般来说，只有当要求服务的数量超过服务机构的数量，才会出现排队的情况，也就是说，到达的顾客不能立即得到服务，因而就出现排队的现象。如果增添服务设施，就要增加投资，这就存在资源空闲浪费的可能；如果服务设施过少，排队现象就会严重，顾客对服务系统的满意度就会下降，对于企业来说，就会造成经济或声誉的损失。

排队论（queuing theory），也称随机服务系统理论。排队论主要解决三个部分的问题：

➢ 性态问题，即研究各种排队系统的概率规律性，主要是研究队长分布、等待时间分布和忙期分布等，包括了瞬态和静态两种情形。

➢ 最优化问题，又分为静态最优和动态最优，前者指最优设计，后者指现有排队系统的最优运营。

➢ 排队系统的统计推断，即判断一个给定的排队系统符合于哪种模型，以便根据排队理论进行分析研究。

在排队模型中，每个顾客由顾客源（总体）出发，到达服务机构（服务台、服务员）前排队等候接受服务，服务完成后离开。排队结构指队列的数目和排列方式，排队规则和服务规则是说明顾客在排队系统中按怎样的规则和次序接受服务，图3-14描述了排队过程。

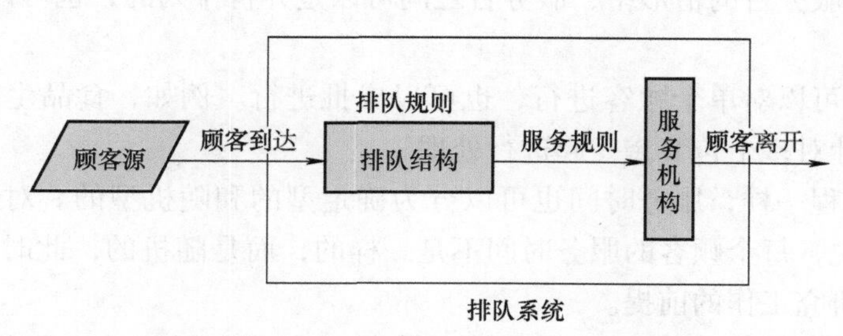

图3-14 排队系统的一般表示

排队系统一般有三个基本组成部分：输入过程、排队规则和服务机构。

（1）输入过程。输入即顾客到达排队系统，可能有下列各种情况，当然这些情况并不是彼此排斥的。

1）顾客的总体（顾客源）的组成可能是有限的，也可能是无限的。上游河水流入水库可以认为总体是无限的，工厂内停机待修的机器显然是有限的总体。

2）顾客到来的方式可能是一个一个的，也可能是成批的。例如，旅游景点接待的顾客就有单独的散客和旅游团体之分。

3）顾客相继到达的间隔时间可以是确定型的，也可以是随机型的。例如，自动化装配线上的工件到达就是确定的，并符合生产节拍的要求，此外，火车、航班也多是定期的，即间隔确定；到商店购物的顾客，上网收发邮件、浏览信息的网民，相对于各自的服务系统来说，他们的到来是随机的。对于随机型的情形，需要知道单位时间内的顾客到达数或相继到达间隔时间概率分布。

4）顾客的到达可以是相互独立的，即之前的到达情况对之后顾客的到来没有影响。

5）输入过程可以是平稳的，即描述相继到达的间隔时间分布和所含参数（数学期望、方差）与时间无关。非平稳过程的数学处理比较困难。

（2）排队规则。

1）顾客到达时，如所有服务台都被占用，在这种情况下顾客或者立即离去，或者进入队列排队，随机离去的称为即时制或损失制，因为这将损失很多顾客；排队等候的称为等待制。对于等待制而言，对顾客进行服务的顺序可以分为：先到先服务、先到后服务、随机服务、有优先权的服务等四种情况。

2）从占有的空间来看，队列可以排在具体的处所（售票处、候诊室等），也可以是抽象的（如互联网页面访问申请）。由于空间的不同，有些系统容量有限（如仓库），而有些则是无限的（如互联网空间）。

3）从排队的数目看，可以是单个队列，也可以是多个队列。多队列的情况下，各队列之间的顾客可以自由迁移，有的不能（如使用绳子或围栏隔开）；有的顾客可以由于等待时间过长或其他原因退出（如银行排队的顾客），而有些则不能（如高速公路上堵车的队列）。

（3）服务机构。

1）服务机构可以没有服务员，也可以有一个或者多个服务员（服务台、机床、窗口等）。

2）在有多个服务台的情形中，服务台之间可以是并行排列的，也可以是串行排列的，也可以是混合的。

3）服务方式可以对单个顾客进行，也可以成批进行。例如，食品生产线上的蒸煮和消毒工序，可以针对多个包装袋一起进行处理。

4）和输入过程一样，服务时间也可以分为确定型的和随机型的。对于到银行进行储蓄业务的顾客来说，每个顾客的服务时间不是一样的，而是随机的，此时，了解随机分布及其参数是后续研究工作的前提。

5）和输入过程一样，服务时间的分布，我们总假定是平稳的，即分布的数学期望、方差等参数不受时间的影响。

为了区分不同类型的排队系统，D. G. Kendall 在 1953 年提出一个分类方法，按照上述特征中最主要的、影响最大的三个方面，即：

➤ 连续顾客的到达间隔时间分布。

➤ 服务时间的分布。

➤ 服务台个数。

按照 Kendall 符号的标记方法，形如 $X/Y/Z$，其中，X 代表连续顾客到达的时间间隔分布；Y 代表服务时间的分布；Z 代表服务台的数目。

例如，$M/M/1$ 就是一种排队类型，其中第一个 M 是指顾客到达间隔服从指数分布，也称负指数分布（M 是 Markov 的字头，因为负指数分布具有无记忆性，即马尔可夫性），第二个 M 是指服务时间服从指数分布，第三个 1 是指单个服务台。相关的表示符号还有：

D：确定型（deterministic）；

E_k：k 阶爱尔朗（Erlang）分布；

GI：一般相互独立（general independent）的时间间隔的分布；

G：一般（general）服务时间的分布。

如此，则 $D/M/c$ 表示确定的到达间隔、服务时间服从指数分布、c 个平行服务台（顾客队列为一个）的模型。

在1971年的一次关于排队论符号标准化会议上，将Kendall符号扩充为：

$$X/Y/Z/A/B/C$$

其中，前三个符号含义不变，其后的 A 代表系统容量 N，B 代表顾客源数目（如工厂中的维修设备总量为60台），C 代表填写服务规则（FCFS代表先到先服务，LCFS代表后到先服务）。

对于排队问题的分析和求解，主要考核以下几个指标：

➢ 队长，指在系统中的顾客数，它的期望值记作 L_s。

➢ 排队长，即在队列中的顾客数，期望值记作 L_q。

➢ 逗留时间，一个顾客在系统中的停留时间，期望值记作 W_s。

➢ 等待时间，一个顾客在系统中排队等待的时间，期望值记作 W_q。

对于 $M/M/1$ 排队模型，上述参数的计算公式如下：

$$L_s = \frac{\lambda}{\mu - \lambda} \tag{3-84}$$

式中，λ 为单位时间到达的顾客数；$1/\lambda$ 则表示顾客到达时间间隔所服从指数分布的数学期望值；μ 为单位时间内能够完成服务的顾客数；$1/\mu$ 为顾客服务时间所服从指数分布的数学期望值。

$$L_q = \frac{\rho\lambda}{\mu - \lambda} \tag{3-85}$$

式中，$\rho = \dfrac{\lambda}{\mu}$ 为服务强度。

$$W_s = \frac{1}{\mu - \lambda} \tag{3-86}$$

$$W_q = \frac{\rho}{\mu - \lambda} \tag{3-87}$$

例如，某医院有一个发药窗口，顾客到达时间间隔服从指数分布，平均到达间隔时间为2min，服务时间服从指数分布，平均服务时间为1.2min，采取FCFS服务规则，计算相应指标如下：

$$\lambda = \frac{60}{2}\text{人/h} = 30\ \text{人/h}$$

$$\mu = \frac{60}{1.5}\text{人/h} = 40\ \text{人/h}$$

$$\rho = \frac{\lambda}{\mu} = 0.75$$

$$L_s = \frac{\lambda}{\mu - \lambda} = \frac{30}{40 - 30}\text{人} = 3\ \text{人}$$

$$L_q = \frac{\rho\lambda}{\mu - \lambda} = \frac{0.75 \times 30}{40 - 30}\text{人} = 2.25\ \text{人}$$

$$W_s=\frac{1}{\mu-\lambda}=\frac{1}{40-30}\text{h}=0.1\text{h}=6\text{min}$$

$$W_q=\frac{\rho}{\mu-\lambda}=\frac{0.75}{40-30}\text{h}=0.075\text{h}=4.5\text{min}$$

3.7　大数定律和中心极限定理

极限定理是概率论的基本理论，其中最重要的是“大数定律”和“中心极限定理”。大数定律（law of large numbers，LLN）是描述随机变量序列的前端部分截取项的算术平均值在某种条件下收敛至随机变量的均值。中心极限定理（central limit theorem，CLT）是确定在什么条件下，大量随机变量之和的分布逼近于正态分布。

3.7.1　大数定律

大数定律是一种描述当试验次数很大时所呈现的概率性质的定律。统计学和概率论的一个重要思想，就是用事件发生的频率代替概率，这一思想的依托就是大数定律。

随机事件 A 的频率 $f_n(A)$ 随着试验次数 n 的增加总是呈现出某种稳定性，即无限趋近于一个常数，这种性质是概率定义的客观基础。图 3-15 通过骰子投掷点数的平均值变化趋势说明了大数定律的核心思想。

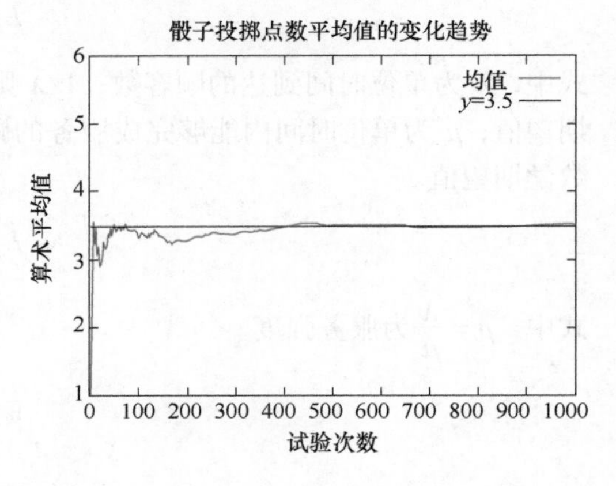

图 3-15　大数定律的图形表示

1. 弱大数定律（辛钦大数定律）

设 X_1，X_2，…，X_n，…是独立同分布的（independent and identically distributed，i. i. d.）随机变量序列，且具有数学期望 $E(X_k)=\mu$ $(k=1,2,\cdots)$。作前 n 个变量的算术平均 $\overline{X}=\frac{1}{n}\sum_{k=1}^{n}X_k$，则对于任意 $\varepsilon>0$，有

$$\lim_{n\to\infty}P\{|\overline{X}-\mu|<\varepsilon\}=1 \tag{3-88}$$

弱大数定律（weak law of large numbers）表明，当 $n\to\infty$ 时，随机变量 X_1，X_2，…，X_n，…中前 n 个变量的算术平均 $\frac{1}{n}\sum_{k=1}^{n}X_k$ 很可能收敛于 μ。因此，弱大数定律还可以做如下表述：

设 X_1，X_2，…，X_n，…是 i. i. d. 随机变量序列，且具有数学期望 $E(X_k)=\mu$（$k=1,2,\cdots$）。则序列 $\overline{X}=\frac{1}{n}\sum_{k=1}^{n}X_k$ 依概率收敛于 μ，记为 $n\to\infty$ 时，$\overline{X}\xrightarrow{P}\mu$（箭头上方的字母 P 代表 probability）。

2. 强大数定律

与弱大数定律不同，强大数定律（strong law of large numbers）认为样本均值几乎肯定收敛于（converges almost surely to）期望值，表述如下：

设X_1，X_2，…，X_n，…是独立同分布的随机变量序列，且具有数学期望$E(X_k)=\mu\ (k=1,2,\cdots)$。作前$n$个变量的算术平均$\frac{1}{n}\sum_{k=1}^{n}X_k$，有

$$P\{\lim_{n\to\infty}\overline{X}=\mu\}=1 \tag{3-89}$$

记为$n\to\infty$时，$\overline{X}\xrightarrow{\text{a. s.}}\mu$（a. s. 是almost surely的缩写）。

3. 二者之间的区别

弱大数定律声明，当n足够大且$n\to\infty$的过程中，$|\overline{X}-\mu|>\varepsilon$的情况可能会发生很多次（甚至非常多次），因此不能断言$\overline{X}$一定收敛于μ，只是存在接近μ的可能性（故而称为“依概率收敛”）。

强大数定律则表明，当n足够大且$n\to\infty$的过程中，不等式$|\overline{X}-\mu|>\varepsilon$基本上不会发生，因而可以确定$\overline{X}$一定收敛于$\mu$（故而称为“绝对收敛”）。

因此，二者的区别主要在于对$\overline{X}$收敛于μ是否有足够的信心。

对于某些X_1，X_2，…而言，其可能满足弱大数定律，但不一定满足强大数定律；而如果满足强大数定律，则一定满足弱大数定律。

需要说明的是，大数定律中涉及的随机变量序列X_1，X_2，…也可以不是相互独立的，特别对于平稳序列，也可看作为序列按时间的平均，而$E[X_n]=\mu$是同一时刻不同样本的统计平均，这时，$\overline{x}\to\mu$表明X_1，X_2，…随时间的增长遍历了它的各种可能状态，因而使“时间平均”向“统计平均”收敛，这又称为平稳序列的遍历性，它也是一种大数定律。

3.7.2 中心极限定理

设$X_1,X_2,\cdots,X_n,\cdots$为独立同分布的随机变量，具有数学期望和方差：$E(X_k)=\mu$，$D(X_k)=\sigma^2>0\ (k=1,2,\cdots)$，则随机变量之和$\sum_{k=1}^{n}X_k$的标准化变量

$$Y_n=\frac{\sum_{k=1}^{n}X_k-E(\sum_{k=1}^{n}X_k)}{\sqrt{D(\sum_{k=1}^{n}X_k)}}=\frac{\sum_{k=1}^{n}X_k-n\mu}{\sqrt{n}\sigma} \tag{3-90}$$

的分布函数$F_n(x)$对于任意x满足

$$\lim_{n\to\infty}F_n(x)=\lim_{n\to\infty}P\left\{\frac{\sum_{k=1}^{n}X_k-n\mu}{\sqrt{n}\sigma}\leqslant x\right\}=\int_{-\infty}^{x}\frac{1}{\sqrt{2\pi}}\mathrm{e}^{-t^2/2}\mathrm{d}t=\Phi(x) \tag{3-91}$$

也就是说，均值为μ，方差为$\sigma^2>0$的独立同分布的随机变量X_1，X_2，…，X_n之和$\sum_{k=1}^{n}X_k$的标准化变量，当n充分大时，有

$$\frac{\sum_{k=1}^{n}X_k-n\mu}{\sqrt{n}\sigma}\sim N(0,1) \tag{3-92}$$

一般情况下，很难求出 n 个随机变量之和 $\sum_{k=1}^{n} X_k$ 的分布函数，式（3-92）表明，当 n 充分大时，可以通过 $\Phi(x)$ 给出近似的分布，这样就可以利用正态分布对 $\sum_{k=1}^{n} X_k$ 做理论分析或实际计算。

进一步地，因为 $\dfrac{\frac{1}{n}\sum_{k=1}^{n} X_k - \mu}{\sigma/\sqrt{n}} = \dfrac{\overline{X} - \mu}{\sigma/\sqrt{n}}$，式（3-92）可以写成

$$\frac{\overline{X} - \mu}{\sigma/\sqrt{n}} \sim N(0,1) \quad 或 \quad \overline{X} \sim N(\mu, \sigma^2/n) \tag{3-93}$$

中心极限定理的含义：在自然界与社会系统中，一些现象受到许多相互独立的随机因素影响，如果每个因素所产生的影响都很微小，那么总体影响可以看作服从正态分布。

无论各个随机变量 $X_k(k=1,2,\cdots)$ 服从什么分布，只要满足定理的条件，那么它们的和 $\sum_{k=1}^{n} X_k$ 当 n 很大时，就近似地服从于正态分布。

思　考　题

1. 排队系统中，当到达率 λ 小于服务率 μ 时，会发生什么情况？当到达率 λ 大于或等于服务率 μ 时，系统会发生什么情况？

2. 记住 Little 公式，用其解决一个排队论问题，并用 Arena 模型建模，比较仿真结果与理论计算结果的差异，分析为什么。

3. 使用 C#、Java 或者 Python 语言中的任何一种，实现例 2.5 加油站模型的仿真程序开发，并分别运行 30 天、90 天和 365 天，比较顾客平均队列长度、顾客平均等待时间、顾客在系统中的总逗留时间等指标与理论值的差异，分析仿真时长对仿真结果的影响。如果针对上述三个时间长度分别仿真 1 次、10 次、100 次，试比较各独立运行结果的差异，并探讨其中的原因。

4. 经验分布和理论分布有何不同？为什么会用到经验分布？

5. 比较弱大数定律和强大数定律的异同。

6. 中心极限定理是系统仿真输出分析的重要理论依据，请进行深度阅读。

第4章 随机数生成器

系统仿真的过程，就是使用模型模拟真实环境事件序列发生和处理的过程，事件的发生和处理具有随机性，需要借助随机数实现。随机数的获取方法有很多种，但是基于成本和效率的考虑，从现实世界中获取随机数不能满足仿真的需要。通过随机数生成算法，借助计算机的高效性，可以获得稳定的随机数流，但是这种方法不能确保所获得的随机数具有"真正的"随机性，寻找强健的随机数生成方法，一直是学术界所关注的研究热点。

本章将介绍主要的随机数生成方法，以及检验其随机性的方法。

4.1 随机数与伪随机数

1. 随机数

一个随机数（random number）序列 R_1，R_2，…必须同时满足独立性和均匀性的要求，如果要求随机数取值在0~1之间，则随机数 R_i 必服从均匀分布，即 $R_i \sim U(0,1)$。均匀分布属于连续型分布，其概率密度函数PDF为

$$f(x) = \begin{cases} 0 & 0 \leqslant x \leqslant 1 \\ 1 & \text{其他} \end{cases} \tag{4-1}$$

每个 R_i 的期望值和方差分别为

$$E(R) = \int_0^1 x\mathrm{d}x = \frac{x^2}{2}\bigg|_0^1 = \frac{1}{2} \tag{4-2}$$

$$D(R) = \int_0^1 x^2\mathrm{d}x - [E(R)]^2 = \frac{x^3}{3}\bigg|_0^1 - \left(\frac{1}{2}\right)^2 = \frac{1}{12} \tag{4-3}$$

随机数最重要的性质是随机性，即 R_{i+1} 与 R_i 毫无关系，也就是说彼此相邻的随机数是相互独立的。

在系统仿真过程中，需要生成大量的随机数，用于模拟各类实体的到达、加工及其他活动，只有品质优良的随机数才能实现仿真模型对各类随机因素的完美呈现，才能使得模型的运行过程和结果贴近现实世界，这是应用仿真模型开展实际问题研究的前提基础。

2. 伪随机数

借助数学算法获得的随机数，难以从根本上保证随机数序列的随机性，因此称之为伪随机数（pseudo-random number）。这是因为依赖于算法生成的数字序列 R_1，R_2，…，R_i，R_{i+1}，…中，R_{i+1}的值是以 R_i 为自变量的函数计算获得，即 $R_{i+1}=f(R_i)$，因而 R_{i+1} 是 R_i 的因变量（dependent variable），不满足 R_{i+1} 与 R_i 相互独立的要求。

伪随机数虽然在随机性和独立性方面存在欠缺，若能保证该数字序列在一定数量或规

模上的近似随机性，仍然可以付诸使用。

依靠人工方法（递推函数和相关算法）获得的随机数流都是伪随机数流。

如何稳定、高效地生成高质量的伪随机数流，是统计学者长期致力于解决的问题，这项工作目前仍处于持续改进之中。

4.2 随机数生成方法

人类对于随机数的研究由来已久，最初起源于赌博（gambling）的需要，提升赌博的赢率是统计学和概率论中很多理论和方法创新的最初动力。20世纪初，统计学家开始探讨赌博中蕴含的随机特征，并运用所学知识尝试如何获得更高的赌博收益，过程中需要获得稳定的随机数流，推动了随机数生成器（random number generator，RNG）的发展。人们使用的随机数获取方法多种多样，例如掷骰子、扑克牌、号码球、转盘，后来发展到更先进的专用电子设备，如计数单位平面中透过的γ射线数量等。这些方法所获得的随机数具有真实的随机性。

由于成本和效率的限制，从现实世界中获取随机数流不能满足实际需要，学者们转而研究采用人工方式获得，目前普遍采用的方法是数值方法（numerical）或数学算法（arithmetic algorithm）。在复杂系统仿真运算过程中，动辄需要数十万甚至数百万个随机数，借助计算机的高效处理能力，可以在很短时间内获得大量的随机数流，从而满足仿真运算的需要。

在数字序列R_1，R_2，…，R_i，R_{i+1}，…中，只有R_1是指定的，并通过$R_{i+1}=f(R_i)$生成后续的数字，其中$f(\cdot)$是确定的多项式函数，即数学递推公式，当确定R_1之后［此时R_1被称为种子值（seed）］，之后的随机数就可以通过函数$f(\cdot)$获得。在理论上，虽然通过这种方法产生的数流不是相互独立的，但是不能否认它“看似”一个真正的随机数流。当其通过统计检验之后，就可以用于仿真试验了。

除仿真应用以外，随机数发生器还被广泛应用于统计采样和试验、蒙特卡罗仿真、密码学中。在密码学中，函数$f(\cdot)$可以是公开的，但是种子值是保密的，且只有信息收发的双方知晓，这样对于每一个传递的字符，都可以使用对应的随机数作为加密和解密的密钥，从而实现信息的加密传输，如果定义一个种子值定期更换的规则，那么安全性会得到增强，这远比仅仅使用一个密钥进行全部信息传输的加密和解密更为安全。

（1）RNG的优势

使用递推公式和算法生成的随机数流，具有物理方式所不具备的优势：

1）使用固定的种子值和函数，每次都能生成完全相同的随机数流，这是早期物理方式不能解决的。这种性质有时非常有用。当我们进行仿真模型的开发和调试工作时，我们需要随机数流是重复一致的，这样才能实现对模型逻辑的检验，从而发现建模过程中的问题并实施改进；此外，通过重复的随机数流，还可以进行模型外生因素和输入参数的灵敏度检验。

2）使用算法生成随机数流，不需要占用大量的存储空间，这在计算机程序运行过程中可以大大降低对内存的使用，而物理方式生成的随机数流，则需要大量的存储空间进行保存。

（2）RNG的特性

一个好的随机数发生器应该具有以下特性：

1）独立同分布。

2）服从均匀分布 $U(0,1)$。

3）运行速度快，计算机内存消耗小。

4）重复性，即可重复生成相同的随机数流。

5）分段生成随机数流的能力，方便用户指定选用。

6）可移植性，可运行在异构环境中，生成的随机数流不发生改变。

以上各项特性中，独立性的要求是最重要的衡量指标。

（3）RNG 的类型

依据所生成随机数的独立程度，我们将随机数生成器分为三种类型：

1）严格随机数生成器（true random number generators）。真正的随机数是通过现实世界中随机发生的物理事件产生的，此类生成器可以产生真正的随机数，生成过程不借助于任何预先定义的算法，数字序列完全不可预测，统计学检验具有真正的随机性。大多在物理场景中实现，如热噪声（thermal noise）、光电效应（photoelectric effect）、量子现象（quantum phenomenon）等，具体方法有核衰变辐射的测定、电子电路中的散粒噪声（shot noise）测定、测定空间中的伽马射线数量、测定放射性物质放射出的粒子数、大气噪声测定等。此类方法需要建造特定的设备，具有速度慢、不可重复等缺陷。

2）伪随机数生成器（pseudo-random number generators）。借助递推公式或算法实现，虽然从理论上而言不符合独立性要求，但是通过参数选取和调试，还是可以获得“看似”随机的数列。它是最常用的随机数产生方式，主要有线性同余法、乘同余法、混合线性同余法等。具有速度快、内存消耗小、可重复等特征，但有时取值不均匀，过于集中一些区间。

3）拟随机数生成器（quasi-random number generators）。这是一类通过随机方式（uniformly fashion）产生随机数的方法，主要有索博尔序列法（Sobol's sequence）和灰色编码法（gray code method）两种。此类方法所产生的也不是严格随机数，但是它生成的数列具有高度的均匀性，可实现在整个域内的均匀取值；此外，相比于伪随机数生成法，有些情况下，此类方法的统计误差更小。

图 4-1 描述了伪随机数发生器与拟随机数发生器运行结果的比较。

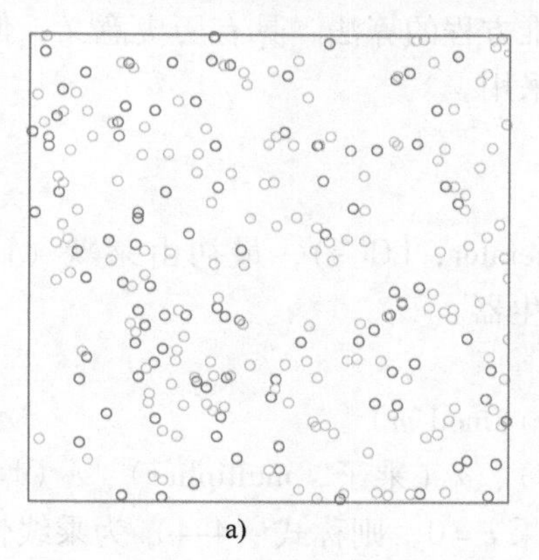

a）

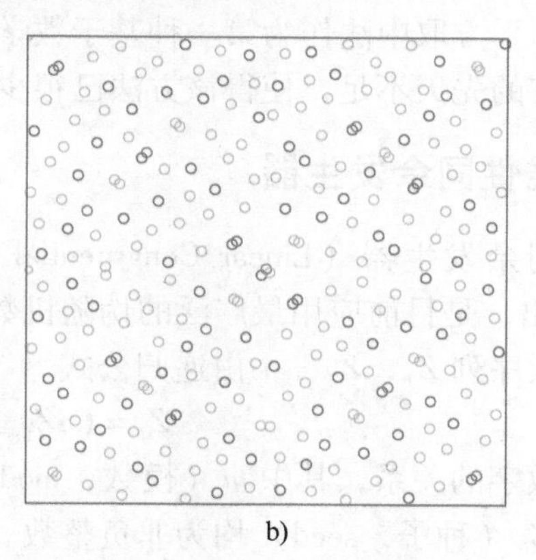

b）

图 4-1　伪随机数发生器与拟随机数发生器运行结果的比较

a）伪随机数发生器　b）拟随机数发生器

4.2.1 平方取中法

早期有影响性的随机数生成方法是“平方取中法（mid-square method）”，由冯·诺依曼（von Neumann）和米特罗波利斯（Metropolis）于20世纪40年代提出。具体算法如下：

1）首先确定一个4位正整数 Z_0。

2）对 Z_0 进行平方计算，获得一个8位长度的数值 Z_0^2，如果长度不够8位，则在左侧补零填充。

3）取 Z_0^2 的中间四位数字，即前后各去掉两位数字之后的结果，作为获得的第一个随机数 Z_1。

4）以此类推，每次都是取 Z_i^2 的中间四位数字作为 Z_{i+1} 的取值，直至获得足够的数列。

5）设 $U_i = Z_i/10^4$，则 U_i 即为所求随机数。

使用平方取中法获得的随机数，貌似具有随机性，但实际上前后数字的相互关联度很高，从表4-1中可以看出，前面获得的5个随机数中超过均值0.5的占了80%，显然难以判定该随机数列具有随机性。此外，当种子值 Z_0 选取某些值的时候（例如1009），随机数列将很快收敛于零，无法保证获取足够大量的随机数流。

表 4-1 平方取中法计算表

i	Z_i	U_i	Z_i^2
0	6129	0.6129	37564641
1	5646	0.5646	31877316
2	8773	0.8773	76965529
3	9655	0.9655	93219025
4	2190	0.2190	04796100
5	7961	0.7961	92352100
⋮	⋮	⋮	⋮

虽然，平方取中法作为第一种基于数学递推方程的算法，具有历史意义，但是由于其本身所具有的先天不足，使得该方法已很少被采用。

4.2.2 线性同余发生器

线性同余发生器（Linear Congruential Generator，LCGs），最初由莱默（Lehmer）在1951年提出，是目前应用最广泛的伪随机数发生器。

设整数序列 Z_1，Z_2，…由递归公式

$$Z_i = (aZ_{i-1} + c)(\text{mod } m) \tag{4-4}$$

决定相邻数字的关系，其中 m（模数，modulus）、a（乘子，multiplier）、c（增量，increment）和 Z_0（种子，seed）均为非负整数。如果 $c=0$，则称式（4-4）为乘线性同余发生器（multiplicative LCGs）；如果 $c>0$，则称为混合线性同余发生器（mixed LCGs）。

之所以使用LCGs而不是LCG表示，是因为参数 m、a、c 和 Z_0 的不同选择，会生成

多个线性同余发生器，即 LCG 族，因此标记为 LCGs。本书中如果特指一个线性同余发生器，将使用 LCG 代表。

由于 Z_i 是以模数 m 对 $aZ_{i-1}+c$ 进行取模运算之后的余数，所以 Z_i 不可能大于 m，因此有 $0 \leqslant Z_i \leqslant m-1$。我们定义 $U_i = Z_i/m$ 以获得取值介于[0,1]之间的随机数 U_i。一般而言，m、a、c 和 Z_0 应满足如下关系：$0<m$，$a<m$，$c<m$ 和 $Z_0<m$。

通过考察随机数 U_i 的生成过程，我们可以发现两个问题：

第一，通过式（4-4）可以发现，Z_i 与 Z_{i+1} 具有函数关系，并非彼此独立，这不符合随机数特性中的首要要求。这只能通过 m、a、c 和 Z_0 的合理选取加以解决，因此而言，上述四项参数不可以任意取值，要受到一定的限制，目前已经有一些经验可资借鉴，还可以通过统计检验进行验证。

第二，由于我们采用 $U_i = Z_i/m$ 的方式计算随机数 U_i 的值，而 Z_i 的值是整数，这就使得某些值不可能出现，例如 $1.6/m$、$9.12/m$ 等，会使我们获得的随机数流不能均匀铺满[0,1]区间，形成很多“缝隙”。解决这个问题，可以通过加大 m 的值，例如选择 $m>10^9$，使得“缝隙”无限小，从而近似地填满整个[0,1]区间。

LCGs 的一个重要特性是所生成的随机数具有循环性（looping）。例如，如果以 $Z_i=(11Z_{i-1}+3)(\bmod 17)$ 和 $Z_0=7$ 生成随机数，可以看到经过 15 步迭代之后，从 Z_{16} 开始随机数流发生循环，运算过程见表 4-2。

表 4-2 线性同余法的循环特性

i	Z_i	U_i	i	Z_i	U_i	i	Z_i	U_i	i	Z_i	U_i
0	7	—	5	3	0.1765	10	14	0.8235	15	5	0.2941
1	12	0.7059	6	2	0.1176	11	4	0.2353	16	7	0.4118
2	16	0.9412	7	8	0.4706	12	13	0.7647	17	12	0.7059
3	9	0.5294	8	6	0.3529	13	10	0.5882	18	16	0.9412
4	0	0	9	1	0.0588	14	11	0.6471	19	9	0.5294

LCGs 的循环特性与参数 m、a、c 和 Z_0 的选取紧密相关，上述参数选择的不同，随机数展现不同的循环长度，即循环周期（period of a generator），记为 T。对于 LCGs 而言，由于 $0 \leqslant Z_i \leqslant m-1$，因此循环周期最大为 m 个，如果 $T=m$，则称该 LCG 具有满周期（*full period*）。如果一个 LCG 是满周期的，那么 $Z_0 \in \{0,1,\cdots,m-1\}$，选取任何值都可以生成一个满周期的随机数序列；如果 LCG 不是满周期的，那么它所生成的随机数序列的循环长度依赖于 Z_0 的取值。综上所述，参数 m、a、c 和 Z_0 取值的不同，会使得 LCGs 展现不同的周期能力，因此上述参数不能随便取值，要依从一定的内在规律，学术界经过研究发现，为满足 LCGs 的满周期特性，参数 m、a 和 c 之间应有如下定理。

定理 4.1

➤ m 和 c 互质，即 m 和 c 的最小公因数是 1（例如 $m=10$、$c=7$ 的情形）。

➤ 如果 m 可以被质数 q 整除，则 $a-1$ 也应被 q 整除（q 是 m 可以整除的所有质数）。

➤ 如果 m 可以被整数 4 整除，则 $a-1$ 也应被整数 4 整除（$q=4$ 的情况）。

在了解了 LCGs 的循环特性之后，接下来的问题就是如何获取一个具有满周期特性的线性同余发生器。我们当然希望能够获得一个满周期的 LCG，这样如果 m 足够大，就可以满足仿真过程中对随机数流数以百万计的需求，而不用担心随机数循环发生。

针对 LCGs 的循环特性，研究人员已经开展了大量的研究，获得了丰富的 m、a、c 和 Z_0 的参数组合方案，在如 Arena 等商品化软件包中，也内置了 LCGs 方法，可以满足绝大部分仿真建模的需要。对于特别复杂的问题，可以通过自行开发并分阶段指定随机数流的方式加以解决。对于复杂大系统的仿真建模和运行，还需要构建更完善、更强健的 LCGs。

依照 LCGs 算法本身的特点，可以构建分段线性函数（fractional linear function），从而将一个完整的随机数流分成若干个子随机数流（sub-streams），因此，在仿真过程中，只需要计算出特定子随机数流的种子值 Z_j，就可以获得该子随机数流，而无须储存所生成的随机数。例如，若一个随机数流的满周期是 $Z=2^z$，我们通过定义 $z=v+w$，可以将长度为 $Z=2^z$ 的随机数流切割成 $V=2^v$ 个子随机数流，每个子随机数流长度为 $W=2^w$，然后按照转换函数（transition function）计算出相应子随机数流的种子值 $Z_j(j\in V)$ 即可，这样，就可以任意选用子随机数流，而不必一定按照 Z_0，Z_1，Z_2，…的顺序生成。有关算法实施的详细内容可以参考 L'Ecuyer（2002）的论文。

分段生成子随机数流的方法，为仿真建模的设计和运行提供了很好的灵活性和可控性，但是需要注意的是，如果在同一个理发店排队模型中，为模拟顾客到达时间间隔所使用的子随机数流 j（使用 Z_j 作为种子）和模拟顾客服务时间的子随机数流 k（使用 Z_k 作为种子）不应发生重叠（overlapping），否则就会有部分随机数被两个活动都用到，理论上会导致仿真结果的无效（invalid）。

1. 混合线性同余发生器

如果式（4-4）中的参数 $c>0$，我们就有可能获得一个满周期的随机数流，因为随机数流的周期将随着 m 的增加而增加，因此我们当然希望 m 的取值越大越好。但是受限于计算机能力的限制，为了能够快速高效地进行式（4-4）的运算，m 不能随便取值。限制计算机运行效率的主要因素是计算机字长。

所谓字长（length of word），是指计算机在进行数据处理时，一次存取、加工和传送的数据长度。一个字（word）通常由一个或多个（一般是字节的整数位）字节构成。例如 286 微机的字由 2 个字节（byte，每个 byte 由 8 位 bit 组成）组成，它的字长为 16 位；486 微机的字由 4 个字节组成，它的字长为 32 位；当前最新型号的计算机是 64 位字长。

在存储器中，通常每个单元存储一个字，因此每个字都是可以独立寻址的，按照字长设定的 m 值，可以实现一次寻址，有效降低寻址时间；此外，由于在计算机中进行除法操作是采用先移位后相加的方式，因此按照整个字进行移位，效率会更高，整体运算效率也将得到大幅度提升。

如果指定运行的计算机拥有长度为 b 的字长，那么当 $m=2^{b-1}$ 时，线性同余发生器具有最高的运行效率。例如，一个 32 位字长的计算机系统，由于其最左侧位用于记录算术符号，因此实际有效存储位数是 31，因此 $m=2^{31}\approx 2\times 10^9$，这是 32 位环境下 m 可以取的最大值。如果采用 64 位计算机系统，可以获得将近 8×10^{18} 的取值，如果能够获得 $m=8\times 10^{18}$ 满周期随机数流，就可以满足绝大多数仿真建模的需要了。

2. 乘线性同余发生器

如果式（4-4）中的参数 $c=0$，就得到乘线性同余发生器。参数 c 的作用是使得数字产生整体偏移（offset），对于随机性的影响没有参数 m 和 a 的作用大，并且当 $c=0$ 时，乘线性同余发生器的运算过程中由于减少了一步求和运算，理论上计算机的运行效率会更高。虽然 $c=0$ 不能保证定理4.1中第一项条件的成立，也就是说无法获得满周期的随机数流，但是如果我们控制参数 m 和 a 的取值，仍然可以得到周期为 $m-1$ 的随机数流。

对于乘线性同余发生器，Knuth（1998）在其研究成果中提出，虽然选择 $m=2^{b-1}$ 作为模数可以提高运算效率，但是在实际运算过程中，由于 a 和 Z_0 取值的影响，往往不能获得满周期的随机数流，例如，若 Z_0 取奇数，a 以 $a=8k+3$ 或者 $a=8k+5(k=0,1,2,\cdots)$ 的形式取值，则所获得的随机数流的周期最多只能是 2^{b-3}，即满周期的1/4。那么，这些随机数是否仍然服从均匀分布？是否存在数据相对集中于几个子区域，并在子区域之间形成较大的缝隙（gap），我们对此难以了解。如果 a 以 $a=2^p+j$ 的形式取值，所获随机数流的质量会更差。可见当 m 确定时，a 和 Z_0 的取值也需要有一定的限制。

基于上述现象，部分学者提出不采用 $m=2^{b-1}$，而是寻找小于 2^{b-1} 的最大质数作为 m 的取值，例如对于 2^{31} 而言，小于它的最大质数是 $2^{31}-1=2147483647$。Knuth 研究认为，对于 m 是质数的情况，如果想获得周期为 $m-1$ 的随机数流，那么 a 必须是 m 的质元素。

定义4.1　如果存在一个整数 p，使得 a^p-1 可以被 m 整除，即 $a^p\equiv1\ (\mathrm{mod}\ m)$，则称 p 是 a 以 m 为模的阶（order of a modulo m），如果使得 $a^p\equiv1\ (\mathrm{mod}\ m)$ 成立的 p 的最小值是 $m-1$，则称 a 为 m 的质元素（primitive element modulo m）。

Knuth 的方法，可以保证在一个循环周期内，所有数字（1，2，…，$m-1$）都会被均匀获得（即 Z_i 可以从1，2，…，$m-1$ 中各取值一次），所以 Z_0 就可以取从1到 $m-1$ 中的任何值，而不影响其周期为 $m-1$。这种方法被称为质模数乘线性同余法（prime modulus multiplicative LCGs，PMMLCGs）。

应用上述方法，有两个问题需要解决，一是如何确定 a 的值；二是既然不使用 $m=2^{b-1}$，如何保证计算机的运算效率？对于第一个问题，学者们找到两个符合条件的数值，分别是 $a_1=7^5=16807$ 和 $a_2=630360016$，a_1 和 a_2 都是基于模 $m=2^{31}-1$ 的质元素。至于第二个问题，可以采用模拟分割法（simulated division）解决。

如果仿真过程所需要的随机数数量不多，那么应用 PMMLCGs 方法，且取 $m=2^{31}-1$、$a=630360016$ 可以满足需要。但是也有学者指出，在 2^{31} 邻域内选择 m 的值，不仅所产生的随机数会很快耗尽（exhausted in a few minutes on many computers），更为重要的是，LCGs 糟糕的统计特征会导致随机数的实际可能取样数量远小于理论周期，这将使得仿真结果不具有无偏性。例如，L'Ecuyer 和 Simard（2002）提出，当随机数实际取样量大约等于或超过 $8\sqrt{m}$ 时（随机数循环周期是 $m-1$，近似等于 m），使用任何 LCGs 方法所获得的随机数都不再符合均匀分布，因此“安全采样量”不能高于 $8\sqrt{m}$，否则难以通过统计检验。

4.2.3　其他随机数发生器

除了广泛使用的 LCGs 方法，还有一些随机数发生器也值得了解，其中的一些方法由于具有出色的性能，也具有较大影响，并获得了大量的应用。

我们先给出随机数发生器递推公式的一般形式。

设整数序列 Z_1，Z_2，…，由递归公式

$$Z_i = g(Z_{i-1}, Z_{i-2}, \cdots) (\bmod m) \tag{4-5}$$

唯一确定。Z_i 的取值依赖于函数 $g(\cdot)$ 和已有数列 Z_0，Z_1，…，Z_{i-1}，$g(\cdot)$ 为不变的确定性函数。当 $g(Z_{i-1}, Z_{i-2}, \cdots) = aZ_{i-1} + c$ 时，式（4-5）化身为式（4-4），因而式（4-5）是 LCGs 方法的一般形式。

构建不同形式的函数 $g(\cdot)$，就可以得到不同的随机数发生器。

1. 二次同余生成器

如果定义函数

$$g(Z_{i-1}, Z_{i-2}, \cdots) = a_1 Z_{i-1}^2 + a_2 Z_{i-1} + c \tag{4-6}$$

由此得到二次同余发生器（quadratic congruential generators）。二次同余发生器与 LCGs 一样，Z_i 的取值仅仅依赖于 Z_{i-1}，所不同的是使用二次函数。当 $a_1 = a_2 = 1$，$c = 0$ 时，该方法与平方取中法相似，但是比平方取中法拥有更好的统计学特征，其循环周期至多为 m，这与 LCGs 方法相同。

2. 多元递归生成器

如果定义函数

$$g(Z_{i-1}, Z_{i-2}, \cdots) = a_1 Z_{i-1} + a_2 Z_{i-2} + \cdots + a_q Z_{i-q} \tag{4-7}$$

式中，a_{i-1}，a_{i-2}，…，a_{i-q} 为常数，此时得到的发生器被称为多元递归发生器（multiple recursive generators，MRGs）。该方法的最大循环周期为 $m^q - 1$，如果使 $a_{i-1} = a_{i-2} = 1$，$a_{i-3} = \cdots = a_{i-q} = 0$，则发生器变化称为斐波那契生成器（Fibonacci generator），其递归函数为

$$Z_i = (Z_{i-1} + Z_{i-2}) (\bmod m) \tag{4-8}$$

斐波那契发生器的统计学特征完全不能接受，虽然其循环周期可以突破 m。

3. 复合生成器

多元递归方法依赖于递归函数完成完全随机数列的生成，而复合生成器（composite generators）则使用两个以上的随机数发生器，通过组合方式，将多个随机数列合并成为一个随机数列，旨在获得更好的随机性和独立性。

目前已知最早的此类方法由 MacLaren 等人提出，他们使用两个 LCG，各自产生随机数序列 V_1，V_2，…和 W_1，W_2，…，然后通过合成的方式，生成目标随机数流 U_1，U_2，…，具体方法如下：

1）第一个 LCG 产生 k 个随机数，构成数组 $V = (V_1, V_2, \cdots, V_k)$，其中 k 为事先确定的任意整数（推荐使用 $k = 128$）。

2）第二个 LCG 产生一个随机数 $W_j (j = 1, 2, \cdots)$，并被转换为 $[1, k]$ 之间的整数，记作 s。

3）从数组 V 中选择 V_s，作为 U_j 的值（$j = 1$，2，…）。

4）从数组 $V = (V_1, V_2, \cdots, V_k)$ 中删除对应的 V_s，然后使用第一个 LCG 产生一个新的随机数填补在相应的位置上，构成新的数组 V。

5）返回第二步，重复执行，直到生成足够的随机数 U_j。

以上方法中，第一个 LCG 负责产生随机数流，第二个 LCG 则负责完成第一个随机数

流的重新顺序，整个过程好像洗牌（shuffle）一样。这样经过重新编排顺序的随机数流，具有很好的统计特性，而不受所使用的两个 LCG 方法的影响（即使这两个 LCG 方法具有很差的统计特性）。

针对上述方法，有学者发现即使使用 $k=2$，也不影响所生成随机数的统计特性。还有学者提出，不必使用第二个 LCG 获取随机数 s，通过第一个 LCG 所生成的数列也可以获得，甚至固定位置互换排序，也会比原有 LCG 具有更好的性能。这是因为虽然一次 LCG 生成的随机数流依赖于递推公式，其随机性不可预期，但是经过二次叠加的随机换位，则可以增强其随机性，而不必花费更多的“成本”。

以上方法的优势很明显，但是劣势同样不能忽视，主要缺点是不能方便地产生子随机数流，或者从随机数流的任意位置开始运算。

L'Ecuyer 等提出另外一种变形，即通过两个 LCG 独立地产生两个随机数流 $\{Z_{1i}\}$ 和 $\{Z_{2i}\}$，构造递推函数 $Z_i=(Z_{1i}-Z_{2i})(\bmod m)$，并通过 $U_i=Z_i/m$，获得随机数流 $\{U_i\}$。该方法具有很多优势：循环周期更长；LCG 所用乘子 α 的数值不必很大；生成速度快；统计特性强。

另外一种比较流行的复合生成器由 L'Ecuyer（1996，1999）等学者提出。该方法采用 J 个 MRGs，分别生成各自的随机数序列 $\{Z_{1,i}\}$，$\{Z_{2,i}\}$，…，$\{Z_{J,i}\}$，给定常量 δ_1，δ_2，…，δ_J，构建递推函数

$$Y_i=(\delta_1 Z_{1,i}+\delta_2 Z_{2,i}+\cdots+\delta_J Z_{J,i})(\bmod m_1) \tag{4-9}$$

式中，m_1 为第一个 MRG 采用的模数，即生成 $\{Z_{1,i}\}$ 所使用的模数，本方法以 $U_i=Y_i/m_1$ 产生随机数。在该方法中，获得长周期和良好的统计特性，依赖于所有 MRGs 参数的选取。L'Ecuyer（1999a）对参数选取进行了相关的研究，针对两个 MRGs 的情形，提出了以下参数关系：

$$Z_{1,i}=(1403580Z_{1,i-2}-810728Z_{1,i-3})[\bmod(2^{32}-209)]$$
$$Z_{2,i}=(527612Z_{2,i-1}-1370589Z_{2,i-3})[\bmod(2^{32}-22853)]$$
$$Y_i=(Z_{1,i}-Z_{2,i})[\bmod(2^{32}-209)]$$
$$U_i=\frac{Y_i}{2^{32}-209}$$

上述方法被命名为 MRG32k3a，其周期大约为 $2^{191}\approx 3.1\times 10^{57}$，具有较好的统计学特性，被用于 Arena、AutoMod 以及 WITNESS 等多个仿真软件包之中。MRG32k3a 可以方便地生成子随机数流，在一个仿真过程中如果实现多次重复仿真（replication），执行每一次重复仿真都从下一个新的子随机数流开始，以保证当使用方差消减技术（variance-reduction technique）时不同方案之间随机数流的同步。

4. 反馈移位寄存式生成器

反馈移位寄存式生成器（Feedback Shift Register Generators，FSRG）的产生与密码学相关，最早由 Tausworthe 于 1965 年提出，它与我们之前所介绍方法的最大不同，是使用位元（bits）产生随机数。

FSRG 方法通过递归方程

$$b_i=(c_1 b_{i-1}+c_2 b_{i-2}+\cdots+c_q b_{i-q})(\bmod 2) \tag{4-10}$$

获得一个位元序列 b_1，b_2，…，其中 $b_i=0$ 或 1，2，…，c_1，c_2，…，c_{q-1} 取值为 0 或 1，$c_q=1$。

具体使用过程中，FSRG 方法通常采用只有两个系数 c_r 和 c_q 等于 1（$0<r<q$），而其他系数等于 0 的设置方式，则式（4-10）变为

$$b_i=(b_{i-r}+b_{i-q})(\bmod 2) \tag{4-11}$$

由于式（4-11）以 2 为模数，当 b_{i-r} 和 b_{i-q} 相等时（同为 0 或 1），则 $b_i=0$；否则 $b_i=1$，则式（4-11）进一步化简为

$$b_i=\begin{cases}0 & b_{i-r}=b_{i-q}\\ 1 & b_{i-r}\neq b_{i-q}\end{cases} \tag{4-12}$$

式（4-12）可以表示为 $b_i=b_{i-r}\oplus b_{i-q}$，类似于 LCGs 方法需要使用种子值，FSRG 方法也需要事先确定 b_1，b_2，…，b_q 的值。

为获得随机数序列 W_1，W_2，…，我们使用紧连接的方式，将 l 个连续的 b_i 值连接在一起，构成以二进制表示的整数值，即

$$W_1=b_1b_2\cdots b_l$$
$$W_2=b_{l+1}b_{l+2}\cdots b_{2l}$$
$$\vdots$$
$$W_i=b_{(i-1)l+1}b_{(i-1)l+2}\cdots b_{il},i=1,2,\cdots$$
$$\vdots$$

同理于 $b_i=b_{i-r}\oplus b_{i-q}$，有 $W_i=W_{i-r}\oplus W_{i-q}$，此处依位元进行逐位计算。这样我们就获得了以二进制表示的随机数 W_i，形如 1100…0101，在将其转化为十进制数之后，通过 $U_i=W_i/2^l$，$i=1$，2，…，获得随机数序列 $\{U_i\}$。

此类方法还有很多种变体，实际应用中也取得了不错的效果，有兴趣的读者可以进行扩展阅读，我们在此不再展开讨论。

4.3 随机数的检验

通过随机数生成器获得的随机数序列，虽然是伪随机数列，但是我们仍然希望它们具有较好的独立性和均匀性，并挑选那些具有较好统计学特性的随机数列和随机数生成器，应用于仿真过程之中。因此，我们需要运用统计学方法和手段，对随机数列进行检验，这也是对随机数发生器进行的质量验证。

常用的随机数检验方法分为经验检验（empirical test）和理论检验（theoretical test）两种。经验检验法是基于随机数序列的一种统计检验，通过判定该随机数序列是否符合 $U(0,1)$ 分布，进而实现对随机数发生器的质量检验。理论检验法并不是统计意义上的检验方法，只是一种针对随机数发生器所涉及数值参数的直接评估技术，并不用生成随机数序列。

4.3.1 经验检验法

依照所侧重的目的不同，经验检验法可以进一步划分为两类：一类是均匀性检验，一

类是独立性检验。

均匀性检验，是指检验由某个随机数发生器生成的随机数序列是否满足均匀性要求，即是否服从 $U(0,1)$ 均匀分布，该方法实际上就是利用样本值，检验经验频率与理论概率二者之间是否具有显著差异，故而也称频率检验（frequency test）。均匀性检验主要有：χ^2（chi-square test）和 K-S 检验（Kolmogorov-Smirnov test）。

独立性检验，就是对随机数序列中各随机数之间的独立性或相关性进行检验，从而鉴定该随机数序列是否满足独立性的要求，常用的方法主要有自相关性检验（autocorrelation test）。

在检验均匀性时，有如下假设：

$$H_0: \ u_i \sim U[0,1]$$
$$H_1: \ u_i \nsim U[0,1]$$

接受 H_0 只是说明对当前的随机数序列没有检测出非均匀性的证据，但是不说明不需要进一步检验随机数发生器的均匀性。

我们检验随机数发生器的均匀性是通过检验其所产生随机数序列的均匀性而完成的，但是由于随机数发生器的周期很长，我们每次只能选用一个或多个片段，这种容量上的限制，不保证能够真实测评随机数发生器在整个周期上的质量，因而可能会得到不同于真实情况的结论。解决这个问题，一方面可以通过加大取样容量，或者产生多个不重叠的随机数序列，另一方面，可以借助其他多个检验方法进行相互验证。

在检验独立性时，有如下假设：

$$H_0: \ u_i \sim \text{独立}$$
$$H_1: \ u_i \nsim \text{独立}$$

同理，接受 H_0 只是说明对当前的随机数序列没有检测出非独立性的证据，但是不说明不需要进一步检验随机数发生器的独立性。

对于任何一种检验，必须首先声明显著性水平 α，α 指的是当 H_0 假设（或 H_1）为真时，检验过程拒绝该假设的概率，即

$$\alpha = P\{\text{拒绝 } H_0 \mid H_0 \text{ 为真}\}$$

一般而言，绝大部分知名仿真软件如 Arena、AnyLogic、Simio 等，其内置的随机数发生器大多是学术文献中研究过的，尤其是应用了一些非常有名的算法，因而是可信的，但是在其他一些不以仿真为目的的软件中，所内嵌的随机数发生器的质量有时难以保证，需要借助统计学检验方法进行检验，以确保放心使用。

1. χ^2 检验

χ^2 检验是对随机数序列 $\{U_i\}$ 进行均匀性检验的一个比较常见的方法，具体步骤如下：

1）将$[0,1]$区间划分成 m 个紧邻的、互不相交的小区间$\left[\frac{i-1}{m}, \frac{i}{m}\right]$，$i=1$，2，…，$m$。

2）根据均匀性假设，某随机数 u_j 落入第 i 个小区间内的概率为 $1/m$，计算

$$\mu_i = n \cdot \frac{1}{m} = \frac{n}{m}, i=1,2,\cdots,m$$

式中，μ_i 称之为理论频数，其中 n 为随机数序列 $\{U_i\}$ 中随机数的个数。

3）计算数列 $\{U_i\}$ 中落在区间 $\left[\frac{i-1}{m},\frac{i}{m}\right]$ 内的随机数个数 n_i，$i=1, 2, \cdots, m$，称之为经验频数。

4）令

$$\chi_0^2 = \sum_{i=1}^{m} \frac{(n_i-\mu_i)^2}{\mu_i} = \frac{m}{n}\sum_{i=1}^{m}\left(n_i-\frac{n}{m}\right)^2 \tag{4-13}$$

则统计量 χ^2 近似服从 $\chi^2(m-1)$，即自由度为 $m-1$ 的 χ^2 分布。

5）对给定的显著性水平 α，查 χ^2 分布表可得临界值

$$P\{\chi^2 > \chi_\alpha^2(m-1)\} = \alpha \tag{4-14}$$

若 $\chi_0^2 \leqslant \chi_\alpha^2(m-1)$，则认为经验频数与理论频数不存在显著差异；否则，认为二者存在显著差异。

例 4.1 给定显著性水平 $\alpha=0.05$，用 χ^2 检验方法对 50 个随机数序列进行均匀性检验。

0.00802578	0.02442	0.0253283	0.0284661	0.0288024
0.037692	0.0439243	0.0518259	0.0822186	0.0993413
0.124137	0.15136	0.212605	0.228061	0.234897
0.27802	0.295414	0.295718	0.316586	0.341228
0.344803	0.34567	0.369013	0.374896	0.427177
0.430531	0.471032	0.48969	0.524207	0.571471
0.626526	0.629697	0.668634	0.67719	0.683092
0.683188	0.693192	0.707922	0.722576	0.729174
0.803625	0.829791	0.847901	0.865701	0.874808
0.88929	0.89184	0.905519	0.910292	0.938798

对于以上 50 个随机数，我们将［0,1］区间分为等距且独立的 10 份，每个区间长度为 0.1，即［0,0.1］、［0.1,0.2］、…、［0.9,1］，则落在上述各区间的数字个数 n_i 分别为 10、2、6、6、4、2、7、3、7、3，计算可得

$$\chi^2 = \frac{m}{n}\sum_{i=1}^{m}\left(n_i-\frac{n}{m}\right)^2 = 12.4$$

本例中 $m=10$，$n=50$。

查 χ^2 分布表，有 $\chi_{0.05}^2(9)=16.919$。由于 $\chi^2=12.4<16.919$，因此可以认为该随机数序列是均匀分布在［0，1］区间上的。

2. K-S 检验

科尔莫格罗夫-斯米尔诺夫检验，简称 K-S 检验，是一种拟合优度检验法（Measures of goodness of fit），是应用于一维连续概率分布的非参数检验（nonparametric test）方法，基于经验累积分布函数（ECDF），用于判定一个样本是否来自于特定分布的总体。

K-S 检验方法的基本思想是：通过度量依据样本数据 $\{X_i\}$ 建立的经验分布函数

$S_n(x)$与特定分布函数$F(x)$之间的最大偏差，从而判定随机数序列$\{X_i\}$是否服从该分布。图4-2中，平滑曲线是某一特定分布的累积分布函数$F(x)$，锯齿状线是经验分布的累积分布函数$S_n(x)$，二者在最大偏差体现在箭头处，如果最大偏差值小于表4-1中对应的临界值，则认为$\{X_i\}$服从该分布，反之则反。

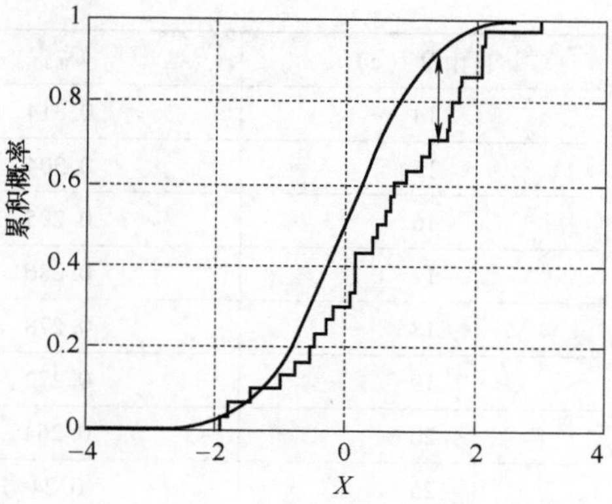

图4-2 K-S检验偏差度量示意图

K-S检验可用于任意分布的检验。我们将K-S方法用于均匀分布的检验，即将$U(0,1)$均匀分布函数的连续累积分布函数$F(x)$与n个随机数序列的经验累积分布函数$S_n(x)$相比较。

若随机数发生器产生的样本为u_1，u_2，…，u_n，我们按照从小到大的顺序将其重新排列，构成新数列$u_{(1)}$，$u_{(2)}$，…，$u_{(n)}$，满足$u_{(1)} \leqslant u_{(2)} \leqslant \cdots \leqslant u_{(n)}$，并按照新数列生成经验累积分布函数$S_n(x)$：

$$S_n(x) = \begin{cases} 0 & x < u_{(1)} \\ i/n & u_{(i)} \leqslant x < u_{(i+1)} \quad (i=1,2,\cdots,n-1) \\ 1 & x \geqslant u_{(n)} \end{cases}$$

如果数列u_1，u_2，…，u_n服从均匀分布，则随着n的增加，$S_n(x) \xrightarrow{D} F(x)$。

K-S检验基于$F(x)$和$S_n(x)$在随机变量变化范围内的最大绝对偏差，即它基于如下统计：

$$D_n = \max|F(x) - S_n(x)|$$

统计量D_n近似服从K-S分布，它与n的函数关系见表4-3。

表4-3 K-S检验临界值

自由度 (n)	$D_{0.10}$	$D_{0.05}$	$D_{0.01}$
1	0.950	0.975	0.995
2	0.776	0.842	0.929
3	0.642	0.708	0.828
4	0.564	0.624	0.733
5	0.510	0.565	0.669
6	0.470	0.521	0.618
7	0.438	0.486	0.577
8	0.411	0.457	0.543
9	0.388	0.432	0.514
10	0.368	0.410	0.490
11	0.352	0.391	0.468
12	0.338	0.375	0.450
13	0.325	0.361	0.433

(续)

自由度 (n)	$D_{0.10}$	$D_{0.05}$	$D_{0.01}$
14	0.314	0.349	0.418
15	0.304	0.338	0.404
16	0.295	0.328	0.392
17	0.286	0.318	0.381
18	0.278	0.309	0.371
19	0.272	0.301	0.363
20	0.264	0.294	0.356
25	0.24	0.27	0.32
30	0.22	0.24	0.29
35	0.21	0.23	0.27
大于35	$\frac{1.22}{\sqrt{n}}$	$\frac{1.36}{\sqrt{n}}$	$\frac{1.63}{\sqrt{n}}$

K-S检验的具体步骤如下：

1）将$\{U_i\}$中的数据按照从小到大的顺序排序，生成新数列$u_{(1)}$，$u_{(2)}$，…，$u_{(n)}$，构造经验累积分布函数$S_n(x)$。

2）计算$D_n(x)=\max\{D_n^+,D_n^-\}$，其中

$$D_n^+=\max_{1\leqslant i\leqslant n}\{S_n(u_{(i)})-F(u_{(i)}\}=\max_{1\leqslant i\leqslant n}\left\{\frac{i}{n}-u_{(i)}\right\}$$

$$D_n^-=\max_{1\leqslant i\leqslant n}\{F(u_{(i)})-S_n(u_{(i-1)})\}=\max_{1\leqslant i\leqslant n}\left\{u_{(i)}-\frac{i-1}{n}\right\}$$

3）对于给定的显著性水平α，查表4-1可得临界值

$$P\{D_n>D_\alpha(n)\}=\alpha$$

4）若$D_n\leqslant D_\alpha(n)$，则认为$S_n(x)$与均匀分布的累积分布函数$F(x)$不存在显著差异，即随机数列u_1，u_2，…，u_n服从均匀分布；否则，存在显著差异。

例4.2 给定显著性水平$\alpha=0.05$，用K-S检验方法对50个随机数序列进行均匀性检验。

将50个随机数按照升序排列，并计算各项值，计算结果见表4-4。

表4-4 例4.1的计算过程和结果

i	$u_{(i)}$	i/n	$i/n-u_{(i)}$	$u_{(i)}-(i-1)/n$
1	0.00802578	0.02	0.01197422	0.00802578
2	0.02442	0.04	0.01558	0.00442
3	0.0253283	0.06	0.0346717	−0.0146717
4	0.0284661	0.08	0.0515339	−0.0315339
5	0.0288024	0.1	0.0711976	−0.0511976
6	0.037692	0.12	0.082308	−0.062308

（续）

i	$u_{(i)}$	i/n	$i/n-u_{(i)}$	$u_{(i)}-(i-1)/n$
7	0.0439243	0.14	0.0960757	−0.0760757
8	0.0518259	0.16	0.1081741	−0.0881741
9	0.0822186	0.18	0.0977814	−0.0777814
10	0.0993413	0.2	0.1006587	−0.0806587
11	0.124137	0.22	0.095863	−0.075863
12	0.15136	0.24	0.08864	−0.06864
13	0.212605	0.26	0.047395	−0.027395
14	0.228061	0.28	0.051939	−0.031939
15	0.234897	0.3	0.065103	−0.045103
16	0.27802	0.32	0.04198	−0.02198
17	0.295414	0.34	0.044586	−0.024586
18	0.295718	0.36	0.064282	−0.044282
19	0.316586	0.38	0.063414	−0.043414
20	0.341228	0.4	0.058772	−0.038772
21	0.344803	0.42	0.075197	−0.055197
22	0.34567	0.44	0.09433	−0.07433
23	0.369013	0.46	0.090987	−0.070987
24	0.374896	0.48	0.105104	−0.085104
25	0.427177	0.5	0.072823	−0.052823
26	0.430531	0.52	0.089469	−0.069469
27	0.471032	0.54	0.068968	−0.048968
28	0.48969	0.56	0.07031	−0.05031
29	0.524207	0.58	0.055793	−0.035793
30	0.571471	0.6	0.028529	−0.008529
31	0.626526	0.62	−0.006526	0.026526
32	0.629697	0.64	0.010303	0.009697
33	0.668634	0.66	−0.008634	0.028634
34	0.67719	0.68	0.00281	0.01719
35	0.683092	0.7	0.016908	0.003092
36	0.683188	0.72	0.036812	−0.016812
37	0.693192	0.74	0.046808	−0.026808
38	0.707922	0.76	0.052078	−0.032078
39	0.722576	0.78	0.057424	−0.037424
40	0.729174	0.8	0.070826	−0.050826
41	0.803625	0.82	0.016375	0.003625
42	0.829791	0.84	0.010209	0.009791
43	0.847901	0.86	0.012099	0.007901
44	0.865701	0.88	0.014299	0.005701
45	0.874808	0.9	0.025192	−0.005192

（续）

i	$u_{(i)}$	i/n	$i/n-u_{(i)}$	$u_{(i)}-(i-1)/n$
46	0.88929	0.92	0.03071	-0.01071
47	0.89184	0.94	0.04816	-0.02816
48	0.905519	0.96	0.054481	-0.034481
49	0.910292	0.98	0.069708	-0.049708
50	0.938798	1	0.061202	-0.041202

由表4-2计算结果可知，$D^+=0.1081741$，$D^-=0.028634$，则 $D_n=\max\{0.1081741, 0.028634\}=0.1081741$。查K-S临界值表，可得 $D_{0.05}=0.410>D_n$，因此可以认为随机数序列 u_1，u_2，…，u_n 的总体分布于均匀分布 $U(0,1)$ 之间无显著差异。

3. 自相关性检验

设 u_1，u_2，…，u_n 是一组待检验的随机数，若它们相互独立，则必有 j 阶自相关系数 $\rho_i=0(j=1,2,\cdots,m)$。样本的 j 阶自相关系数为

$$\rho_j=C_j/C_0\quad(j=1,2,\cdots,m)$$

式中，

$$C_j=\mathrm{Cov}(X_i,X_{i+j})=E(X_iX_{i+j})-E(X_i)E(X_{i+j})$$

$$C_0=\mathrm{Var}(X_i)$$

由于我们假设 X_i 服从 $U(0,1)$，因此 X_i 的均值和方差分别为

$$E(X_i)=1/2,D(X_i)=1/12$$

因此可得

$$C_j=E(X_iX_{i+j})-1/4\text{ 及 }C_0=1/12$$

则

$$\rho_j=12E(X_iX_{i+j})-3$$

为了进行随机数序列 $\{u_n\}$ 的自相关性检验，需要计算从第 i 个数开始，每间隔 m 个数的数字之间的自相关系数（m 也称为滞后），即 u_i，u_{i+m}，u_{i+2m}，…，$u_{i+(h+1)m}$ 的自相关系数 ρ_{im}，其中 $h=\lfloor(n-i)/m\rfloor-1$ 是使得 $i+(h+1)m\leqslant n$ 成立的最大整数［$\lfloor\ \cdot\ \rfloor$ 代表下确界（Infimum），此处为计算所得数字的整数部分；$\lceil\ \cdot\ \rceil$ 代表上确界（supremum），此处为下确界加1］，n 为随机数序列 $\{u_n\}$ 中数值的总个数，则依据 u_i，u_{i+m}，u_{i+2m}，…，$u_{i+(h+1)m}$ 确定其自相关系数的估计值 $\hat{\rho}_{im}$，有

$$\hat{\rho}_{im}=\frac{12}{k+1}\sum_{k=0}^{h}u_{i+km}u_{i+(k+1)m}-3$$

当 h 的值很大时，如果 u_i，u_{i+m}，u_{i+2m}，…，$u_{i+(h+1)m}$ 之间不相关，则 $\hat{\rho}_{im}$ 近似于服从正态分布，即 $\hat{\rho}_{im}\sim N(0,\sigma^2_{\hat{\rho}_{im}})$，进行规范化之后，有 $Z_0=\frac{\hat{\rho}_{im}}{\sigma_{\hat{\rho}_{im}}}\sim N(0,1)$，其中

$$\sigma^2_{\hat{\rho}_{im}}=\frac{13h+7}{(h+1)^2}\text{或}\sigma_{\hat{\rho}_{im}}=\frac{\sqrt{13h+7}}{h+1}$$

在实际应用中，通常取 $m=10\sim20$，利用统计量 Z_0 可对随机数序列 $\{u_n\}$ 进行相关性检验。对于给定的显著性水平 α，若 $|Z_0|\leqslant Z_{\alpha/2}$，则认为 $\{u_n\}$ 具有统计上的独立性；反之，则不具独立性。

例 4.3 给定显著性水平 $\alpha=0.05$，计算以下50个随机数序列的独立性，我们选取 $i=3$，$m=5$。表4-5给出了对应随机数序列。

表 4-5 例 4.3 所用随机数序列

序号	数值	序号	数值	序号	数值	序号	数值	序号	数值
1	0.374896	11	0.722576	21	0.729174	31	0.037692	41	0.055745
2	0.874808	12	0.341228	22	0.228061	32	0.48969	42	0.905731
3	0.89184	13	0.025328	23	0.02442	33	0.212605	43	0.613051
4	0.15136	14	0.693192	24	0.427177	34	0.260353	44	0.545893
5	0.910292	15	0.471032	25	0.571471	35	0.748528	45	0.823843
6	0.27802	16	0.626526	26	0.707922	36	0.506345	46	0.323484
7	0.67719	17	0.028802	27	0.043924	37	0.134567	47	0.803625
8	0.524207	18	0.082219	28	0.234897	38	0.66458	48	0.528123
9	0.34567	19	0.847901	29	0.905519	39	0.594502	49	0.171016
10	0.683092	20	0.668634	30	0.051826	40	0.788187	50	0.267819

依据公式 $h=\lfloor(n-i)/m\rfloor-1$，可以确定 $h=\lfloor(50-3)/5\rfloor-1=8$，于是

$$\begin{aligned}\hat{\rho}_{35}&=\frac{12}{8+1}(u_3\cdot u_8+u_8\cdot u_{13}+u_{13}\cdot u_{18}+u_{18}\cdot u_{23}+u_{23}\cdot u_{28}+u_{28}\cdot u_{33}+\\&\quad u_{33}\cdot u_{38}+u_{38}\cdot u_{43}+u_{43}\cdot u_{48})-3\\&=-1.11596\end{aligned}$$

$$\sigma_{\hat{\rho}_{35}}\frac{\sqrt{13h+7}}{h+1}=1.1706$$

$$Z_0=\frac{\hat{\rho}_{35}}{\sigma_{\hat{\rho}_{35}}}=-0.9533$$

查表得 $Z_{0.025}=1.96>|Z_0|=0.9533$，因此基于该检验，不能拒绝独立性的假设，即可以认为上述随机数序列相互独立。

可以看到，当 i、m 和 h 等参数选择不同值时，检验结果是否相同并不能得到充分保证，极端地，如果 $\{u_n\}$ 中所有数据均为零，且 $h=4$，则有 $\hat{\rho}_{im}=-3$，$Z_0=\frac{\hat{\rho}_{im}}{\sigma_{\hat{\rho}_{im}}}=\frac{-3}{1.5362}=-1.9528$，仍然可以得出独立性的结论，显而易见这是错误的。

如果给定的 n 很大，可以构成很多检验序列。如果 $\sigma=0.05$，则拒绝一个真假设的概率为0.05，如果检验10个独立的序列，则它们全部获得正确结论（相互独立）的概率为 $(0.95)^{10}\approx0.6$，或者说有40%的可能会得出错误的结论，如果 $\alpha=0.10$，选择错误假设的概率会上升到65%。总之，在进行大量自相关检验的时候，即使实际上并不存在自相关，最终也有可能得出相反的结论。

4.3.2 理论检验法

经验检验法通过检验随机数流的一个或多个片段（segment）的方式，实现对随机数发生器（RNGs）质量的检验，某种程度而言，这种检验是对局部（partial）信息的检验，具有“以偏代全”的特点，因而并不具备彻底的说服力。理论检验法则从全局（global）角度出发，针对随机数发生器进行全周期检验，一定程度上可以弥补经验检验法的不足。

理论检验法重点检查 RNGs 的结构和常量的选择，无须 RNGs 产生随机数序列，因而它不能针对随机数流的片段进行检验并给出结论。

我们可以依据 RNGs 中所选取的参数常量来计算其在全周期上的样本的均值、方差和相关系数。例如，对于 LCGs，其在全周期上样本的均值为$\frac{1}{2}-\frac{1}{2m}$，当 $m\to\infty$ 时（往往突破十亿），均值等于$\frac{1}{2}$；相似地，其在全周期上样本的方差为$\frac{1}{12}-\frac{1}{12m^2}$。

一个令人不安的观察，来自于 Marsaglia 于 1968 年的一项研究，他发现来自一个随机数序列的叠加的 d 元组$(u_1,u_2,\cdots,u_d)$，$(u_2,u_3,\cdots,u_{d+1})$，$(u_3,u_4,\cdots,u_{d+2})$，…，在 d 维超立方体空间$[0,1]^d$ 内的分布大多落在 $d-1$ 维超平面上，且呈现某种规律性。这是目前最为熟知的理论检验法。

思　考　题

1. 试述随机数和伪随机数的异同点。

2. 既然伪随机数不是真正的随机数，为什么还要在系统仿真中采用？会不会影响仿真的结果？如何影响？

3. 判别一个随机数序列质量好坏的几项标准是什么？

4. C 语言和其他编程语言中的随机数生成函数质量如何？试着寻找几种时下流行的随机数发生器，比较其优点和缺点。

5. 随机数检验的主要理论依据是什么？常用的检验法有哪些？各自的优缺点是什么？

6. 为什么不能将随机数事先生成并存储在计算机外存中，使用的时候直接调用就好了，这样岂不是就可以提前检验随机数的质量，并保证可以使用高质量的随机数流进行仿真了吗？

第5章 随机变量的生成

上一章讨论了基于均匀分布的随机数生成法，但是现实世界中，存在着多种多样的随机变量，对应于统计学中形式多样的概率分布，本章主要研究对于这样的概率分布，如何生成相应的随机变量，并满足高效性和准确性的要求，以满足系统仿真的需要，并对各类随机变量的生成方法进行评价和分析。

5.1 综述

在系统仿真过程中，涉及应用大量的随机变量（random variates），不同的随机变量服从不同的概率分布，当我们确定某一个随机变量所服从的理论分布（theoretical distribution）之后，就需要借助该概率分布函数产生随机变量的数值，并将之应用于仿真过程中各项活动和事件的运行过程。

不管采用何种方法生成随机变量，都需要借助基于 $U(0,1)$ 的随机数，因此本质上而言，随机变量的质量，极大地依赖于随机数序列的生成质量。本章设定的前提是我们已经找到了一种优质的方法生成随机数，接下来的问题就是如何利用随机数序列，生成符合特定分布的随机变量。

通常而言，当已知某种特定的概率分布之后，可以通过多种算法生成相应的随机变量，但是最终选择哪一种算法，往往取决于各种因素（精度、效率、算法复杂度等）之间的权衡（tradeoff），此外，还有一些技术上的考量：

1）有些算法不使用基于 $U(0,1)$ 的随机数，而是基于其他概率分布，这会增加技术难度。

2）有些算法对于不同的参数会有不同的效率表现，算法的鲁棒性（robustness）较差。

3）有些算法不满足仿真输出分析过程中方差衰减技术的应用前提，因此无法使用该技术有效降低仿真偏差。

综上所述，即使我们获得了优质、稳定的随机数生成器，如果想进一步获得优质的随机变量生成值，仍然需要克服技术上的难关，而这些难题中的一部分，仍然处于研究中，尚未得到破解。

5.2 随机变量生成的通用型方法

随机变量的生成算法有很多，在此我们介绍几种有一定影响力的算法，主要包括逆变换法、组合法、卷积法、舍选法、均匀比率法等，其中前三种方法称为直接法（direct method）。

5.2.1 逆变换法

逆变换法（inverse-transform method）基于概率积分变换原理，通过对累积分布函数（CDF）进行逆变换（求解 CDF 的反函数，前提是反函数可得）来实现。

1. 基于连续型分布的逆变换法

设连续型随机变量 X 的分布函数为 $F(x)$，$F(x)$ 为严格单调增函数，且 $0\leqslant F(x)\leqslant 1$。我们将函数 $F(\cdot)$ 的反函数记为 $F^{-1}(\cdot)$，则逆变换法的求解过程为：

1）产生随机数 $U\sim U(0,1)$。

2）计算 $X=F^{-1}(U)$。

依据分布函数的性质，可知其分布函数的反函数 $F^{-1}(U)$ 必然满足

$$P\{X\leqslant x\}=P\{F^{-1}(U)\leqslant x\}=P\{U\leqslant F(x)\}=F(x) \tag{5-1}$$

由于 $F(x)$ 与 U 的取值范围均为 $[0,1]$，因此 $F^{-1}(U)$ 始终是有定义的，由 $F^{-1}(U)$ 得到的值即为所需要的随机变量的值

$$X=F^{-1}(U) \tag{5-2}$$

图 5-1 描述的是一个连续型分布函数，其中 $-\infty<x<+\infty$，当 $x\to-\infty$ 时，$F(x)\to 0$；当 $x\to+\infty$ 时，$F(x)\to 1$，因此我们可以认为 $0\leqslant F(x)\leqslant 1$。通过随机数发生器产生随机数 $u_i\in[0,1]$，$i=1,2,\cdots$，应用式（5-2），计算 $x_i=F^{-1}(u_i)$ 的值，从而获得 $x_i(i=1,2,\cdots)$ 的值，可以发现，随着 u_i 取值的不同，x_i 的取值范围为 $(-\infty,+\infty)$，这与 $F(x)$ 的定义域是相同的。

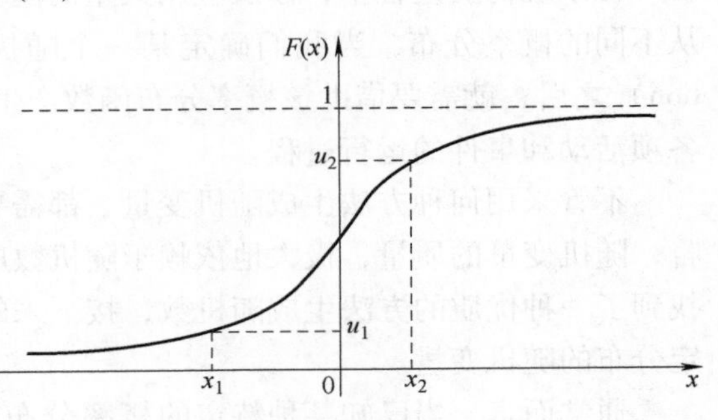

图 5-1 逆变换法原理（基于连续分布）

图 5-1 还说明另外一个问题：分布函数曲线在横轴上，即 x_1 和 x_2 之间，具有较大坡度（steep），而在两点之外的区域则相对平滑（flat），对应地在纵轴上，u_i 取值落在 u_1 和 u_2 之间的概率就更大，当依据 u_i 计算 x_i 的时候，x_i 的取值会更多地落在 x_1 和 x_2 之间。这个特点是由分布函数的性质决定的，不同的分布函数具有不同的曲线坡度特征，因此 x_i 的取值也就会遵从该分布函数的特征而产生，这就满足了随机变量生成的核心目标，即生成对应特定分布的随机变量值。

以上介绍了连续分布的情况，上述方法适用于均匀分布、指数分布、三角分布、威布尔分布以及经验分布。

2. 基于离散型分布的反变换法

对于离散型分布，其求解过程略有不同，但是总体思路是一致的。

设 X 是离散型随机变量，各种可能取值为 x_1，x_2，…，x_n，n 为正整数，其分布律（PMF）为

$$p(x_i)=P\{X=x_i\},\text{且}\sum_{i=1}^{n}p(x_i)=1 \tag{5-3}$$

相应的累积分布函数（CDF）为

$$F(X) = P\{X \leqslant x\} = \sum_{x_i \leqslant x} p(x_i) \tag{5-4}$$

如图5-2所示，离散型分布函数将纵轴上的$[0,1]$区间划分为多个两两相邻的左开右闭的子区间$(0,p(x_1)]$，$(p(x_1),p(x_1)+p(x_2)]$，…，$(\sum_{s=1}^{n-1}p(x_s),\sum_{t=1}^{n}p(x_t)]$。其计算步骤的第一步与连续分布相同，也是产生随机数$u_i \in [0,1]$，$i=1, 2, \cdots$，第二步，则是判断u_i落在哪个子区间上，则该区间所对应的横坐标的值就是x_i的取值。

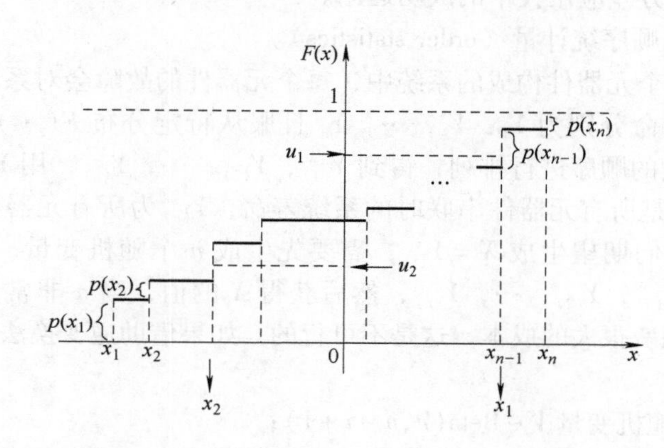

图5-2　基于离散分布的反变换法

图5-2中x_i的取值数量是有限的（n个），对于x_i取值无限的情况，也可以使用以上所述方法进行求解，例如对于泊松分布、几何分布和负二项分布。

3. 基于混合型分布的逆变换法

对于混合型分布，即由离散型和连续型分布组合而成的概率分布，也可以应用逆变换法获得随机变量的值，此时需要遵从如下原则：

$$X = \min\{x\colon\ F(x) \geqslant u\} \tag{5-5}$$

具体而言，当获得的随机数处于连续区间内时，则使用连续型逆变换法获得随机变量的值，而当获得的随机数处于不连续区间内时，则按照离散型逆变换法获得随机变量的值，且按照最小化准则取X的下限值，即满足反函数的最小值。图5-3说明了具体应用情况。随机数u_1对应的是分布函数的连续部分，因此按照连续型逆变换法返回值x_1；随机数u_2对应的是分布函数的间断点（在该点处，函数值从u'_2跃迁至u''_2），按照最小化原则，此时返回的随机变量值为x_2（注意此时纵轴上的分段区间是左开右闭的）。

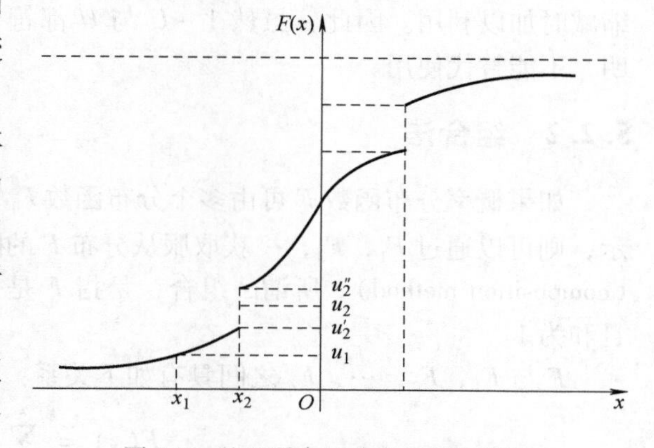

图5-3　基于混合型分布的反变换法

4. 逆变换法的优劣分析

相对而言，逆变换法具有一定的技术优势：

(1) 有利于方差缩减技术的应用。

方差缩减技术依赖于随机变量之间具有相关性和对偶性。当使用随机数序列 U_1 生成随机变量 X_1，U_2 生成 X_2，如果令 $U_1 = U_2$，即使用相同的随机数产生 X_1 和 X_2，则 X_1 和 X_2 正相关；若令 $U_1 = 1 - U_2$，则 X_1 和 X_2 负相关。逆变换法可以实现随机变量之间的强相关性，并且可以通过控制随机变量之间的正相关或者负相关，实现对输出指标相关性影响的传递，从而有助于方差应用技术的成功运用。

(2) 可用于生成顺序统计量（order statistics）。

例如在一个由 n 个元器件构成的系统中，每个元器件的故障会对系统整体故障具有影响，每个元器件的寿命分别为 Y_1，Y_2，…，Y_n 且服从特定分布 $F(\cdot)$，我们将 Y_1，Y_2，…，Y_n 按照由小到大的顺序进行排列，得到 $Y_{(1)}$，$Y_{(2)}$，…，$Y_{(n)}$，用 $Y_{(i)}$ 表示排在第 i 位置的值，那么 $Y_{(1)}$ 就是所有元器件串联时的系统寿命，$Y_{(n)}$ 为所有元器件并联时的系统寿命。显而易见，当我们期望生成 $X = Y_{(i)}$，需要先生成 n 个随机变量，以此生成 Y_1，Y_2，…，Y_n 并排序得到 $Y_{(1)}$，$Y_{(2)}$，…，$Y_{(n)}$，然后获得 X 的值，当 n 非常大时，每生成一个随机变量 X 都需要耗费很大的成本，这是不可行的。如果借助逆变换法，则可以通过以下步骤快速实现：

1) 首先，生成随机变量 $V \sim \text{Beta}(n, n-i+1)$；

2) 然后，计算 $X = F^{-1}(V)$。

以上过程中，无须生成 Y_1，Y_2，…，Y_n，只需借助 Beta 分布和逆变换法即可获得 X 的值，且运算成本与 n 无关，运算效率得到显著提升。

当然，任何方法都具有劣势，逆变换法也具有一定的局限性：

1) 对于某些分布而言，其分布函数的反函数并不能使用闭合形式（closed form）表达，例如正态分布和伽马分布就难以写出闭合形式的方程，因而无法使用逆变换法；

2) 针对某些分布而言，逆变换法的运算速度不是最快的。

特别需要指出的是，如果随机数 $U \sim U(0,1)$，则随机数 $1 - U \sim U(0,1)$ 也是成立的，如果采用 $1 - U$ 代替 U 来计算随机变量 X，对仿真结果会有一定的影响，因为基于 U 生成的 X 与 U 是正相关的，而基于 $1 - U$ 得到的 X 与 U 是负相关的，这一性质可以在进行方差缩减时加以利用。因此，虽然 $1 - U$ 与 U 都符合随机数的要求，但是算法中如无特别说明，不能替代使用。

5.2.2 组合法

如果概率分布函数 F 可由多个分布函数 F_1，F_2，…的凸组合（convex combination）表示，则可以通过 F_1，F_2，…获取服从分布 F 的随机变量 X，这种技术或方法称之为组合法（composition method）。所谓凸组合，是指 F 是 F_1，F_2，…的线性组合，且权重系数非负且和为 1。

F 与 F_1，F_2，…，F_n 之间具有如下关系：

$$F(x) = \sum_{j=1}^{\infty} p_j F_j(x) \tag{5-6}$$

式中，p_j 为权重系数，满足 $p_j \geqslant 0$ 且 $\sum_{j=1}^{\infty} p_j = 1$，每个 $F_j(x)$ 均为概率分布函数，各 $F_j(x)$ 不必相同。若 X 具有概率密度函数 f，则有

$$f(x) = \sum_{j=1}^{\infty} p_j f_j(x) \tag{5-7}$$

组合法的计算步骤如下：

1）产生一个随机型正整数 J，满足 $P(J=j)=p_j$，$j=1, 2, \cdots$。

2）基于分布函数 F_J 返回 $X=x$，则该 $X=x$ 为满足 F 的随机变量。

步骤1）可以视为选择出特定的分布 F_J，步骤2）则使用该 F_J 生成 X 的值。当第一步确定 J 之后，按照第二步生成的 X 仍然满足分布 F，这是因为

$$P\{X \leqslant x\} = \sum_{j=1}^{\infty} P\{X \leqslant x \mid J=j\} P\{J=j\} = \sum_{j=1}^{\infty} p_j F_j(x) = F(x)$$

对于组合法，我们可以给出如下解释：针对随机变量 X 而言，其概率密度函数 $f(x)$ 与横轴之间所覆盖的区域，可以将其划分为多个子区域，且各个子区域的面积与总面积占比的值为 $p_1, p_2, \cdots$，这种划分对应的逆向组合就是凸组合。步骤1）相当于挑选了某个区域 J，步骤2）相当于依据该区域的对应分布 $F_J(x)$ 获得了随机变量 X 的值。

例 5.1 拉普拉斯分布［双指数分布（double-exponential distribution）］

设随机变量 X 的概率密度函数（PDF）为 $f(x)=0.5\mathrm{e}^{-|x|}$，$-\infty < x < +\infty$，该分布称为拉普拉斯（Laplace）分布。

对于拉普拉斯分布，可以将其 PDF 看作两个分布的组合，即

$$f(x) = 0.5\mathrm{e}^{x} I_{(-\infty,0)}(x) + 0.5\mathrm{e}^{-x} I_{(0,+\infty)}(x) \tag{5-8}$$

式中，

$$I_A(x) = \begin{cases} 1 & x \in A \\ 0 & \text{其他} \end{cases}$$

本例应用组合法的计算步骤如下：

1）产生基于均匀分布 $U(0,1)$ 的随机数 u_1 和 u_2。

2）如果 $u_1 \leqslant 0.5$，则 $X=\ln u_2$；如果 $u_1 > 0.5$，则 $X=-\ln u_2$。

从以上计算过程中可以看出，第二步计算过程中采用了反变换法，由此可见算法的组合是一种常见的现象，其次，组合法需要至少使用两个随机数（u_1 和 u_2）生成一个随机变量（X）。

例 5.1 中，拉普拉斯分布的 PDF 被纵向切割成两部分，计算结果如图 5-4 所示。下面的例子将展示横向切割的情形。

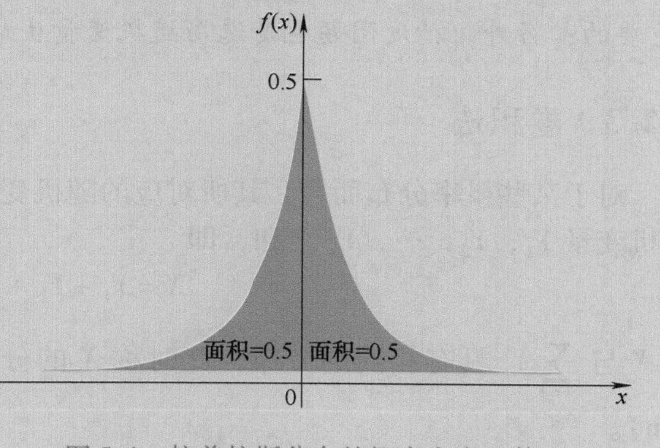

图 5-4 拉普拉斯分布的概率密度函数

例 5.2　右梯形分布

设随机变量 X 的 PDF 为

$$f(x)=\begin{cases}a+2(1-a)x & 0\leqslant x\leqslant 1\\ 0 & \text{其他}\end{cases}$$

上述分布称为右梯形分布（right-trapezoidal distribution）。对于右梯形分布，可以将其 PDF 看作两个分布的组合，即

$$\begin{aligned}f(x)&=aI_{[0,1]}(x)+(1-a)2xI_{[0,1]}(x)\\&=af_1(x)+(1-a)f_2(x)\end{aligned}\tag{5-9}$$

其中，$f_1(x)=I_{[0,1]}(x)$服从均匀分布 $U(0,1)$，$f_2(x)=2xI_{[0,1]}(x)$服从右三角分布。

生成右梯形分布随机变量 X 的步骤如下：

1）产生随机数 u_1 和 u_2。

2）如果 $u_1\leqslant a$，$X=u_2$；若 $u_1>a$，则 $X=\sqrt{u_2}$。

第二步中，由于要进行开方计算，而开方计算的效率相对较低，因此在第二步中，还可以通过生成 $u_3\sim U(0,1)$，计算 $X=\max\{u_2,u_3\}$ 的方法实现，相对开方计算而言，后者的计算效率会更高一些。图 5-5 描述了右梯形分布概率密度函数的计算方法。

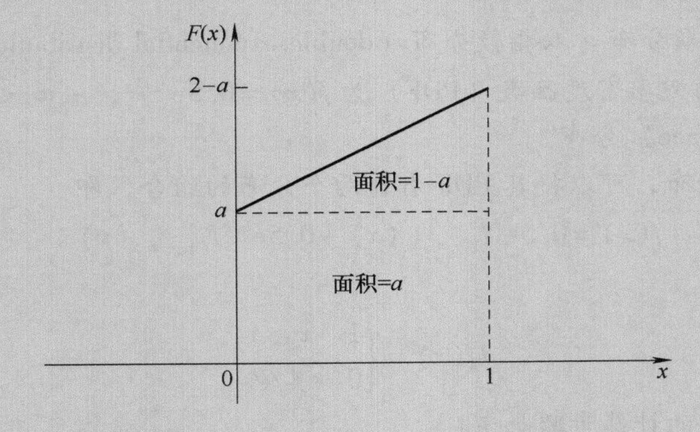

图 5-5　右梯形分布的概率密度函数

对于某些分布来说，组合法具有比反变换法更高的效率，这在仿真应用过程中是很重要的；另外，精度问题也是选用随机变量生成法的考量因素之一。

5.2.3　卷积法

对于某些概率分布而言，其所对应的随机变量 X 可以表示为多个独立同分布（i. i. d）随机变量 Y_1，Y_2，…，Y_n 之和，即

$$X=Y_1+Y_2+\cdots+Y_n\tag{5-10}$$

则 X 与 $\sum_{i=1}^{n}Y_i$ 具有相同的分布，此时称 X 的分布为 Y_i 分布的 n 重卷积（n-fold convolution）。

为了生成随机变量 X，可以先完成随机变量 Y_1，Y_2，…，Y_n 的生成，然后通过式

(5-10)得到 X 的值。对于某些特殊的分布而言，比之直接计算的方式，卷积法(convolution method)具有更高的生成效率。

需要指出的是，卷积法使用的前提，是要求随机变量 $Y_1, Y_2, \cdots, Y_n$ 之和具有与 X 相同的分布，且 $Y_1, Y_2, \cdots, Y_n$ 之间相互独立，并不要求每一个 Y_i 与 X 同分布。

卷积法与组合法之间的区别在于：卷积法要求随机变量 X 由多个 i.i.d 的随机变量 Y_i 累加而成，而组合法则是随机变量 X 的 CDF 由其他多个 CDF 叠加而成。

卷积法计算步骤如下：

1）分别生成 $Y_1, Y_2, \cdots, Y_n$ 的值。

2）计算 $X = Y_1 + Y_2 + \cdots + Y_n$。

例 5.3 k 阶 Erlang 分布。

设 k 阶 Erlang 分布具有均值 k/λ，则其 PDF 为

$$f(x;\ k,\lambda) = \frac{\lambda^k x^{k-1}}{(k-1)!}e^{-\lambda x}, x \geqslant 0, \lambda \geqslant 0$$

若 $Y_1, Y_2, \cdots, Y_k$ 是 i.i.d 且服从指数分布 $\mathrm{Exp}(\lambda)$，则 $X = Y_1 + Y_2 + \cdots + Y_k \sim \mathrm{Erlang}(k,\lambda)$。因为 $E(Y_i) = 1/\lambda$，所以 $E(X) = E(Y_1 + Y_2 + \cdots + Y_k) = k/\lambda$，故而 $X = Y_1 + Y_2 + \cdots + Y_k$ 是成立的。

使用卷积法，计算符合 Erlang 分布的随机变量的计算步骤如下：

1）生成 i.i.d. 的、服从均匀分布 $U(0,1)$ 的随机数 $u_1, u_2, \cdots, u_k$。

2）计算 $u = u_1 u_2 \cdots u_k$。

3）令 $x = -(1/\lambda)\ln(u)$，x 即为所求服从 k 阶 Erlang 分布的随机变量。

例 5.3 中，当 k 的值很大时，X 的计算会变得很慢。由于 Erlang 分布是 Gamma 分布的一种特殊形式，因此可以借助 Gamma 分布，采用通用方法计算 Erlang 分布的值。有兴趣的读者可以自行探索，在此不再赘述。

5.2.4 舍选法

舍选法(acceptance-rejection method，ARM)，也称接受-拒绝法，是蒙特卡罗方法的一种。当无法给出 CDF 逆函数的解析表达式时，可以考虑使用舍选法。舍选法的适用范围比反变换法更广，只要给出概率密度函数 PDF 的解析表达式即可。

我们首先构造一个多定函数(majorizing function) t，使得对于所有的 x，$t(x) \geqslant f(x)$，即有

$$c = \int_{-\infty}^{+\infty} t(x)\,dx \geqslant \int_{-\infty}^{+\infty} f(x)\,dx = 1 \tag{5-11}$$

式中，c 为大于零且不等于 1 的常数。进一步地，有

$$\frac{1}{c}\int_{-\infty}^{+\infty} t(x)\,dx = \int_{-\infty}^{+\infty} \frac{t(x)}{c}dx = \int_{-\infty}^{+\infty} r(x)\,dx = 1 \tag{5-12}$$

从式(5-12)可以看出，$r(x) = t(x)/c$ 是概率密度函数 PDF。

舍选法的计算步骤如下：

1）生成服从分布 $r(x)$ 的随机变量 Y。

2）生成随机数 $U\sim U(0,1)$。

3）如果 $U\leqslant\frac{f(Y)}{t(Y)}$，返回 $X=Y$；否则，返回步骤1），重复执行。

舍选法的几何意义为：当 $(Y,Ut(Y))$ 落在 $f(Y)$ 下方的时候，即当 $Ut(Y)\leqslant f(Y)$ 时，接受所生成的随机变量 Y，并将其作为 X 的值；否则，拒绝 Y。

图5-6显示了舍选法的执行过程，图中的蓝色三角形代表被接受的随机变量 Y，十字代表被拒绝的随机变量 Y。

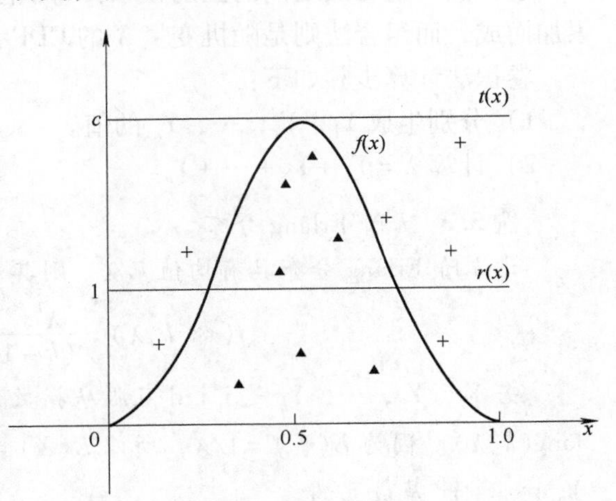

图5-6　舍选法示意图

从理论上来说，在舍选法中，多定函数 $t(x)$ 的选择比较简单，只要能满足 $\int_{-\infty}^{+\infty}t(x)\mathrm{d}x=c$ 即可，但如果结合运行效率衡量，$t(x)$ 并不能随意选取，这是因为：首先，要求保证随机变量 Y 具有更高的生成效率；其次，由于整体的接受概率为 $1/c$，所以要求 c 的值尽量小而又不能等于1，这也对 $t(x)$ 的选择增加了限制条件。

舍选法的应用相对灵活，对于某些不能直接计算的分布而言，使用舍选法可以满足简单高效的要求，因而具有广泛的应用潜力。

5.2.5　均匀比率法

均匀比率法（ratio-of-uniforms method）是一种基于拒绝的判别类方法，该方法依赖于随机变量 U、V 以及 V/U 之间的特殊关联。

设二维随机变量 (U,V) 在集合 S 中服从均匀分布，即

$$S=\left\{(u,v):\ 0\leqslant u\leqslant\sqrt{pf\left(\frac{v}{u}\right)}\right\}\tag{5-13}$$

式中，p 为正实数；V/U 的概率密度函数为 f。则 U 和 V 的联合概率密度函数为

$$f_{U,V}(u,v)=\frac{1}{s},\ \forall(u,v)\in S\tag{5-14}$$

式中，s 为集 S 的面积。

假设 $Y=U$，$Z=V/U$，则 U 和 V 关于 Y 和 Z 的雅可比行列式 J 为

$$J=\begin{vmatrix}\frac{\partial u}{\partial y} & \frac{\partial u}{\partial z}\\ \frac{\partial v}{\partial y} & \frac{\partial v}{\partial z}\end{vmatrix}=\begin{vmatrix}1 & 0\\ z & y\end{vmatrix}=y\tag{5-15}$$

因此 Y 和 Z 的联合概率密度函数为

$$f_{Y,Z}(y,z)=|J|f_{U,V}(u,v)=\frac{y}{s},\text{其中}\ 0\leqslant y\leqslant\sqrt{pf(z)},0<z<+\infty\tag{5-16}$$

从而有

$$f_Z(z) = \int_0^{\sqrt{pf(z)}} f_{Y,Z}(y,z)\mathrm{d}y = \int_0^{\sqrt{pf(z)}} \frac{y}{s}\mathrm{d}y = \frac{p}{2s}f(z) \tag{5-17}$$

因为$f_Z(z)$与$f(z)$都收敛于1，所以有$s=p/2$，且$Z=V/U$的概率密度函数为f。

为了在集S中均匀地生成(u,v)，可以选择一个优化区域（majorizing region）T，在T中均匀地生成(u,v)，当$u^2 \leqslant pf\left(\frac{v}{u}\right)$时，接受该$(u,v)$的值；否则，拒绝。

由$u^2 \leqslant pf\left(\frac{v}{u}\right)$和$Z=V/U$，可得区域$S$的边界为

$$u(z) = \sqrt{pf(z)} \text{和} v(z) = z\sqrt{pf(z)} \tag{5-18}$$

此时若$f(x)$和$x^2f(x)$也是有界的，则区域T可为矩形区域

$$T = \{(u,v):\ 0 \leqslant u \leqslant u^*, v_* \leqslant v \leqslant v^*\} \tag{5-19}$$

式中，

$$u^* = \sup_z u(z) = \sup_z \sqrt{pf(z)}$$

$$v_* = \inf_z v(z) = \inf_z z\sqrt{pf(z)}$$

$$v^* = \sup_z v(z) = \sup_z z\sqrt{pf(z)}$$

当按照上面的方法确定区域T之后，就可以使用均匀比率法进行计算了，具体步骤如下：

1）独立地生成$U \sim U(0,u^*)$，$V \sim U(v_*,v^*)$。

2）计算$Z=V/U$。

3）如果$U^2 \leqslant pf(Z)$，则接受Z并返回其值；否则，重复步骤1）。

如果区域T的面积为t，则Z被接受的概率为$\frac{s}{t} = \frac{p/2}{u^*(v^*-v_*)}$。

5.3 几种主要分布生成随机变量的方法

前面讨论了随机变量生成的一般方法，本节将就某些常用分布的随机变量生成方法进行简要的介绍。

5.3.1 离散分布

前面介绍的反变换法可以用于大多数离散型分布随机变量的生成，无论随机变量的取值是有界或者无界。

1. 伯努利分布

伯努利试验结果是互斥的，即成功或失败。当试验成功时，令随机变量为1；试验失败则为0。若成功的概率为p，则失败的概率为$q=1-p$。

如果$X \sim B(p)$，即X服从伯努利分布，则其计算步骤如下：

1）生成随机数$U \sim U(0,1)$；

2）若$U \leqslant p$，则$X=1$；否则$X=0$。

2. 离散均匀分布

如果$X \sim U(a,b)$，即X服从离散均匀分布，则其计算步骤如下：

1）生成随机数$U \sim U(0,1)$；

2）则$X = a + \lfloor (b-a+1)U \rfloor$。

3. 二项分布

二项分布是n重伯努利试验中获得成功次数X的分布。

如果$X \sim B(n,p)$，即X服从二项分布。其计算步骤如下：

1）生成n个独立的服从伯努利分布的随机变量Y_1，Y_2，…，Y_n；

2）则$X = Y_1 + Y_2 + \cdots + Y_n$。

4. 几何分布

几何分布是在n次伯努利试验中，试验k次才得到第一次成功的概率，具体而言，就是前$k-1$次皆失败，第k次才成功的概率。

如果$X \sim G(p)$，即X服从几何分布。其计算步骤如下：

1）生成随机数$U \sim U(0,1)$；

2）则$X = \lfloor \ln U / \ln(1-p) \rfloor$。

5. 负二项分布

假设有一组独立的伯努利试验，每次实验有两种结果“成功”和“失败”。每次实验的成功概率是p，失败的概率是$1-p$。我们得到一组数列，直到失败的情况发生r次，那么此时结果为“成功”的次数X就服从负二项分布，也称为帕斯卡分布（Pascal distribution）。

如果$X \sim NB(r,p)$，即X服从负二项分布。其计算步骤如下：

1）生成r个独立的服从几何分布的随机变量Y_1，Y_2，…，Y_r；

2）则$X = Y_1 + Y_2 + \cdots + Y_r$。

6. 泊松分布

如果$X \sim P(\lambda)$，即X服从泊松分布。其计算步骤如下：

1）取$a = \mathrm{e}^{-\lambda}$，$b = 1$，且$i = 0$；

2）生成随机数$U_{i+1} \sim U(0,1)$，令$b = bU_{i+1}$，如果$b < a$，则$X = i$，否则执行第3）步；

3）$i = i + 1$，跳转到第2）步，继续执行。

5.3.2 连续分布

如前所述，连续型随机变量的生成方法不止一种，具体选择哪种方法，主要应考虑其计算效率和速度。本节我们给出几种主要的连续型随机变量的计算方法，各个分布只选择其中有代表性的算法。

1. 均匀分布

如果$X \sim U(0,1)$，即X服从均匀分布。其计算步骤如下：

1）生成随机数$U \sim U(0,1)$；

2）返回$X = a + (b-a)U$。

2. 指数分布

如果 $X \sim \mathrm{Exp}(\lambda)$，即 X 服从指数分布。其计算步骤如下：

1）生成随机数 $U \sim U(0,1)$；

2）返回 $X = -\beta \ln U$。

3. 爱尔朗分布

如果 $X \sim \mathrm{Erlang}(k,\lambda)$，即 X 服从 k 阶爱尔朗分布。其计算步骤如下：

1）生成服从均匀分布 $U(0,1)$ 的随机数 U_1，U_2，…，U_k；

2）返回 $X = -\dfrac{1}{\lambda}\ln\left(\prod_{i=1}^{k} U_i\right)$。

4. 伽马分布

伽马分布由于与其他多个分布之间具有特殊的关系，因而其随机变量的生成算法也相对复杂一些。

如果 $X \sim \mathrm{Gamma}(\alpha,1)$，$X' \sim \mathrm{Gamma}(\alpha,\beta)$，则有 $X' = \beta X$，因此只要首先生成随机变量 X，即可获得 X'。所以我们只讨论 $X \sim \mathrm{Gamma}(\alpha,1)$ 的生成算法。

由于 $\mathrm{Gamma}(1,1)$ 与 Exp（1）是等价的，因此对于 $X \sim \mathrm{Gamma}(1,1)$ 可采用指数分布的随机变量生成方法。我们这里仅讨论 $0<\alpha<1$ 和 $\alpha>1$ 这两种情况。

当 $0<\alpha<1$ 时（当 $\alpha=0.5$ 时，$\mathrm{Gamma}(0.5,1)$ 与卡方分布 χ_1^2 等价，因而可以使用卡方分布的计算方法），其计算步骤如下：

1）生成随机数 $U_1 \sim U(0,1)$，令 $P = bU_1$，其中 $b = \dfrac{\mathrm{e}+\alpha}{\mathrm{e}}$（$\mathrm{e}=2.71828$ 是自然对数的底数）。若 $P>1$ 则执行第3）步，否则执行第2）步。

2）令 $Y = P^{1/\alpha}$，生成随机数 $U_2 \sim U(0,1)$。若 $U_2 \leqslant \mathrm{e}^{-Y}$，则返回 $X=Y$，否则返回第1）步。

3）令 $Y = -\ln\left[\dfrac{b-P}{\alpha}\right]$，并生成随机数 $U_2 \sim U(0,1)$。若 $U_2 \leqslant Y^{\alpha-1}$，则返回 $X=Y$，否则返回第1）步。

当 $\alpha>1$ 时，可以有多种方法，这里我们采用一种常用的方法，由 Cheng（1977）提出，相关常量为 $b=\alpha-\ln 4$，$c = 1/\sqrt{2\alpha-1}$，$q=\alpha+1/\alpha$，$\theta=4.5$，$d=1+\ln\theta$，具体算法如下：

1）生成随机数 $U_1 \sim U(0,1)$ 和 $U_2 \sim U(0,1)$。

2）令 $V = c\ln\left[\dfrac{U_1}{1-U_1}\right]$，$Y=\alpha \mathrm{e}^{V}$，$Z = U_1^2 U_2$，$W = b+qV-Y$。

3）若 $W+d-\theta Z \geqslant 0$，则返回 $X=Y$，否则执行第4）步。

4）若 $W \geqslant \ln Z$，则返回 $X=Y$，否则返回第1）步。

5. 正态分布

如果 $X \sim N$（0，1），$X' \sim N(\mu,\sigma^2)$，则有 $X' = \mu+\sigma X$，因此我们只需要考察服从标准正态分布 $N(0,1)$ 的随机变量生成算法。

由于正态分布函数及其反函数都不是闭合式（closed form），因而使用反变换法的时候，只能通过数值法（numerical method）求解，而不能直接求解。

正态分布随机变量的生成方法有多种，其中公认效率最高的是 polar method，此法由 Marsaglia 和 Bray 于 1964 年提出。具体计算方法如下：

1）生成随机数 $U_1 \sim U(0,1)$ 和 $U_2 \sim U(0,1)$；令 $V_1 = 2U_1 - 1$，$V_2 = 2U_2 - 1$，以及 $W = V_1^2 + V_2^2$。

2）若 $W > 1$，返回步骤 1）；否则，令 $Y = \sqrt{(-2\ln W)/W}$，$X_1 = V_1 Y$，$X_2 = V_2 Y$。

使用 polar method，一次可以获得两个随机变量的值，由此效率得以提升。但是应该看到，如果 U_1 和 U_2 是使用线性同余法求得，并且 U_1 和 U_2 属于同一个随机数序列且相邻，由于 U_2 的取值依赖于 U_1，那么由此生成的随机向量 X_1 和 X_2 就不是相互独立的，解决这个问题，需要 U_1 和 U_2 分属于两个不同的随机数序列。

6. 三角分布

三角分布（triangular distribution）是仿真过程中常用的一种分布。在数据分析阶段，对于历史数据缺失或者数据量不够的情况，三角分布能够帮助合理地建立仿真模型，近似地反映系统的真实情况，此外，当数据量过大，数据分析耗时过长的时候，使用三角分布也可以更快地建立起仿真模型，进行模型检验。

对于 $X \sim \text{Tria}[a,b,c]$，其中 $a \leqslant c \leqslant b$，令 $t = \dfrac{c-a}{b-a}$，$0 < t < 1$，则其随机变量 X 的计算方法如下：

1）生成随机数 $U \sim U(0,1)$。

2）若 $U < t$，则 $X = a + \sqrt{U(b-a)(c-a)}$；否则，$X = b - \sqrt{(1-U)(b-a)(b-c)}$。

需要提出的是，在步骤 2）中，如果 $U > t$，不能使用 $1-U$ 代替 U 进行计算，否则产生的随机变量只能落在区间 $[a,c]$ 上。

7. 经验分布

假设我们拥有针对某一个变量的观测值 X_1，X_2，…，X_n，将其按照从小到大的顺序排序，获得数列 $X_{(1)}$，$X_{(2)}$，…，$X_{(n)}$，其中 $X_{(i)}$ 代表的是数列中第 i 个最小值，则其经验分布的 CDF 为

$$F = \begin{cases} 0 & x < X_{(1)} \\ \dfrac{i-1}{n-1} + \dfrac{x - X_{(i)}}{(n-1)(X_{(i+1)} - x(i))} & X_{(i)} \leqslant x < X_{(i+1)} \\ 1 & X_{(1)} \leqslant x \end{cases} \tag{5-20}$$

对于如式（5-20）所示的经验分布，其随机变量 X 的生成算法如下：

1）生成随机数 $U \sim U(0,1)$，令 $P = (n-1)U$，$I = \lfloor P \rfloor + 1$。

2）则 $X = X_{(I)} + (P - I + 1)(X_{(I+1)} - X_{(I)})$。

需要说明的是，使用这种方法，所生成的随机变量 X 的取值仅限于 $X_{(1)}$ 和 $X_{(n)}$ 之间，也就是说，样本数据或历史观察值会直接影响随机变量 X 的取值范围。

另外一种方法是将其观测值区间 $[a_0, a_k]$ 划分为 k 个相邻的子区间 $[a_0, a_1)$，$[a_1, a_2)$，…，$[a_{k-1}, a_k]$，观测值 X_1，X_2，…，X_n 落在第 j 个子区间的数量为 n_j，则有 $n_1 + n_2 + \cdots + n_k = n$，我们仿照式（5-20）定义经验分布 $G(x)$，此处节略。在这种情况下，随机变量 X 的生成算法如下：

1）生成随机数 $U \sim U(0,1)$。

2）查找非负整数 $J(0 \leqslant J \leqslant k-1)$，使得 $G(a_J) \leqslant U < G(a_{J+1})$，则

$$X = a_J + \frac{[U - G(a_J)](a_{J+1} - a_J)}{[G(a_{(J+1)} - a_{(J)}]}$$

对于第二种方法，如果某个子区间内没有观测值，则 X 也无法取得该区间范围的值，这是该方法的最大缺陷。

思　考　题

1. 随机变量生成的方法主要有几种？比较各自的优点和缺点。

2. 对于某些分布而言，可以使用多种随机变量生成法，但是最终选用哪一种，需要遵从的评判依据是什么？

3. 反变换法的使用，对分布函数有什么要求？

4. 为什么在生成随机变量的时候，可以成对使用随机数 U 和 $1-U$，这样做有什么好处？

5. “对于随机数而言，我们更关心的是随机数流的独立性和分布的一致性，而对于随机变量，我们更关心的是生成数字的精度和运算速度”，这种说法是否正确？

6. 请读者使用 C ++ 、C#、Java 或 Python 等软件中的一种，按照书中所列的方法，对某一种分布生成 1000 个随机变量，并使用 R 或者 SPSS 等统计软件对其进行检验。

第6章 输入数据分析

在系统仿真应用过程中，首先需要了解所研究系统所具有的特征和规律，而这往往需要借助概率和统计的形式展现。现实系统在历史数据上的积累，为研究其某一方面或者整体的随机性和波动性提供了可能。但是应该看到，历史数据往往内在地体现了诸多系统内外部环境因素的相互作用的结果，因此对于分析某个特定目标的仿真和优化问题而言，需要进行必要的数据分析；另一方面，历史数据可能存在的不完整性和数据之间的非独立性，也为此项分析工作增加了难度和不确定性。

本章将就以上问题进行讨论，让读者了解输入数据的分析方法、主要问题和解决技术。

6.1 相关知识

在研究现实系统问题的时候，需要了解系统输入因素的特征，例如理发店中客户到达的规律、工厂设备故障发生的情形、银行柜员完成业务处理的可能时间，这些规律和规则都蕴含在系统所积累的历史数据中，因此对于历史数据进行准确的分析，就可以为客户到达时间间隔、设备故障间隔和维修时间、银行柜员业务处理时间寻找到其“适合”的统计分布，并用该统计分布模拟未来事件发生的相关时间值，从而实现对现实系统的模拟和分析，并以此为基础提出优化策略和改进方案。

在现实环境中，企业或管理系统所受各类内外部环境的影响，决定了该系统诸多的内、外在因素均具有不确定性，无论是内生的和外生的变量，其不确定性只能借助统计分布进行解释和描述，即各种状态的可能性，都要通过概率描述的方式进行。

一般来说，历史数据的获取是建立仿真模型的重要步骤，不仅因为历史数据获取不易，也因为历史数据所蕴含的各种扰动因素，阻碍了我从中提取出准确的分布和参数。当获得了历史数据之后，可以使用它建立仿真模型，这些历史数据的使用，可以有三种方式：

1）首先，可以直接使用这些历史数据，进行仿真模型的验证，实现系统的“真实重现”，以确定所建立仿真模型与真实系统的一致性；更重要的是，通过在仿真模型中对其进行直接读取，可以研究现实系统在虚构的新系统方案或者优化方案的可能表现，从而达到对系统架构和运行模式的评价和调整。

2）其次，使用真实的历史数据，可以快速地建立起经验分布，并将所获得的经验分布及参数用于仿真模型之中，这对于快速建模十分有效。

3）最后，使用历史数据，运用统计推断技术进行精确地“拟合”，找到与之相一致的理论统计分布及参数，就可以高精度地模拟真实系统的运行过程，从而为系统分析和优化提供最佳策略。

以上方式中，第一种方式可用于数据量不足的情况，以及模型检验的情况。第二种方式除了满足快速建模的需要外，在当数据量不足，获得观测数据来源于多个总体的时候，不能获得满意的理论分布，这种情况下，经验分布至少可以提供一个可用的统计分布，实现模型的构建。需要强调的是，由于经验分布的取值无法突破实际观测值的极值（最大、最小值）范围，这对于取值范围是整个实数域的随机变量而言是不能接受的，这样做造成仿真模型的"失真"，尤其当我们要重点考察所研究系统在极端情况下的状态的时候，经验分布对此无能为力。第三种方式是最理想的方法，但是运用这种方式，不仅需要足够的历史数据，更需很好地运用统计推断方法，即使如此，所获得的分布和参数也是一种"近似的真实"，其好处是可以在随机变量的定义域内取值，可以对所研究的系统实施全面考察，另外还可以很方便地通过统计分布和参数的调整，实施灵敏度研究。

总之，历史数据对于仿真模型的建立而言，具有极其重要的作用，通过历史数据的分析和研究，获得满意的仿真模型输入数据及其分布，是本章要完成的主要任务。

6.2 统计分布的特征分析

不同系统具有不同的特征，甚至同一系统在不同时间和状态下的表现也有所不同，由于系统处在诸多内外在随机因素的综合影响之中，我们可以使用统计分布对系统进行定量、精确的描述。重要的和常用的统计分布有数十种，这些分布是相互关联而非完全独立的。本节重点研究它们的整体特征。

利用图表展示数据，可以对数据分布的形状和特征有一个大致的了解。但是要全面把握数据分布的特征，还需要找到反映数据分布的各个代表值。数据分布特征可以从三个方面进行测度和描述：一是分布的集中趋势，反映各数据向其中心值靠拢或聚集的程度；二是分布的离散程度，反映各数据远离其中心值的趋势；三是分布的形状，反映数据分布的偏态和峰态。

与上述三个测度角度大体对应的，各类统计分布也具有三个重要的参数，分别是位置参数、尺度参数和形状参数，通过它们，可以唯一地确定一个统计分布的函数值。

6.2.1 位置参数 γ

位置参数 γ 是描述总体最常用的一种参数，通常作为数据分布集中趋势的度量。集中趋势（central tendency）是指一组数据向某一中心值靠拢的程度。

位置参数 γ 规定统计分布在横坐标上的关键位置点，γ 在某些分布中为中值点（例如正态分布中的均值 μ），在另外一些分布中则为该分布的低值点。该参数的变化会造成分布图形沿着横坐标轴进行左右方向上的整体平移，而分布图形不发生任何变化，因而该参数又被称为位移参数（shift parameter）。如果随机变量 X 的统计分布的位置参数为零，则随机变量 $Y=X+\gamma$ 的统计分布的位置参数为 γ。

位置参数包括均值（mean）、众数（mode）、中位数（median）和分位数（quantile）等。

1. 均值

均值也称平均数，是一组数据相加后除以数据个数得到的结果。均值是集中趋势的最主要的测度值。均值可以分为简单平均数、加权平均数和几何平均数。

简单平均数（simple mean）是未经分组数据计算的平均数。设一组样本数据为 x_1，x_2，…，x_n，则样本平均数 $\bar{x}$ 为

$$\bar{x} = \frac{x_1 + x_2 + \cdots + x_n}{n} = \frac{\sum_{i=1}^{n} x_i}{n} \tag{6-1}$$

加权平均数（weighted mean）是依据分组数据计算的平均数。设原始数据被分为 k 组，各组的组中值分别用 M_1，M_2，…，M_k 表示，各组变量值出现的频数分别用 f_1，f_2，…，f_k 表示，则样本加权平均数 $\bar{x}$ 的计算公式为

$$\bar{x} = \frac{M_1 f_1 + M_2 f_2 + \cdots + M_k f_k}{f_1 + f_2 + \cdots + f_k} = \frac{\sum_{i=1}^{k} M_i f_i}{n} \tag{6-2}$$

几何平均数（geometric mean）是 n 个变量值乘积的 n 次方根，计算公式为

$$G = \sqrt[n]{x_1 x_2 \cdots x_n} = \sqrt[n]{\prod_{i=1}^{n} x_i} \tag{6-3}$$

2. 众数

众数是一组数据中出现次数最多的变量值，众数主要用于测度分类数据的集中趋势，用 M_0 表示。一般情况下，只有当数据量足够大时，众数才有意义。

例如一组观测值为 3.2、5.4、6.1、7.2、3.2、1.8、6.1、6.1、9.8、5.0，其中出现次数最多的值即为众数，此处众数 $M_0 = 6.1$，共出现 3 次。

3. 中位数

中位数是分位数的一种，可称为二分位数，是一组数据从小到大排序后处于数量中间位置上的变量值，用 M_e 表示。中位数将全部数据等分为两个部分，每个部分各包含 50% 的数据。中位数主要用于测度顺序数据的集中趋势，也适用于测度数值型数据的集中趋势，但是不适用于分类数据。

中位数位置 $= \frac{n+1}{2}$，其中 n 为数据个数。

设一组数据为 x_1，x_2，…，x_n，按照从小到大的顺序排序后为 $x_{(1)}$，$x_{(2)}$，…，$x_{(n)}$，则中位数为

$$M_e = \begin{cases} x_{(n+1/2)} & n\text{ 是奇数} \\ \frac{1}{2}\left[x_{(n/2)} + x_{(n/2+1)}\right] & n\text{ 是偶数} \end{cases} \tag{6-4}$$

4. 分位数

与中位数相似的分位数还有四分位数（Quartile）、八分位数（octile）、十分位数（decile）、十二分位数（duo-decile）、十六分位数（hexadecile）和百分位数（percentile）等多种。我们下面以四分位数为例，进行说明。

四分位数把所有数值由小到大排列并分成四等份，处于三个分割点位置的数值就是四

分位数。

第一四分位数（Q_1），又称“下四分位数（Q_L）”，等于该样本中所有数值由小到大排列后第25%的数字。

第二四分位数（Q_2），又称“中位数”，等于该样本中所有数值由小到大排列后第50%的数字。

第三四分位数（Q_3），又称“上四分位数（Q_U）”，等于该样本中所有数值由小到大排列后第75%的数字。

Q_3 与 Q_1 之间的差距称为四分位距（inter-quartile Range，IQR），也称四分差，与方差、标准差一样，表示统计资料中各变量分散情形，但IQR更多为一种稳健统计（robust statistic）。

Q_1 位置的计算公式为 $(n+1)\times25\%$，Q_2 位置的计算公式为 $(n+1)\times50\%$，Q_3 位置的计算公式为 $(n+1)\times75\%$。

5. 众数、中位数和平均数的比较

众数、中位数和平均数是集中趋势的三个主要测度值，它们具有不同的特点和应用场合。

从分布角度看，众数始终是一组数据分布的最高峰值，中位数是位于一组数据中间位置上的值，而均值则是全部数据的算术平均。因此，对于具有单峰分布的大多数数据而言，众数、中位数和均值具有如下关系（见图6-1）：

1）如果数据的分布是对称的（symmetric），则众数、中位数和均值三者均相等。

2）如果数据是左偏分布，说明数据存在极小值，必然拉动均值向极小值方向靠近，而众数和中位数由于是位置代表值，因而不受极值的影响，因此三者表现为

$$\bar{x} < M_e < M_0$$

3）如果数据是右偏分布，说明数据存在极大值，必然拉动均值向极大值方向靠近，因此三者表现为

$$M_0 < M_e < \bar{x}$$

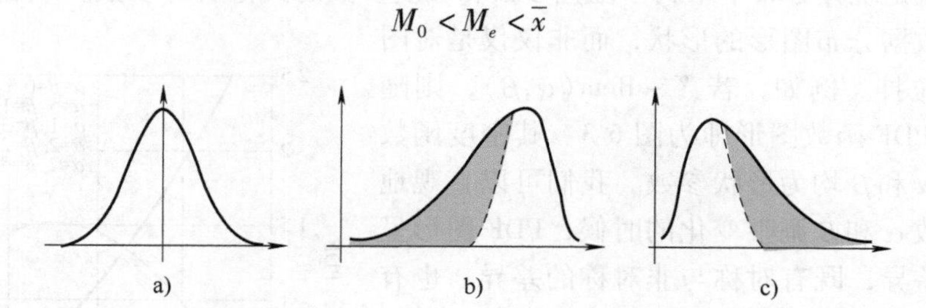

图6-1　不同分布的众数、分位数和平均数

a）对称分布，$M_0 = M_e = \bar{x}$　b）左偏分布，$\bar{x} < M_e < M_0$　c）右偏分布，$M_0 < M_e < \bar{x}$

众数是一组数据分布的峰值，不受极端值的影响，但是可能不唯一，因此只有在数据较多的时候才适合使用。众数适合作为分类数据的集中趋势测度值。

中位数也不受极端值的影响，当一组数据分布偏斜度较大时，可以使用中位数。中位数适合作为顺序数据的集中趋势测度值。

均值利用了全部数据计算而得，因而使用最广泛，当数据呈现对称分布或接近对称分

布的时候，三个代表值接近或相等，此时适合选择均值作为集中趋势的代表值。但是均值容易受极端值的影响，当数据为偏态分布时，特别是偏斜程度较大的时候，不宜使用均值。

6.2.2 尺度参数β

尺度参数β刻画了数据分布图形的聚集程度，当β较大时，数据分布比较分散，反之则相对集聚。尺度参数的几何意义是将分布函数图形进行横向或纵向的“拉抻”。

正态分布$N(\mu,\sigma^2)$中的标准差σ即为尺度参数，当σ较大时，正态分布图形相对“矮胖”，即数据分布比较分散，反之则相对“瘦高”，即数据分布比较集中。如图6-2所示。

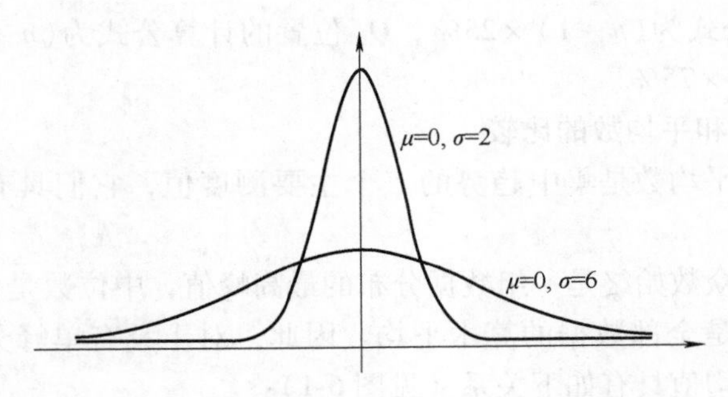

图6-2 尺度参数对正态分布$N(\mu,\sigma^2)$形状的影响

除了方差或标准差等尺度参数以外，四分距（IQR）、异众比率（variation ratio）、变异系数（coefficient of variation），也可以表示统计资料中各变量的聚散程度。

6.2.3 形状参数α

形状参数是统计分布中不属于位置参数和尺度参数的其他所有参数。顾名思义，形状参数会影响数据分布图形的形状，而非仅仅是对图形的平移或拉抻。例如，若$X\sim \text{Beta}(\alpha,\beta)$，则随机变量$X$的PDF函数图形即为图6-3。其密度函数的两个参数α和β均为形状参数。我们可以直观地看到，当参数α和β调整变化的时候，PDF图形呈现出较大的差异，既有对称与非对称的差异，也有函数增减趋势的变化。

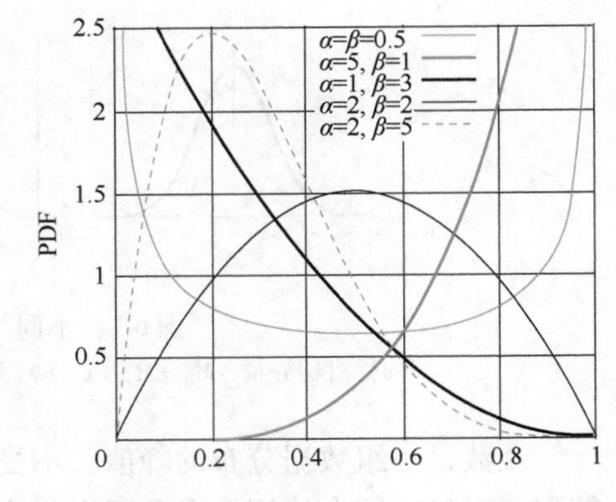

图6-3 Beta(α,β)分布PDF函数

因此，对于了解数据分布的形状是否对称、偏斜的程度以及分布的扁平程度，我们需要引入偏态和峰态两个度量指标。

偏态（skewness）是对数据分布对称性的测度。测定偏态的统计量是偏态系数（coefficient of skewness，SK）。偏态系数的计算方式有很多种，在依据未分组的原始数据计算偏态系数时，通常采用如下公式：

$$SK = \frac{n\sum (x_i - \bar{x})^3}{(n-1)(n-2)s^3} \tag{6-5}$$

式中，s^3 是样本标准差的三次方。

如果一组数据的分布是对称的，则 SK = 0。如果 SK 明显不等于 0，则表明分布是非对称的。若 $|SK| > 1$，称为高度偏态分布；若 $0.5 < |SK| < 1$，称为中等偏态分布；SK 越接近 0，偏斜程度越低。图 6-1 显示了数据分布的偏态特征。

峰态（kurtosis）是对数据分布平峰或尖峰程度的测度。测定峰态的统计量是峰态系数（coefficient of kurtosis），记作 K。图 6-2 显示了数据分布的峰态特征。

在依据未分组数据计算峰态系数时，通常采用下式：

$$K = \frac{n(n+1)\sum (x_i - \bar{x})^4 - 3\left[\sum (x_i - \bar{x})^2\right]^2 (n-1)}{(n-1)(n-2)(n-3)s^4} \tag{6-6}$$

式中，s^4 是样本标准差的四次方。

用峰态系数说明分布的尖峰和扁平程度，是通过与标准正态分布的峰态系数进行比较来实现的。由于正态分布的峰态系数为 0，当 $K > 0$ 时为尖峰分布，数据的分布更为集中；当 $K < 0$ 时为扁平分布，数据的分布较分散。

6.2.4　数据分布特征的使用

当我们获得了一组数据之后，可以通过计算上述所介绍的相关参数和系数，获得对该观测数据可能属于哪一种分布的大致了解，然后再使用相应的分布函数进行拟合，并获得对应的分布参数。这样就可以提升数据分析的效率，避免直接拟合带来的问题。表 6-1 列出了一些常用分布的参数类型。不是所有的统计分布都具备所有的三个参数，如贝塔分布只有形状参数，而没有位置参数和尺度参数。

表 6-1　一些统计分布参数的类型

分布名称	标　记	位置参数	尺度参数	形状参数
贝塔分布	$Beta(\alpha,\beta)$			$\alpha>0,\ \beta>0$
爱尔朗分布	$Erlang(k,\lambda)$		$\frac{1}{\lambda}>0$	$k\in \mathbf{N}$
伽马分布	$Gamma(k,\theta)$		$\theta>0$	$k>0$
对数正态分布	$logNormal(\mu,\sigma^2)$	$\mu\in \mathbf{R}$	$\sigma>0$	
威布尔分布	$Weibull(\lambda,k)$		$\lambda\in(0,+\infty)$	$k\in(0,+\infty)$
指数分布	$exponential(\lambda)$		$\frac{1}{\lambda}>0$	
正态分布	$N(\mu,\sigma^2)$	$\mu\in \mathbf{R}$	$\sigma>0$	

6.3　数据的独立性检验

当我们获得一组观测数据（样本值）之后，在使用之前需要进行独立性检验，即要检验这些样本数据是否独立地取自同一个总体，因此首先需要确定这些数据是否独立。只有保证数据之间彼此独立，才能用于拟合分布和确定分布参数，否则就不能使用我们所介绍的相关技术和方法。

我们可以运用统计技术和方法完成这项工作，例如，极大似然估计（maximum-likelihood estimation）和卡方检验（chi-square test）可以用来验证数据之间的独立性。对于这两种方法，我们将在其他章节介绍。这里我们介绍两种判别样本数据独立性的图形化方法：相关图法和散点图法。

6.3.1 相关图法

相关图（correlation plot）是对样本相关系数$\hat{\rho}_j(j=1,2,\cdots,n-1)$进行描绘的图形。样本相关系数$\hat{\rho}_j$是相关系数$\rho_j$的点估计，

$$\hat{\rho}_j=\frac{\hat{C}_j}{S^2(n)}=\frac{\sum_{i=1}^{n-j}[X_i-\overline{X}(n)][X_{i+j}-\overline{X}(n)]}{n-j}\cdot\frac{1}{S^2(n)}$$

其中如果样本数据X_1，X_2，…，X_n是相互独立的，则$\rho_j=0$。此外，由于$\hat{\rho}_j$是一个随机变量的观测值，包含随机因素，即使X_1，X_2，…，X_n是独立的，一般$\hat{\rho}_j\neq0$。但是如果总是存在一个正整数$\varepsilon\in\mathbf{Z}_+$，使得$|\hat{\rho}_j|>\varepsilon$，则说明$X_1$，$X_2$，…，$X_n$彼此不独立。图6-4a、b分别给出了独立样本和不独立样本的相关图。

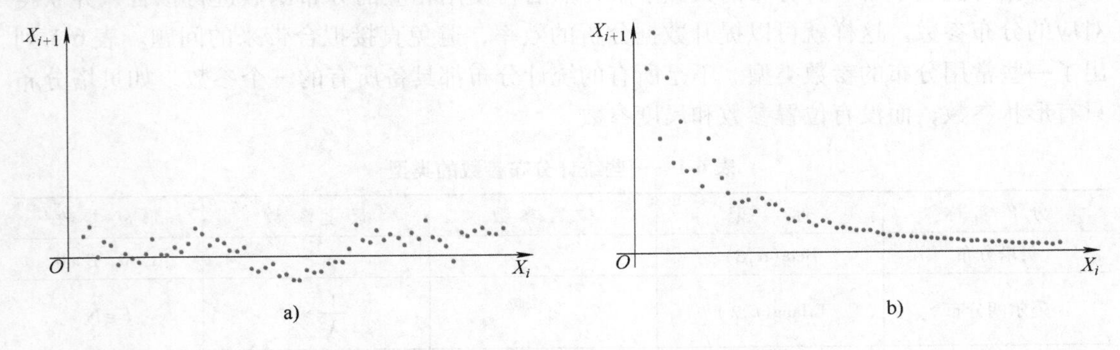

图6-4 相关图

a）彼此独立 b）彼此不独立

6.3.2 散点图法

散点图（scatter diagram）是在一个平面直角坐标系内，将样本数据X_1，X_2，…，X_n以点对$(X_i,X_{i+1})(i=1,2,\cdots,n-1)$的形式绘制而成的图形。散点图的性质完全依赖于样本的总体分布。为便于表述，假定X_1，X_2，…，X_n是非负的，如果X_1，X_2，…，X_n是独立的，则这些点对$(X_i,X_{i+1})(i=1,2,\cdots,n-1)$应该随机地散布在坐标平面的第一象限，如图6-5a所示；如果X_1，X_2，…，X_n相关，则它们应该分布在一条直线附近，如图6-5b所示。

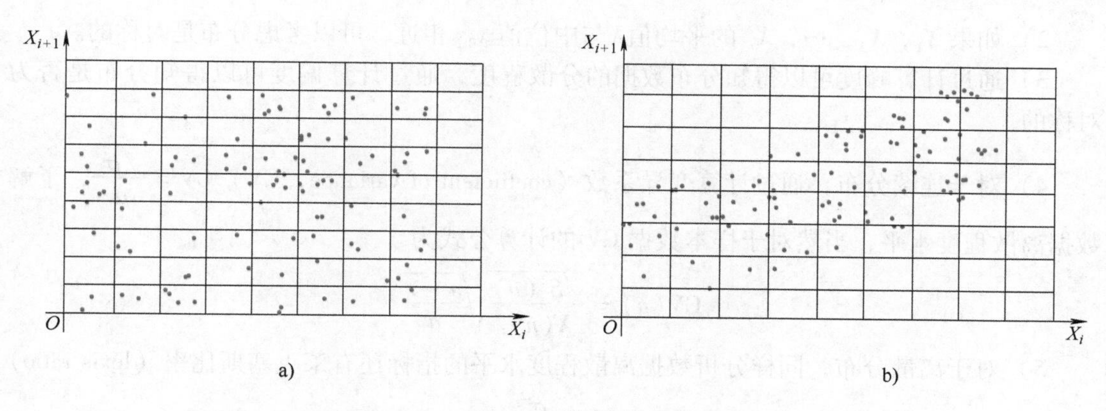

图 6-5　散点图

a）彼此独立　b）彼此不独立

6.4　确定输入数据概率分布的方法和步骤

在样本数据满足独立同分布的前提下，就可以着手确定输入随机变量的分布。首先，需要依据这些数据的特征分析结果，假设一个最接近的分布（族）；然后，估计所属分布的参数；最后，运用统计检验的方法判断数据是否符合该分布。

6.4.1　分布假设

依据样本数据提供的特征分析结果，我们需要掌握哪一个分布是其最可能服从的分布，此时不必关心该分布的具体参数，而只要假设出最可能分布。由于不知道具体参数，因此所获得的分布不是具体的一个，而是可能的多个，因而称其为分布族。

本章前面介绍的一些特征分析方法和参数，可以为我们提供样本数据的先验知识（prior knowledge），依据这些先验知识，结合已经掌握的各个分布的特征，我们大体上可以排除一些不可能的分布，进而从可能性比较大的分布中进一步筛选，最终选择其中最可能的一个，然后将其作为假设，估计其参数，在假设检验的基础上，决定该分布假设的取舍是否具有统计学意义上的合理性。

此外，学者们大量的研究成果，也可以作为我们的依据。例如，呼叫中心的电话到达大体上服从爱尔朗分布，银行的顾客到达间隔基本服从指数分布，机器设备的故障率服从泊松分布，这些成果可以帮助我们避免错误的选择，例如当我们考察一个银行系统中顾客到达间隔分布的时候，就不能假设其服从均匀分布。

一般来说，对于分布假设的确定，可以通过统计特征分析、直方图、分位点分析法等方式获得必要的信息。

1. 统计特征分析

我们可以通过样本数据 X_1，X_2，…，X_n 的统计特性分析获得有关分布的部分信息。例如：

1）通过最大值、最小值观测分布是否有界。

2）如果 X_1，X_2，…，X_n 的平均值 $\overline{X}$ 与中位值 $x_{0.5}$ 相近，可以考虑分布是对称的。

3）通过计算峰度可以得知分布数据的分散程度，通过计算偏度可以得知分布是否为对称的。

4）对于连续分布，通过计算变异系数（coefficient of variance，CV）$\mathrm{CV}=\dfrac{\sqrt{\sigma^2}}{\mu}$，了解数据离散程度水平，当然对于样本数据 CV 的计算公式为

$$\mathrm{CV}(n)=\frac{\sqrt{S^2(n)}}{\overline{X}(n)}\sqrt{\frac{n-1}{n}}$$

5）对于离散分布，同样分析数据离散程度水平的指标还有莱克塞斯比率（lexis ratio）

$$\tau=\frac{\sigma^2}{\mu}$$

样本数据使用

$$\hat{\tau}(n)=\frac{S^2(n)}{\overline{X}(n)}$$

然后，我们还可以借助直方图对样本数据进行分析，以获得更多信息。

2. 直方图

直方图（histograms）是一种广泛采用的方法，用于直观地估计样本数据 X_1，X_2，…，X_n 的概率密度函数 PDF，一般来说，样本数据量越大，直方图与样本数据 PDF 的一致性越高。

绘制直方图的步骤如下：

1）收集数据。绘制直方图的样本数据一般不少于 50 个。

2）确定数据的极差 $R=x_{\max}-x_{\min}$。

3）确定组距 $\Delta b=\dfrac{R}{k}$，其中 R 为极差，k 为分组数，k 的选择要适当，组数过少会引起较大计算误差，组数太多会影响数据分组规律的明显性，且计算工作量加大。

4）确定各组的界限值。为避免出现数据值与组的界限值重合而造成频数据计算困难，组的界限值单位应取最小测量单位的 1/2。分组时应把数据表中最大值和最小值包括在内。

5）编制频数分布表。把多个组的上、下界限值分别填入频数分布表内，并把数据表中的各个数据列入相应的组，统计各组频率 $p_i=f_i/n$，其中 f_i 为第 i 个分组中的数据个数（频数），n 为样本数据总数量，$\sum_{i=1}^{k}p_i=1$。

6）按数据值比例画出横坐标，按频数值比例画出纵坐标，以观测值数目或百分数表示。

7）绘制直方图。如图 6-6 所示。按纵坐标画出每个长方形的高度，它代表取落在此区间的数据数。

对于连续型分布，在绘制直方图的过程中，最关键的问题是如何确定分组数 k，迄今尚无一致的规则，目前所熟知的 Sturges 法则对此规定如下：

$$k=\lfloor 1+\log_2 n\rfloor$$

式中，n 为样本个数。

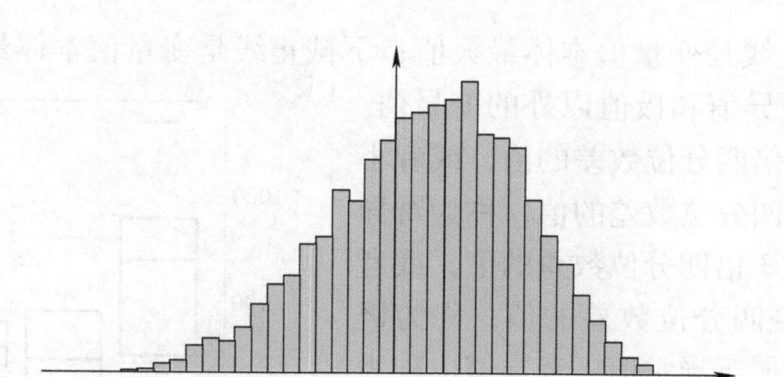

图 6-6 直方图

对于离散型分布，则没有分组问题，只需要依 x_j 进行分组即可，此时直方图是对 PMF 的无偏估计（unbiased estimator）。

如果样本数据的直方图呈现明显的多峰态势，即有多个峰值，那么就不能考虑使用一个分布函数进行表征，因为此时的真正分布函数可能是叠加型的，即

$$f(x)=p_1f_1(x)+p_2f_2(x)$$

此时可以考虑使用前面章节介绍过的组合技术（composition technique），通过仿真方式获得 $f(x)$。

3. 分位点分析法

分位点分析（quantile summaries）法，主要用于大致检验样本观测值的对称性和偏态特征，可用于连续型分布和离散型分布。我们这里仅讨论连续型分布的情况。

设 X_1，X_2，…，X_n 的 CDF 为 $F(x)$，且 $F(x)$ 是连续单调增函数，即当 $x_1<x_2$ 时，有 $F(x_1)<F(x_2)$。对于 $0<q<1$，则 q-分位点是指存在一个 x_q 满足 $F(x_q)=q$，即 $x_q=F^{-1}(q)$。通常我们比较关注的是 $q=0.25$，$q=0.5$ 和 $q=0.75$ 的情形。表 6-2 给出了针对样本数据的分位点分析结果。

表 6-2 针对样本数据的分位点分析

分位点（quantile）	深度（depth）	样本值（sample value）	区位中值（midpoint）
中位数（median）	$i=(n+1)/2$	$X_{(i)}$	$X_{(i)}$
四分位数（quartiles）	$j=(\lfloor i\rfloor+1)/2$	$X_{(j)}$，$X_{(n-j+1)}$	$[X_{(j)}+X_{(n-j+1)}]/2$
八分位数（octiles）	$k=(\lfloor j\rfloor+1)/2$	$X_{(k)}$，$X_{(n-k+1)}$	$[X_{(k)}+X_{(n-k+1)}]/2$
端点值（extremes）	1	$X_{(1)}$，$X_{(n)}$	$[X_{(1)}+X_{(n)}]/2$

如果所有的区位中值是近似相等的，那就说明数据分布 PDF 是对称的；如果表中从上至下的区位中值是递增的，则数据分布是右偏（right skewed）的；如果是递减的，则说明是左偏的（left skewed）。

箱线图（box plot）是结合分位点的一种描述数据分布的统计图，可以直观地观察样本值的分布情况。箱线图主要使用样本值的中位数（$q=0.5$）、四分之一位数（$q=0.25$）、四分之三位数（$q=0.75$）等统计量。

矩形框是箱线图的主体。上、中、下三条线分别表示变量值的第 75%、50%、25% 分位数，对应 $x_{0.75}$、$x_{0.5}$ 和 $x_{0.25}$，样本数据中 50% 的观测值落在这一区域中。触须线是中间

的纵向直线。上截止线是变量值本体最大值；下截止线是变量值本体最小值。

本体值是指除奇异值和极值以外的变量值。大于上四分位数 1.5 倍四分位数差的值，或者小于下四分位数 1.5 倍四分位数差的值，称为奇异值。大于上四分位数 3 倍四分位数差的值，或者小于下四分位数 3 倍四分位数差的值，称为极值。奇异值和极值都属于异常值。奇异值也称为温和的异常值（mild outliers），极值也称为极端的异常值（extreme outliers）。

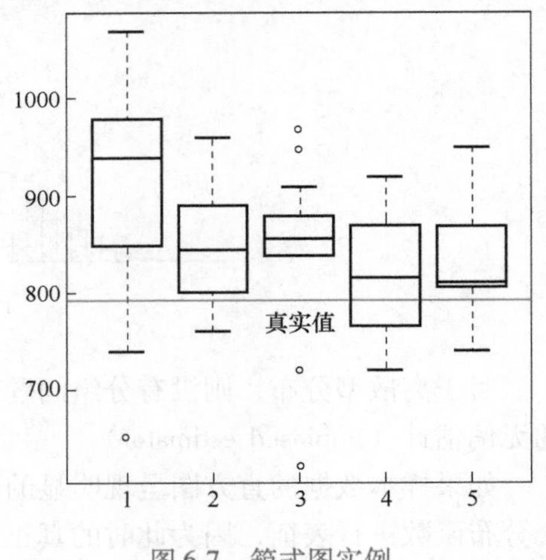

图 6-7　箱式图实例

图 6-7 展示了箱式图的一个实例。1887 年春夏期间，美国 Case Western Reserve 大学的 Albert A. Michelson 和 Edward W. Morley 教授进行了光速测度试验，图 6-7 所示即为其实验数据的分析结果。其中蓝色水平线代表的是光速的实际值。如果图中的五个矩形框分别代表了采用五种不同方法的观测值，那么可以看出不同方法的测度结果具有一定的差异。图 6-8 描述了标准正态分布数据的箱式图与分布概率密度函数之间的关系。

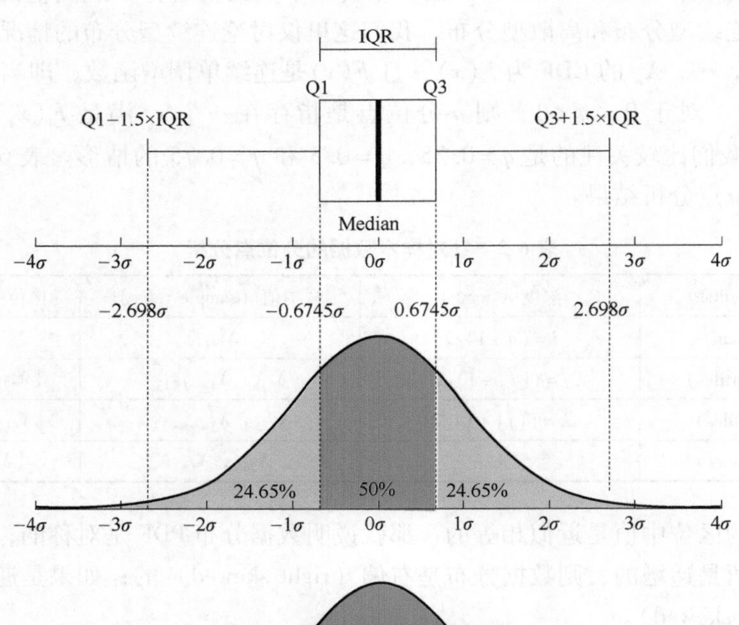

图 6-8　标准正态分布数据的箱式图与分布之间的关系

6.4.2　参数估计

经过了分布假设阶段，我们往往有一个或多个分布族作为候选，接下来就要确定分布参数（parameter），从而唯一确定每个分布族中那个最适合的分布。

参数估计阶段，仍然需要使用样本数据 X_1，X_2，…，X_n。通过样本值估计参数的方法有很多种，例如极大似然估计法（maximum - likelihood estimators，MLEs）、最小二乘估计法（least-squares estimators）、无偏估计法（unbiased estimators）和矩量估计法（method of moments），其中使用最为广泛的是极大似然估计法。

极大似然估计，是建立在极大似然原理的基础上的一个统计方法。极大似然原理的直观解释是：如果一个随机试验有多个可能的事件 A、B、C、…。若在一次试验中，事件 A 出现，则可以认为在此试验条件下，事件 A 出现的概率更大一些。一般地，事件 A 发生的概率与参数 θ 相关，事件 A 发生的概率记为 $P(A,\theta)$，为了保证 $P(A,\theta)$ 更大，则 θ 取值应满足使其最可能实现的条件，因此 θ 被称为极大似然估计。

假定总体的概率密度函数 $f(x|\theta)$ 是已知的，其中 θ 为未知参数。若 X_1，X_2，…，X_k 为来自总体的一个样本，则它的联合概率密度函数可以写成

$$L(\theta;x_1,x_2,\cdots,x_n) = f(x_1,x_2,\cdots,x_n \mid \theta) = \prod_{i=1}^{n} f(x_i \mid \theta) \tag{6-7}$$

称上述联合概率密度函数式为似然函数。

对于总体为离散型分布的情形，似然函数定义为

$$L(\theta;x_1,x_2,\cdots,x_n) = \prod_{i=1}^{n} P(X = x_i \mid \theta) \tag{6-8}$$

参数 θ 的极大似然估计值 $\hat{\theta}$，可以使似然函数 L 取最大值。

为便于计算，实际过程中经常对式（6-8）两端取对数计算，则有

$$\ln L(\theta;x_1,x_2,\cdots,x_n) = \sum_{i=1}^{n} \ln f(x_i \mid \theta) \tag{6-9}$$

然后以 θ 为自变量，对式（6-9）求导，并使得求导之后的结果等于零，即

$$\frac{\mathrm{d}\ln L(\theta;x_1,x_2,\cdots,x_n)}{\mathrm{d}\theta} = \frac{\mathrm{d}\sum_{i=1}^{n} \ln f(x_i \mid \theta)}{\mathrm{d}\theta} = 0 \tag{6-10}$$

求解式（6-10）即可得参数 θ 的最大似然估计量 $\hat{\theta}$。

MLEs 具体求解过程，在此不做赘述，有兴趣的读者可以阅读相关书籍。

使用 MLEs 可以获得参数 θ 的值，这样就可以获得精确的分布函数。特别需要指出的是，当某些分布具有一个以上参数的时候，即需要估计的参数为 θ_1，θ_2，…，θ_k，仍然使用上述步骤，只是式（6-10）中需要对 θ_1，θ_2，…，θ_k 分别求偏导数，并分别令求导式等于零，分别求解出 $\hat{\theta}_1$，$\hat{\theta}_2$，…，$\hat{\theta}_k$ 的值。

MLEs 具有多种统计特性，详情可以参考 Breiman（1973）、Kendall 和 Stuart（1979）的著作，其中最重要的是 MLEs 趋近于正态分布的特性，即 $\sqrt{n}(\hat{\theta}-\theta)\xrightarrow{D}N(0,\delta(\theta))$，其中

$\delta(\theta)=\dfrac{-n}{E(\mathrm{d}^2l/\mathrm{d}\theta^2)}$，$\xrightarrow{D}$意为“依分布收敛”（convergence in distribution），当$n\to\infty$时，则有

$$\frac{\hat{\theta}-\theta}{\sqrt{\delta(\hat{\theta})/n}}\xrightarrow{D}N(0,1)$$

则θ的$100(1-\alpha)\%$置信区间为

$$\left(\hat{\theta}\pm z_{1-\alpha/2}\sqrt{\frac{\delta(\hat{\theta})}{n}}\right)$$

我们可以借此验证仿真模型对于输入参数θ的敏感度，也就是说我们可以分别测试置信区间端点值和中心值，即检验当参数θ分别取$\hat{\theta}-z_{1-\alpha/2}\sqrt{\dfrac{\delta(\hat{\theta})}{n}}$、$\hat{\theta}$和$\hat{\theta}+z_{1-\alpha/2}\sqrt{\dfrac{\delta(\hat{\theta})}{n}}$时，仿真模型输出结果的变化程度。如果输出结果对输入参数的敏感度低，那么我们就可以放心使用当前的θ值，如果敏感度高，则需要更进一步地精确估计参数θ的值，以便降低仿真绩效（measure of performance）的误差。

6.4.3 拟合优度检验

通过前面的两个步骤，我们可能获得了能够代表这些数据的一个或多个分布（分布族），及其对应的参数，实际上，任何一个我们已经假设的分布都不是对样本数据完全的拟合（best fit），因此需要选择一个分布（及参数）作为最优的结果。

假设检验（hypothesis testing）是数理统计学中根据一定假设条件由样本推断总体的一种方法。具体做法是：根据问题的需要对所研究的总体做某种假设，记作H_0；选取合适的统计量，这个统计量的选取要使得在假设H_0成立时，其分布为已知；由实测的样本，计算出统计量的值，并根据预先给定的显著性水平α进行检验，做出拒绝或接受假设H_0的判断。常用的假设检验方法有μ检验法、t检验法、χ^2检验法（卡方检验）、F检验法、秩和检验等。

一般的检验法，是在总体分布类型已知的情况下，对其中的未知参数进行检验，这类统计检验法统称为参数检验，在实际问题中，有时我们并不能确切预知总体服从何种分布，这时就需要根据来自总体的样本对总体的分布进行推断，以判断总体服从何种分布，这类统计检验称为非参数检验。

拟合优度假设检验（goodness-of-fit hypothesis test），简称拟合优度检验，是非参数检验的一种，用于评价哪个分布更好地实现了对观测数据的拟合，即利用样本X_1，X_2，…，X_k检验假设

$$H_0:\text{总体}X\text{服从分布}F(x)$$
$$H_1:\text{总体}X\text{不服从分布}F(x)$$

其中H_0称为原假设，H_1称为备择假设。

较为常用的拟合优度检验方法有多种，我们在此只介绍χ^2检验，如果读者对其他检验方法有兴趣，可以进一步阅读相关资料。

χ^2 检验（Chi-square test/Chi-square goodness-of-fit test）是一种用途很广的假设检验方法。它属于非参数检验的范畴，主要用于比较两个及两个以上样本率，以及两个分类变量的关联性分析。其根本思想就是在于比较理论频数和实际频数的吻合程度或拟合优度问题。

χ^2 检验可推测统计样本的实际观测值与理论推断值之间的偏离程度，该偏离程度决定 χ^2 值的大小，χ^2 值越大，越不符合，偏差越小，χ^2 值就越小，越趋于符合，若量值完全相等时，$\chi^2=0$，表明观测值与理论值完全符合。

χ^2 检验的基本思想是：首先设定原假设 H_0 成立，基于此前提计算出 χ^2 值，它表示观察值与理论值之间的偏离程度。如果原假设 H_0 成立，且当 n 足够大时，χ^2 值应服从自由度为 $k-1$ 的 χ^2 分布，设定显著性水平（significance level）为 α，即我们可以接受 $100\alpha\%$ 的错误选择概率，对于双侧的情况，则 $\chi^2_{k-1,1-\alpha}$ 表示一个刻度值，若 χ^2 大于该刻度值，则表明接受 H_0 的出错概率比较大，因此拒绝 H_0；否则接收 H_0。图 6-9 所示是卡方检验的示意图。

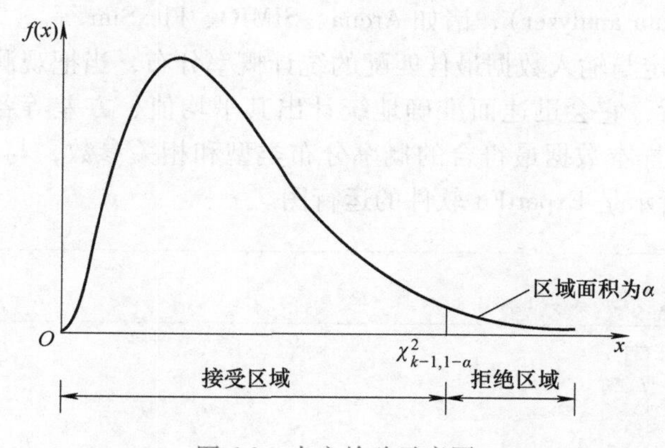

图 6-9　卡方检验示意图

χ^2 检验的步骤如下：

1）提出原假设 H_0：总体 X 服从分布 $F(x)$。

2）将总体 X 的取值范围分成 k 个互不相交的子区间 $(-\infty, a_1)$，$[a_1, a_2)$，…，$[a_{k-1}, +\infty)$。

3）统计落在子区间 $[a_{j-1}, a_j)$ 上的观测值的数量 f_j，有 $\sum_{j=1}^{k} f_j = n$，f_j 称为组频数，反映的是观测到的真实值。

4）当原假设 H_0 为真时，根据所假设的总体理论分布，可算出总体 X 的值落入第 j 个子区间 $[a_{j-1}, a_j)$ 的概率 p_j，于是，np_j 就是落入子区间 $[a_{j-1}, a_j)$ 的样本值的理论频数（理论值）。

5）当 H_0 为真时，在观测值数量足够大的情况下，观测值落入子区间 $[a_{j-1}, a_j]$ 的组频数 f_j 与理论频数 np_j 应该很接近；否则，二者相差比较大。基于这种思想，引入检验统计量 $\chi^2 = \sum_{j=1}^{k} \frac{(f_j - np_j)^2}{np_j}$，在原假设成立的情况下服从自由度为 $k-1$ 的 χ^2 分布。

6.5 一种数据拟合工具——ExpertFit

结合计算机的运算能力，越来越多的软件工具或者专用工具包用于实现分布拟合的功能。使用计算机软件，不仅提高了运算效率，也提高了运算精度，对于拥有大量观测数据的情况更是如此。

目前，很多统计类、数学分析类软件均提供数据分布拟合的工具或功能，例如 SPSS、SAS、MATLAB、R、Python 等，这些软件所提供的数据分布拟合工具，各有特色，各有所长，由于其作为软件包的一个组成部分，具有简单易用、操作方便、集成度高的特点，在精度要求不高的场合，可以满足一般用户的需要。对于专业级用户，则需要使用操控性更好、精度更高的工具软件，ExpertFit 就是这样的一个专业工具。

ExpertFit 由 Averill Law & Associates 公司开发，ExpertFit 内置 40 个统计分布拟合器，30 余种图形类型，四种拟合优度检验法，被很多仿真软件所采用，作为集成使用的输入数据分析器（input data analyzer），诸如 Arena、SIMIO、FlexSim 等。

ExpertFit 用于确定与输入数据最佳匹配的统计概率分布，当把观测数据加载到 ExpertFit 数据分析软件之后，它会迅速而准确地统计出其平均值、方差等各种随机变量分布特征参数，并确定出与样本数据最符合的概率分布类型和相关参数，与仿真软件集成使用，非常方便。图 6-10 所示是 ExpertFit 软件的运行图。

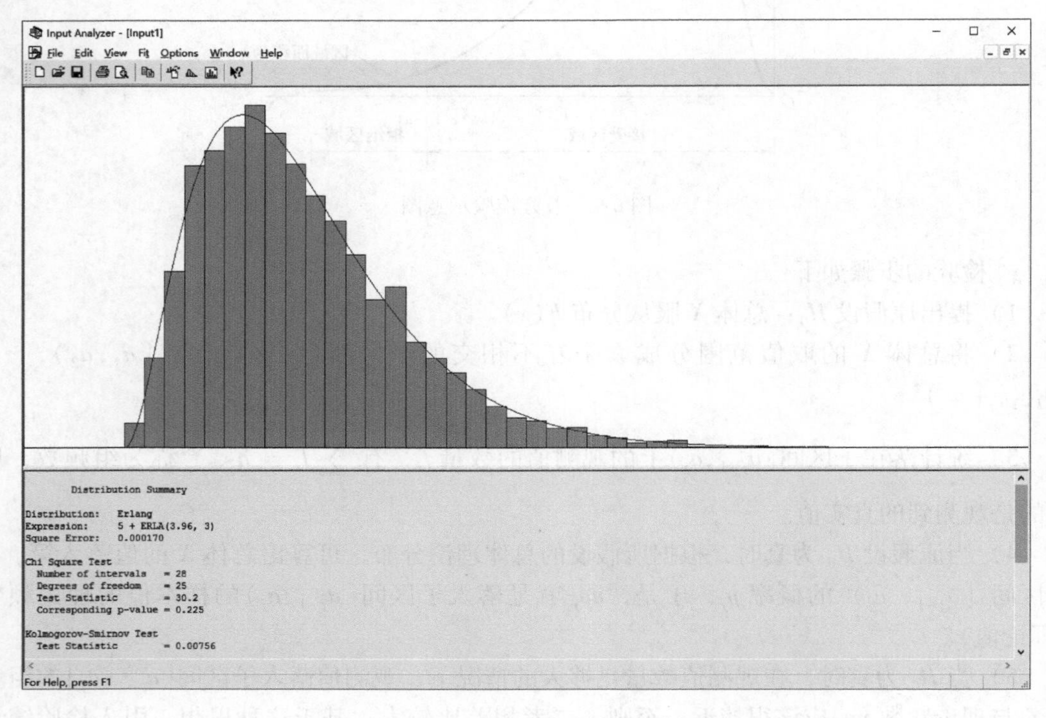

图 6-10 ExpertFit 软件界面

当我们获得实际观测数据之后，可以按照一定的格式将其整理（例如将数据按照一条一行的方式保存在文本文件中)，然后进入 ExpertFit，打开该数据文件，此时 ExpertFit 会很快地通过内置的分布函数进行拟合分析，进行χ^2检验和 Kolmogorov-Smirnov 检验，并依特定评分标准分别计算出各个分布的 square error 值，以此作为排序（rank）的标准，当总体评价为“好”（good）的时候，square error 值最小的就作为推荐的结果。当然，如果排名最好的分布的总体评价值为“坏”（bad)，则 ExpertFit 会建议采用经验分布而非理论分布。

使用 ExpertFit 并不能保证一定能够获得正确的分布，例如我们使用 ExpertFit 生成符合 5 + Gamma(4,3)分布的5000 个数据，并作为样本数据导入 ExpertFit，经过 ExpertFit 计算，其推荐的理想分布却为 5 + Erlang(3.96,3)，与实际分布存在一定的差距，Erlang 分布的 square Error 为0.00017，而 Gamma 分布则为0.000176，按照 square error 最小的原则，系统采用了 Erlang 分布而非 Gamma 分布。造成这种情况并不是不可以接受，这是因为不同分布之间互有联系，在特定参数条件下，相关分布之间可以转换，甚至是等价的。图3-5揭示了各类统计分布之间的关系。结合本例我们发现，Gamma 分布在特定条件下可以转换为 Erlang 分布，比较二者在本例中参数方面的差异，确实可以得出这样的结果。

因此，在解决实际问题的过程中，如果出现上述情况，且不被允许，则需要进行更深入的分析，主要是采用更多的检验方法验证所得到的结论，否则在对数据敏感的仿真模型中，使用存在微小偏差的分布，会造成意想不到的结果。

思 考 题

1. 当我们针对现实中的具体问题进行研究时，数据的获取和分析工作的质量是输入数据质量的保证，为什么对输入数据，有“garbage-in garbage-out”的说法?

2. 大数据环境下，数据量变得非常巨大，是不是数据越多，所拟合出来的分布越准确呢？如果数据中存在时变因素（time-varying)，应该如何处理呢?

3. 在一定显著性水平下，如果通过了假设检验，是否可以100%地说明所拟合出的分布是正确的？为什么?

4. 简述输入数据分析的一般步骤。

5. 使用 ExpertFit 进行数据拟合，比较与其他统计软件拟合结果的一致性。

6. 了解所熟悉分布的位置参数、尺度参数和形状参数。

7. 了解偏态系数和峰态系数的概念，并计算你所熟悉分布的偏态系数和峰态系数，观察不同分布之间的差异。

第7章 仿真模型的校核、验证和确认

仿真是一种基于模型的活动，模型是系统仿真的重要组成部分。仿真的结果是否可信，不仅取决于模型对于系统行为特性描述的正确性，还取决于计算机模型（或物理模型）在实现系统模型时的准确性。只有建立能够正确反映系统内在特性和变化规律的模型，才能得到准确的仿真结果。只有保证了建模与仿真的正确性与可信度，其仿真结果才具有实际的应用价值和意义。

建模与仿真的校核、验证和确认（verification，validation and accreditation，VV&A）技术，很早就受到国内外仿真专家的重视。美国国防部（Department of Defense，以下简称DoD）下属的国防建模与仿真办公室专门编撰了 VV&A 推荐实践指南，其中对 VV&A 相关概念、理论、方法和技术做了一系列深入论述。

本章将围绕 VV&A 的相关概念、内容和方法展开论述。

7.1 模型的校核、验证与确认（VV&A）概述

为保证一个建模和仿真（modeling and simulation，M&S）项目的质量，需要测量和评估很多指标，如精度、执行效率、可维护性、简洁性、可重用性和可用性（人机界面）等。模型校核、验证、确认主要用于评定建模和仿真的优劣以及评估模型的精度。

模型校核（verification）：确保模型的实现及其相关的数据准确地代表了开发者的概念描述和技术要求的过程。

模型验证（validation）：从模型预期使用的角度，确定模型及其相关的数据在多大程度上正确地反映现实世界的过程。

模型确认（accreditation）：正式地确认一个模型、仿真或者模型与仿真的联合及其相关的数据用于一个特定目的时是可接受的过程。

这三个概念分别回答了下面的问题：

模型校核——正确地建立了模型吗？

模型验证——建立了有效的模型吗？

模型确认——所建立的模型可以使用吗？

在这三个过程中，存在一个基本的暗含的原则：

可信度——可以相信模型吗？

7.1.1 建模与仿真的 VV&A 技术

仿真是基于实际系统的模型进行试验的活动。仿真试验得出的结果究竟能否代表真实

系统的性能，存在一个仿真可信度（credibility of simulation）的问题。没有可信度的仿真是没有意义的。仿真可信度依赖于正确合理的模型校核、验证与确认，即VV&A的计划和实施，并需要采用正确的方法建立可信度指标。

仿真可信度评估是将整个仿真周期中的校核、验证和确认工作、测试和评估工作、软件测试工作有效地统一到一个框架中，其目的是提高仿真结果的精度、可靠性和可用性，从而有利于对仿真对象的深入分析，有可能降低仿真系统的总投资，扩大仿真系统的应用范围，促进仿真系统质量管理，促进仿真软件工程、系统测试与评估等工作的深入开展。建模和仿真的校核、验证和确认技术是提高仿真精度和仿真可信度的有效途径。

M&S评估的一般形式如图7-1和图7-2所示。

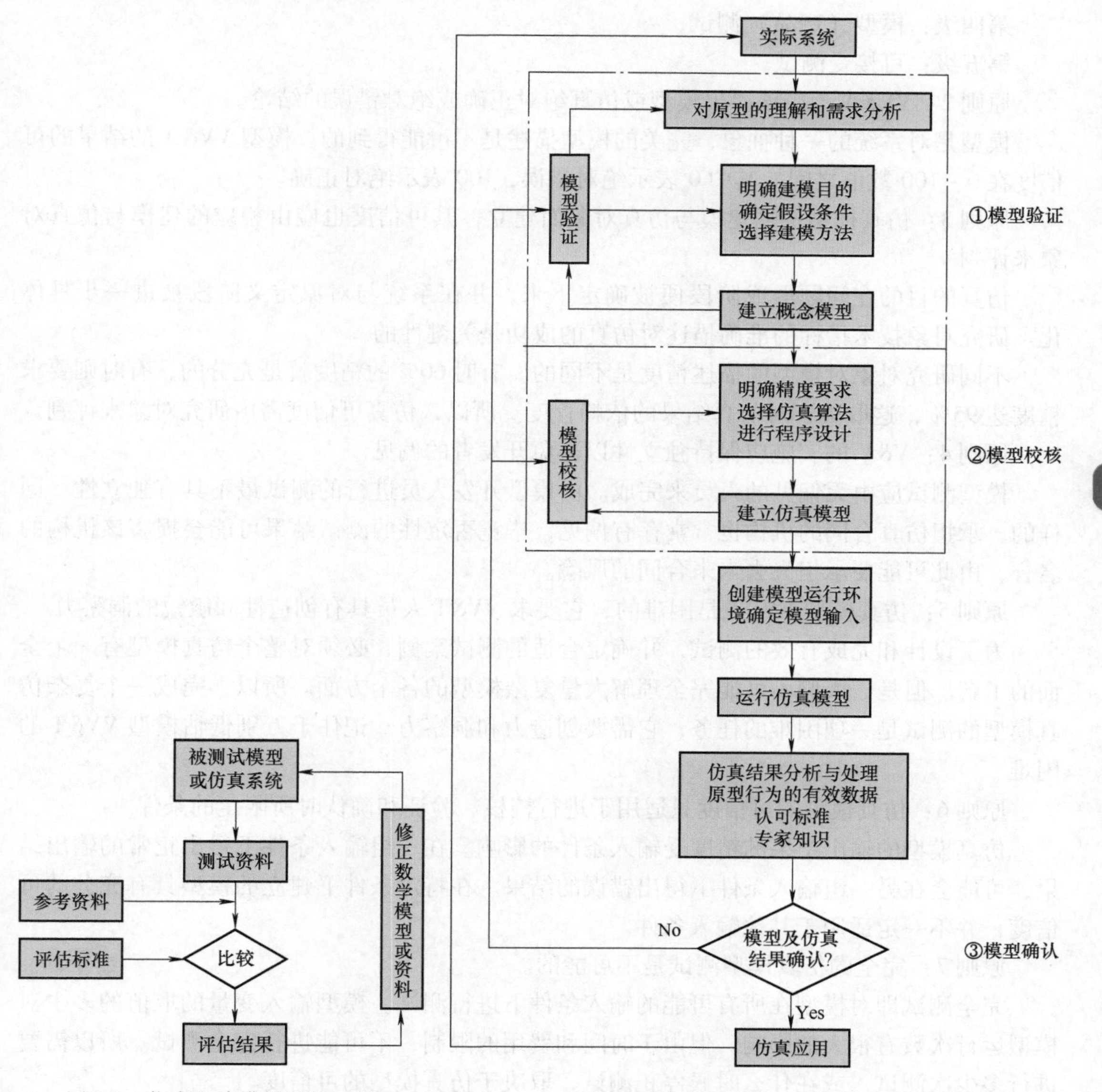

图7-1　仿真和建模的评估过程　　图7-2　仿真与建模及其VV&A过程

7.1.2 VV&A 的原则

原则 1：VV&A 必须贯穿于 M&S 的整个周期。

VV&A 不是建模与仿真整个周期中的某一个阶段或步骤，而是贯穿于整个周期的一项连续活动。M&S 的周期性本质上是一个迭代过程且是可逆的。一旦通过 VV&A 发现缺陷，有必要返回到早期的过程并重新开始仿真。仿真模型在整个周期中要经过如下五级测试：

第一级：非正式测试；

第二级：自模型（模块）测试；

第三级：集成测试；

第四级：模型（产品）测试；

第五级：可接受测试。

原则 2：VV&A 不应该得出模型或仿真绝对正确或绝对错误的结论。

模型是对系统的一种抽象，完美的模型描述是不可能得到的。模型 VV&A 的结果的可信度在 0 ~ 100 数值之间，其中 0 表示绝对错误，100 表示绝对正确。

原则 3：仿真模型根据建模与仿真对象而建立，其可信度也应由相应的建模与仿真对象来评判。

仿真的目的在问题形成阶段便被确定下来，并在系统与对象定义阶段被进一步具体化。研究对象技术指标的准确描述对仿真的成功是关键性的。

不同研究对象对模型的描述精度是不同的。有时 60% 的精度就是充分的，有时则要求精度达 95%，这取决于对仿真结果的依赖程度。所以，仿真可信度需由研究对象来评判。

原则 4：V&V 的实施应保持独立性以避免开发者的偏见。

模型测试应由无偏见的人员来完成。由模型开发人员进行的测试最不具有独立性。同样的，承担仿真合同的机构也常常存有偏见，毕竟否定性的测试结果可能会损害该机构的名誉，由此可能要承担失去未来合同的风险。

原则 5：仿真模型 VV&T 是困难的，它要求 VV&T 人员具有创造性和敏锐的洞察力。

为了设计和完成有效的测试，并确定合适的测试案例，必须对整个仿真模型有一个全面的了解。但是，人们不可能完全理解大量复杂模型的各个方面。所以，完成一个复杂仿真模型的测试是一项困难的任务，它需要创造力和洞察力。记住千万别低估模型 VV&T 的困难。

原则 6：仿真模型的可信度只适用于进行校核、验证和确认时所限定的条件。

仿真模型的输出结果的精度受输入条件的影响。在一组输入条件下得出正常的输出结果，可能会在另一组输入条件下得出错误的结果。在特定条件下建立的模型具有充分的可信度，并不一定适用于其他输入条件。

原则 7：完全的仿真模型测试是不可能的。

完全测试即对模型在所有可能的输入条件下进行测试。模型输入变量的取值的多少对模型运行次数有很大的影响。但由于时间和费用的限制，不可能进行完全测试。所以需要进行多少次测试，或在什么时候停止测试，取决于仿真模型的可信度。

当用一组测试数据进行模型测试时，关键在于测试数据涵盖了有效输入域的百分比。

涵盖的百分比越大，模型的可信性就越高。

原则8：必须制订仿真模型的VV&A计划并进行相应的文档记录。

测试不是模型开发周期中的一个阶段或步骤，而是贯穿于仿真整个周期的一项连续性活动。测试应得到确认，应准备好测试数据和条件，制订好测试计划，并对整个测试过程进行记录。特殊或随意性的测试并不能提供合理的测试精度，甚至会误导我们得出错误的模型可信度评估结果。一个成功的测试需要制订详细的测试计划。

原则9：应防止第Ⅰ、Ⅱ、Ⅲ类错误发生。

在进行仿真研究中，容易出现三种类型的错误。第Ⅰ类错误是实际上充分可信的仿真结果却被否定了。第Ⅱ类错误是无效的仿真结果却被当作有效而得以接受。第Ⅲ类错误是求解了错误的问题，从而得到错误的结果。

第Ⅰ类错误的出现不会增加模型开发的费用，而第Ⅱ、Ⅲ类错误出现所带来的后果可能是灾难性的，特别是当重要决策的做出要以该仿真结果作为基础时。第Ⅲ类错误意味着求解了错误的问题，从而使得到的仿真结果与实际问题无关。

原则10：应尽可能早地发现仿真整个周期中存在的错误。

急于实现具体的模型是仿真研究中的通病。有时通过编程语言直接实现的仿真模型往往不带或带有很少的正式模型指标。这种有害的编程-修改方法，使得试验模型VV&T变成了仅有的主要可信度评估阶段。而在这一阶段诊断和纠正建模错误是一件非常耗时、复杂和代价极高的工作。

尽可能早地在仿真整个周期中发现和纠正系统中存在的错误是VV&A的主要目的。在仿真的后期来纠正系统中存在的错误将耗时更多、代价更高。而有些至关重要的错误在仿真的后期是很难被发现的，从而将导致第Ⅱ或第Ⅲ类错误的发生。

原则11：必须正确地发现和处理多响应问题。

所谓多响应问题，就是指带两个或多个输出变量的验证问题。在比较中必须采用多变量统计方法把各输出变量之间的相关性考虑在内。

原则12：每一个子模型的成功测试并不意味着整个模型一定可信。

针对研究对象可接受的容许误差，可以判断每个子模型的可信度是否充分。但当每个子模型是充分可信时，也不能得出整个模型一定可信。因为每个子模型的容许误差可能会在整个模型中累积到不可接受的程度。因此，即使每个子模型经测试是充分可信的，集成后的整个模型仍然需要进行测试。

原则13：必须认识到双验证问题的存在并加以适当解决。

所谓双验证问题，就是如果可以收集到系统的输入、输出数据，那么可以通过比较模型和实际系统的输出来进行模型验证。而系统和模型输入的同一性判定则是模型验证中的另一个验证问题。

这是一个常容易受到忽视的重要问题，为此可能会严重影响模型验证的精度。因为如果采用了无效的输入数据模型，仍可能发现模型和系统输出相互充分匹配，从而得出模型充分有效的错误结论。

原则14：仿真模型验证的有效性并不能保证仿真结果的可信度和可接受性。

对仿真结果的可信度和可接受性来说，模型验证是一个必要非充分条件。根据仿真研究的目的，通过比较仿真模型与所定义系统进行模型验证。而对仿真研究目的的确认不正确，或者对系统的定义不恰当，仿真结果都将是无效的。但是在这种情况下，通过将仿真结果与定义不恰当的系统以及确认错误的仿真目的相比较，仍可能得出模型是充分有效的结论。

但是在模型可信度和仿真结果可信性之间存在明显的不同。前者由系统的定义和仿真目的来评判，而后者则由实际问题的定义来评判，其中包括对系统定义的评估和研究目的的确认。所以模型可信度评估是仿真结果可信性评估中的一部分。

原则 15：一个好的仿真问题的提出会大大影响仿真结果的可信度和可接受性。

问题的准确描述是求解成功的必要条件。对仿真问题的准确描述甚至比求解本身更为关键。仿真的最终目的不应只为了得到问题的解，而是要提供一个充分可信和可接受的解并被决策人员所采用。通过问题形成 VV&A 评估问题的准确性，将会大大影响仿真结果的可信度和可接受性。必须认识到，如果问题形成 VV&A 做得不好，将会导致错误的问题形成，此时不论我们对问题求解得多么好，其仿真结果都将与实际问题无关。

7.2　M&S、VV&A 与 T&E 的关系

VV&A 技术能够提高和保证 M&S 的可信度，降低在实际应用中的由于系统仿真结果的不准确而引起的风险。在 VV&A 过程中，同时进行测试与评估（test and evaluation，T&E），可为 VV&A 提供很好的确认基准。

7.2.1　M&S 与 VV&A 的关系

正如 VV&A 原则中所提到的，VV&A 必须贯穿于 M&S 的整个周期，二者密切相关。它们的关系如图 7-3 所示。

图中给出了 M&S 整个周期的三个主要阶段，分别是：分析与建模阶段、设计实现阶段和仿真实验阶段。

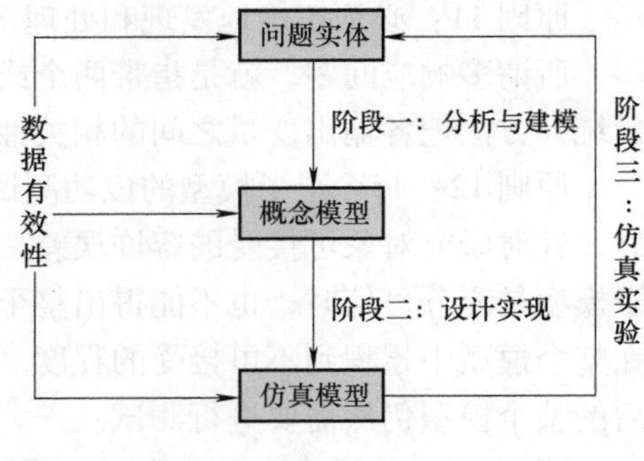

图 7-3　VV&A 与 M&S

在分析与建模阶段，通过对问题实体进行数学、逻辑上的抽象和描述，得到该问题实体的概念模型。然后进一步通过设计实现将概念模型转化为软件上的实现，得到仿真模型。最后，在仿真实验阶段运行仿真模拟得到仿真结果，从而结束 M&S 整个周期。

7.2.2　M&S 与 T&E 的关系

T&E 过程为决策者提供基本信息，评定技术参数是否达到指标，并确定系统是否达到预期的目标。任何一个系统在交付使用前必须进行测试与评估，通过评估系统性能是否满足所提出的要求，可以增强用户对系统的信任感。

随着系统复杂性的增加，测试人员更多地考虑采用 M&S 的方法对系统进行测试与评估。采用 M&S 的方法进行 T&E，可以扩大测试环境的应用范围并提高逼真度和测试效率，

增加实时的人机交互能力，设置不同的环境条件，进行后置系统分析等。使用 M&S 方法可增加测试时间和事件、降低系统测试的费用和风险，并且使测试过程具有可重复性。

仿真系统的开发，从需求分析、初始概念设计到新系统的制造、测试，都必须考虑实际的综合环境来支持各个阶段。

在仿真系统开发过程中，用模型来指导仿真系统的开发；系统测试的结果，反过来又指导对模型的修正。测试与评估过程为决策者提供基本信息，评定技术性能参数是否达标，并确定 M&S 构造的仿真系统是否达到了预期的目的。

7.2.3　VV&A 与 T&E 的关系

任何一个 M&S 都必须进行 VV&A，而任何一个系统都必须进行 T&E，VV&A 与 T&E 是相互关联的。当被测试系统本身就是一个仿真系统时，M&S 就是一个系统。系统硬件仅是运行仿真软件的计算平台，T&E 作为 VV&A 的一个子集，其过程和 VV&A 过程大致相同，只是 VV&A 过程还包括一些 T&E 过程所不具备的活动，如代码校核、算法验证等。

在这种情况下，实际系统与模型有机地联系在一起，对模型的 VV&A 和对系统的 T&E 同时进行。VV&A 和 T&E 相互配合、相互促进，用模型来指导系统开发，对系统测试的结果反过来又用于模型的修正。

图 7-4 给出了 M&S 开发与 VV&A 和仿真系统开发与 T&E 的对应关系。可以看出，VV&A 和 T&E 有许多共同点。首先它们都要确定需求，VV&A 过程的 M&S 开发计划、开发概念模型与 T&E 过程的系统规范和软件需求规范相对应，之后它们都进入设计开发、设计完成和系统集成阶段。对 M&S 开发的每一阶段都要进行校核和验证（V&V），对仿真系统开发的每一步也都要进行检验。在仿真系统设计完成时，要对整个开发过程进行测试与评估，称为 DT&E（development test and evaluation）；仿真系统集成后，还要对整个系统的操作性能进行测试与评估，称为 OT&E（operation test and evaluation）。VV&A 过程的“校核”是确保模型建立过程的正确性，与 T&E 过程的“DT&E”一致；VV&A 过程的“验证”是确保建立了正确的模型，与 T&E 过程的“OT&E”一致。

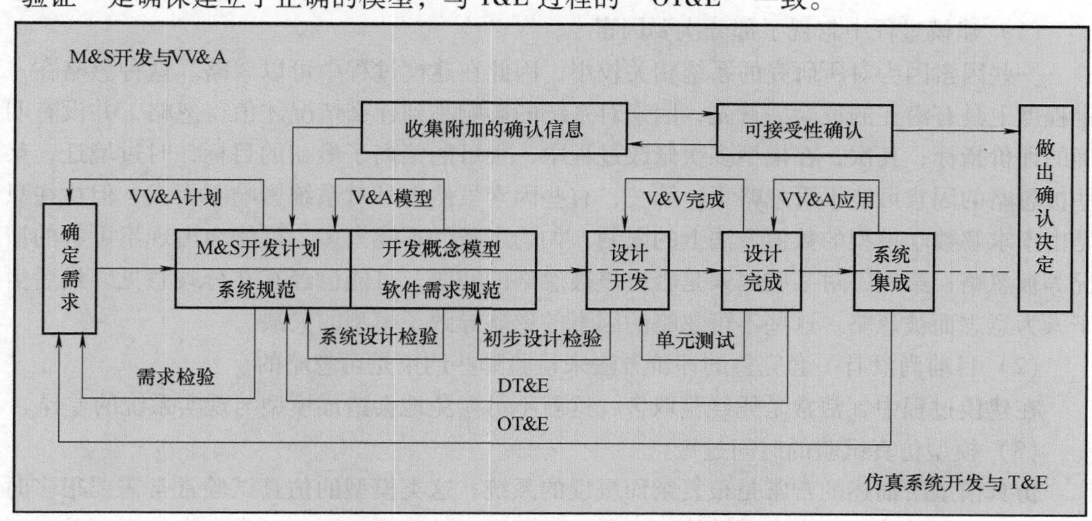

图 7-4　VV&A 与 T&E 的对应关系

VV&A 过程和 T&E 过程有很多相同点。首先，VV&A 和 T&E 的主要目的都是降低风险，通过评估仿真系统的性能是否满足要求，使用户增加对仿真系统的信任度。在 VV&A 过程和 T&E 过程开始之前，都需要确定任务和责任。VV&A 过程和 T&E 过程的信息需求本质是一致的，包括关键技术参数、关键操作结果以及性能指标等。T&E 过程的完成为 VV&A 过程的评估提供了很好的基准。在 T&E 过程评估仿真系统性能的同时，VV&A 过程也在评估 M&S 的可信度。开发、测试和管理机构都应很好地理解和实施 VV&A 和 T&E 过程，这方面 T&E 过程有很多成熟的方法可以为 VV&A 所使用。VV&A 过程和 T&E 过程都需要清楚地制定文档，二者的文档有一些重要的交叉信息，V&V 计划中的一些信息可直接用于 T&E 计划，两个过程的配合可减少重复，从而节省时间和费用。

如何把 VV&A 和 T&E 两者集成起来，是一个值得研究的问题。按照前面介绍的 T&E 和 VV&A 的关系，针对仿真本身就是再现系统这一种情况进行讨论。这种情况下，主要是计算机仿真，两者集成的关键步骤如下：

第一步：按照应用目的，首先决定仿真和系统的需求。

第二步：将仿真和系统中共同的需求列出来，并且按重要程度分为几部分——关键、重要和不重要。

第三步：从最关键的需求开始，依次将关键、重要、不重要等需求子集分成如下几部分——校核、验证、开发测试与评估、运行测试与评估。

第四步：把这些需求分类后，决定评估这些需求需要做些什么，采用什么方法。

第五步：根据所需采取的解决方法，确定哪些需求可以被集成。

第六步：将需求集成，得出时间表。

7.3 影响模型有效性的因素

7.3.1 模型与现实系统不能完全吻合的主要因素

（1）建模过程中忽视了部分次要因素

一些因素因为对所研究的系统相关较小，因此在建模过程中可以忽略。这种忽略在一定程度上具有潜在的危险。首先，因素对系统的影响小到什么情况才值得忽略，并没有明确的评价指标；其次，在模型多次修改过程中，很可能偏离了最初的目标，时过境迁，某些被忽略的因素可能不可忽略了；第三，有些因素虽然本身对系统影响不太大，但往往只是由于求解数学模型的数值方法上的限制，如约束条件不能太多，可能会出现不可解的情况等被忽略；第四，对某些因素是否应该被忽略的问题，可能已经存在分歧意见，最后由于人为意志而被忽略。这些不可忽略的因素的忽略导致了模型的欠缺。

（2）目前尚没有一套完整的评价方法来检验哪些约束是可忽略的

在建模过程中，常常是凭经验取舍，这就不可避免地会造成模型与现实系统的差异。

（3）模型仿真试验的时间过短

仿真模型所描述的常常是很复杂而缓慢的系统。这类模型的仿真试验常常需要很多时间，由于目前计算机速度尚不够快，机器运行费用又较昂贵，因此时常发生仿真试验时间不满足的情况。仿真时间过短，得不到足够大的统计样本，输出数据严重不足，给最后分析带来许多误差，有时虽会与实际情况偶然巧合，但实际上其输出结果是不可信的。所以，仿真时间过短是影响精度的主要因素之一。

（4）模型初始数据的确定失误

仿真模型的初始状态对仿真的输出有直接的影响，特别是在仿真时间过短的情况下，输出结果会具有较大的偏差。首先，初始数据影响模型仿真时的“预热”时间，合理的初始数据可以缩短其预热时间，从而使系统较早地进入平衡状态。初始数据的确定应参考系统原始状态及模型要求，切忌人为意志的干扰。此外，模型初始数据与建模过程中使用的原始数据有很大关系，它可以从原始数据中选用，也可以重新生成，但它必须与原始数据一致或者说至少在分布上是一致的。

（5）输入随机数据分布的确定

一般仿真模型都含有一定数量的随机变量，这些随机变量的产生都是遵循它所表现出的概率分布，而这些至关重要的概率分布多是建模前从现实系统的大量数据分析后所确定的，因此这些随机变量分布的确定正确与否直接影响到模型的质量。一般来说，只要收集足够多的数据，严格按一定的方法来分析，则所确定的分布大多是合适的。但大量的事实说明，由于许多现实系统数据收集十分困难，建模人员若不深入到基层就很难收集到真实的数据，所以许多原始数据就存在假象。在对原始数据去伪存真后，样本尺寸大大减少，又很可能造成中间结果的短缺，这种由于原始数据的质量问题从而影响到模型的有效性是十分严重的潜在危险，因为随机变量分布及参数的确定失误，给模型的检验会造成很大困难。而另一个问题则是原始数据的代表性，若原始数据不是在模型所研究的系统过程内或模型所要求的状态下收集的，则根本无法使用。

（6）仿真输出结果的统计误差

对仿真输出结果的收集和统计有严格的要求，从理论上讲，某个变量的仿真输出结果必须在达到稳定状态后才能开始收集，这一稳定状态又是以其分布趋势为标准。这在实际应用时十分不方便，因为不论是确定输出变量的分布也好，还是分析其参数也好，都需要大量的输出数据，许多仿真模型很难得到如此多的数据，因此，其统计结果就不会有效。对于不同模型的输出统计方法也有不同，如果任何模型都采用同一种方法，显然也是不妥的。特别应指出的，目前许多模型工作者认为只要输出结果与实际系统相符就没问题，这是一种十分危险的想法，因为这常常是一种巧合，而不是判断模型有效的标准。

7.3.2 模型验证工作的难点

以前，人们对模型验证工作较模型校核工作开展的相对多一些。就模型验证来说，它是系统仿真研究中的一个难点，主要表现在以下五个方面：

（1）模型验证工作是一个过程

模型是建模者根据建模目的按照相似原理对于实际系统的科学抽象与简化描述。它反映了建模者对实际系统的认识由感性升华到理性的一个过程，这种认识正确与否，还得经过实践的检验。因此，模型验证工作，实际上是由实践到理论，再由理论到实践的反复过程。

（2）模型验证工作具有模糊性

模型是原型（研究对象）的相似系统，而相似程度具有一定的模糊或不确定性。这种不确定性不仅与建模者对原型认识的深刻程度有关，而且与他采用的方法与技巧有关。也就是说，对于同一原型系统，抱着同样的建模目的，不同的人可能构造出与原型相似程度不同的模型。

（3）模型验证工作受多种因素影响

首先是模型本身的因素，众所周知，一个完整的模型包括两个方面的内容：一方面是它的结构；另一方面是它的参数。结构往往可以代表某一类模型的共性，而参数的加入，体现的是模型的个性。这两方面是模型能否代表原型的决定因素，是内因。因此，在进行模型验证时，要倍加关注它们的正确性与准确性。

其次是模型运行的环境即外因，其中最基本的是给模型系统施加的输入作用。这种作用应与给实际系统施加的作用相似，只有这样，才能为分析判断模型的有效性创造条件。

（4）模型验证过程中往往存在大量的统计分析与计算

假设检验、统计判断、置信区间估计等都要涉及复杂的计算。因此，模型验证工作需要付出很大的代价，特别是对于复杂的大型仿真系统更是如此，以致对模型的全面验证是不可行的。

（5）在有些情况下，难以得到或者得不到实际系统的输出行为的可靠结果，给模型的验证带来很大困难。

例如，社会系统、经济系统、生态系统、环境系统等，我们不可能在实际系统上做实验，所以就得不到实际系统的输出行为，也就难以制定一个评价模型系统的客观标准。

7.4 仿真模型 VV&A 的意义

7.4.1 意义

仿真模型的校核、验证与确认是伴随仿真系统的设计、开发、运行、维护整个仿真周期的一项重要活动，它的重大意义在于可以有效地提高仿真系统的可信度和仿真精度，减少由于仿真结果的不准确或错误给分析和决策带来的风险。具体来讲，仿真模型的校核、验证与确认的意义如下：

（1）校核与验证工作增强了应用 M&S 的信心

在 M&S 开发过程中开展校核与验证工作，可以为 M&S 应用于特定目的的可信度评估提供客观依据，从而增强了 M&S 应用的信心。需要注意两点：

➢ 校核与验证工作与 M&S 应用的开发紧密结合，所以校核与验证工作的计划人员要根据系统开发过程安排有关的校核与验证工作，以减少经费和时间，减少不必要的重复工作。

➢ 校核与验证工作是在一定的条件下开展的，为系统的应用目标服务。

（2）校核与验证工作减少了应用 M&S 的风险

校核与验证工作可以尽早地发现 M&S 设计开发中存在的问题和缺陷，帮助设计开发人员采取措施，修改模型设计和软件开发，尽可能地避免由于设计开发中存在的错误和缺陷给仿真系统造成的风险和损失，因为错误和缺陷发现得越晚，其造成损失的可能性就越大。

（3）校核与验证工作增强了M&S在未来的可用性

开展校核与验证工作，不但可以增强M&S为特定应用目的服务的信心，同时也为M&S在未来的应用提供了良好的基础。因为校核与验证是与仿真系统的设计、开发、测试、应用的全过程紧密结合的一项工作，校核与验证工作需要有良好的计划和记录，因此对整个仿真周期中的活动都有所记录，可以保留大量有用的有关M&S的数据资料，为M&S未来的应用提供历史文档。

（4）校核与验证工作减少了开支

表面上看，校核与验证工作会增加仿真系统开发的费用。但事实上，问题并不是“校核与验证的费用是多少”，而是“不进行校核与验证的损失会有多大”。通过校核与验证工作，可以及早地发现设计开发中的错误，减少由此造成的损失，其损失甚至大大超过校核与验证工作本身的开支。此外，校核与验证工作可以为M&S在未来的应用提供重要的数据资料，其经济效益亦是不容忽视的，资料表明，校核与验证工作的费用通常是仿真系统开发费用的5%~7.5%。

（5）校核、验证与确认为更好地完成系统分析提供了潜在的动力

为了制订经济有效的校核与验证工作计划，必须对所校核与验证的仿真系统和其所仿真的真实系统的情况、M&S的目标、条件资源限制等问题进行深入的分析研究，而不是仅仅对如何进行仿真的问题进行研究。因此，校核与验证工作的开展有力地促进了系统分析工作。

（6）校核、验证与确认工作满足了政府的政策要求

美国国防部1996年4月26日公布的DoD Instruction 5000.61《国防部M&S的校核、验证与确认》，明确要求其所属的M&S研究机构建立相应的校核、验证与确认政策指导小组，以提高M&S的可信度。有关校核、验证与确认的国际标准（IEEE278-4）也于1997年公布。我国目前还没有关于仿真系统VV&A和可信度评估的标准规范。

7.4.2 系统仿真精度和可信度

对任何仿真系统都有精度与可信度的要求，否则，仿真结果便不具有可信性。

（1）仿真精度

仿真精度又可称为系统仿真或仿真系统精度，它往往以误差的形式描述，定义为仿真系统或其子系统实现其规定或期望的动、静态性能技术指标的误差或允许误差。这里的系统或子系统也可以是模型或子模型系统。

影响仿真精度的因素是多方面的，从仿真硬件环境来看，包括各仿真设备和参试设备误差、设备间接口关系（接口分辨率、采样周期、信号传递延迟等）、信号与数据处理装置字长、各类机械限制和机械传递误差等；从软件方面看，包括原始数据误差、各类建模误差、算法误差等。

仿真精度通常包括静态和动态两个方面，总的仿真精度是各方面子系统精度的综合。

假设一个仿真系统的精度主要由 n 个子系统 $S_i(i=1,2,\cdots,n)$ 的精度所决定，每个子系统 S_i 的误差为 e_i，则总的仿真误差 e 可表示为各个 e_i 的函数：

$$e=f(e_1,e_2,\cdots,e_n)$$

同样的，如果每个子系统 S_i 的精度主要由它本身的 m_i 个更小的子系统 $S_{ij}(j=1,2,\cdots,m_i)$ 的精度所决定，而 S_{ij} 的仿真误差为 e_{ij}，那么每个 e_i 又可表示为 e_{ij} 的函数：

$$e=f(e_{i1},e_{i2},\cdots,e_{im_i}),i=1,2,\cdots,n$$

由于复杂动态系统中误差信号的铰链耦合及误差传递的影响，上述两式能否表示成分误差的线性组合（加权平均），要视具体问题而定。

（2）仿真可信度

在仿真工程中，人们总是希望能够用一个具体的数值来反映仿真的可信性，这个数值称为仿真的可信度，它的值越大，则仿真的可信度越高。

由于系统具有内部结果和外部行为两个方面，因此所建立的仿真系统（或称模型系统）应具有这两个方面的可信水平，即行为水平和结构水平。为了充分体现这两个基本水平，将仿真可信度定义如下：

仿真可信度是指，仿真系统（或模型系统）作为原型（真实系统）的相似替代系统，在特定的建模与仿真意义上，在总体结构和行为上能够复现原型系统的可信性程度。这种可信性体现在建模、模型试验和仿真结构分析的全过程，乃至其多次反复之中，而不是局限在其中的某个阶段。

同仿真精度一样，影响仿真可信度的因素也是多个方面的，因而，对仿真精度和可信度的分析往往需要从多个方面进行，这包括各类各级模型的质量评估、校核与验证，各个阶段试验测试结果的比较判断与统计分析等。

7.5 模型校核的一般方法

仿真模型的校核是仿真模型与仿真程序在逻辑结构和数据参数之间的比较过程。通过校核过程使仿真程序与仿真模型保持一致，并能准确地反映模型中各部分之间的逻辑关系、各参数之间的数量关系以及对模型所做的简化和假设等，从而使人们确信，在计算机上运行该仿真程序能够复现仿真模型内在的逻辑和数量关系，进而展示实际系统的基本性能。

仿真模型的校核可通过以下途径来排除仿真程序中存在的问题。

（1）用子程序编写和调试仿真程序

对于大型复杂的仿真程序而言，应该首先编写并调试仿真模型的主程序和若干关键子程序，在确保它们是正确的情况下逐一加入其他子程序及一些细节内容，逐步地进行程序设计和校核，直到能满意地反映仿真模型的全部要求时为止。这种由简到繁的校核过程对一切程序都是适用的，但对仿真程序具有特殊的必要性，尤其是用高级仿真语言编程时，程序语句属于宏指令性质，调试和排错往往更为复杂。如果对一个大型的、未经过分别校核的仿真程序直接做调试运行，可能会出现大量错误信息。它们之间是互为因果的，因而非常难以排除。

(2) 在仿真程序的运行中检查输出的合理性

当仿真程序能正常运行并给出仿真输出结果时，应对主要参数的输出响应进行校核。具有排队功能的服务系统仿真时，若某些服务设施的利用率过低，则可能是由于程序中存在逻辑错误，使进入系统的实体数太少，或服务时间参数过大所造成，从而需要在相应程序段中，对照仿真模型进行比较，找出不相符合之处，予以修正。

在大多数仿真语言中，都具有打印仿真结果的标准输出的功能。本书介绍的 Arena 仿真语言同样也有这种功能，其输出结果通常含有“实体当前数量”和“实体总数”等。前者表示在某一时刻上，存在于模型各组成部分中的实体数目，而后者则是从仿真开始到该时刻之间进入各部分的实体总数。这些数据均由仿真语言自动收集、统计和打印输出。如果当前数量过大，则表明实体在运行过程中受到不应有的延迟；如果当前数量呈线性增长趋势，则表明某一队列处于不稳定状态。有时也可能出现实体总数为零的情况，这表明在整个仿真过程中，始终没有实体进入该子系统，从而反映了程序中的逻辑错误。

(3) 仿真程序运行时的跟踪检查

跟踪检查是校核仿真模型最有效的工具之一。在跟踪中仿真运行的状态（即事件的内容、状态变量值、统计计数器的记录值等）都能打印出来，从而可以看出仿真程序的运行是否与模型的要求相一致。跟踪是在每一离散事件发生时刻上，按照系统的运行次序，不断地反映系统的状态。由此可以得到系统参数的动态变化过程，以便检查仿真程序的运行是否正确，判断出错在何处等，因而更加有利于仿真模型的校核。

大多数仿真语言都具有很好的跟踪功能，如 Arena、GPSS、SLAM 等仿真语言，均在语言中包含了跟踪功能，为仿真分析人员提供了模型校核的有效工具。然而，跟踪是面向每一离散事件的仿真跟随活动，每发生一个随机事件就会产生整个系统状态的大量信息。当对大型系统进行仿真时，跟踪将打印输出数量惊人的系统信息。因此，通常只在校核特定程序段时才使用跟踪技术。

除上述方法以外，在校核仿真模型时，还采用校核一般模型所常用的方法。例如，在简化假设下运行模型：利用图像终端显示仿真输出的动态变化，以观察其规律；以及由未参加编程工作的人员来审查仿真程序等。

7.6 模型验证的一般方法

仿真模型的验证是检验所构成的模型能否代表一个实际系统（或所设计系统）的基本性能。仿真模型的验证过程是对模型和实际系统做反复比较的过程，并且利用两种的比较差别来改进和修改模型，使之逐步向实际系统逼近，直到仿真模型被确认为实际系统的真正代表时为止。

仿真建模是一种艺术。对于同一个实际问题，不同的建模人员由于水平、素质不同，所建立的仿真模型也可能各不相同，运行的仿真输出自然会有差异。问题是从不同仿真模型中确认一种最有代表性的模型，再经过模型的校核，就能在计算机上进行仿真实验，以复现实际系统的真实性能。

在对仿真模型进行验证时，应注意以下几点：

1）建立仿真模型的目的是要通过对仿真模型在计算机上的仿真试验来替代对现实系统或所设计系统的试验。因此进行模型验证就是要保证被研究的仿真模型是可供实际使用的、方便的、费用较低的仿真模型。

2）仿真模型只是实现系统的一种近似，因此不应追求模型的绝对准确，而是研究模型逼近实际系统的程度。当然在仿真建模中所做的工作越细致，则仿真模型与实际系统就可能越接近。

3）仿真模型总是针对某一特定的目的而建立的。因此一个模型对某一目标是有效的，而对另一目标则可能是不正确的。

4）仿真模型的验证工作不是在仿真模型建立以后才进行，而是在整个仿真研究过程中必须自始至终交替、协同地进行建模和验证工作。

仿真模型的验证是一个复杂的过程，并具有明显的不确定性。到目前为止，尚未建立比较完整的理论和方法。下面介绍有 Naylor 和 Finger 提出的仿真模型验证的“三步法”。

（1）从直观考察模型的有效性

仿真模型验证的第一个步骤是使模型具有较好的外观合理性。特别是模型的用户和其他了解所研究系统的人员应当承认模型的直接合理性。因此，在仿真模型过程中，在概念建模和模型执行阶段，最好有用户代表参加，充分吸取他们的意见，使模型的机构、数据和简化假设具有较好的实用性。因为他们是模型的最终使用者。

模型的灵敏度分析也可以辅助专家进行模型验证。根据对实际系统的观察和运行经验，模型的用户和建模人员通常都具有某种直观概念，即当某些输入变量增大或减少时，模型输出响应应向哪个方向变化。通过模型运行中的灵敏度分析，可以判断模型在结构上的合理性。对于大型复杂的仿真模型，由于变量和响应都比较多，因此有必要对其中最关键的输入变量或灵敏度最高的输入变量进行灵敏度测试，以确定其合理性。如果至少可以获得两种系统的输入数据，则实验设计等统计方法将可用于仿真模型的灵敏度分析，以达到模型验证的目的。

（2）检验模型的假设

模型假设可分为两类，其中一类是结构假设，另一类是数据假设。结构假设包括对实际系统的简化和抽象，或者说系统最低限度的运行条件。例如，银行系统中顾客的队列和服务设施构成该模型的基本结构。但顾客可以排成单一队列或在每个出纳员前排成一个队列。对于多队列的结果，顾客可以按先到先服务的排队规则进入服务系统，同时也允许顾客选择队长较短或服务较快的队列。此外，银行出纳员的数目可以是固定的，也可以随顾客多少而变化等。这些模型结构上的假设都必须与银行经理和出纳人员进行讨论，并在实际观察的基础上加以验证。

数据假设包括对所有输入数据的数值和概率分布所做的规定，这些规定应与实际系统的运行条件基本符合。数据假设应在收集实际系统可靠的运行参数的基础上，进行必要的统计分析之后加以确定。例如，在高峰期和正常期内的顾客到达间隔时间分布、不同类型的服务时间分布等，这些基本的输入数据直接影响仿真运行的结果。因此，必须尽可能地使之符合实际需要，取得经理、决策人员等用户的确认。此外，模型的数据假设还应在收集实际系统的随机样本数据的基础上，识别其概率分布类型，估计其假设理论分布的各项分布参数，并进行适当的拟合性检验（χ^2 检验或 K-S 检验等），使模型的数据假设得到定量的确认。

（3）模型的初始数据与实际数据的比较

仿真模型可以看作是一种输入/输出变换器。当向模型输入一定的随机变量和决策变量时，经过模型的仿真运行，并通过模型的内部逻辑使之转变为模型的输出响应（即相应的系统性能测度）。

将仿真模型的输出数据与所研究的现实系统的实际数据做比较，可能是模型验证中最具决定性的步骤。如果仿真输出数据与实际数据吻合得很好，我们有理由相信建立的模型是有效的。虽然这种比较并不能确保模型完全正确无误，但我们认为进行比较将使模型有更大的可信度。

如果现有的实际系统与所构建的系统十分相似，则可以先建立一个与现实系统一致的仿真模型，并将不同策略环境和数据环境下的仿真运行结果，与相同环境下实际系统输出数据进行比较和分析。当两者十分近似时，表明该模型对于现有系统已被验证。如果必要，还可以对该仿真模型做适当的修改，使之与所建立的系统在结构上和数据上都有较好的一致性。

如果现有的实际系统与所建立的系统并不相同，但从内部结构上看仍有大部分子系统是相同的。在这种情况下，可以先对各子系统分别建立子模型，对这些子模型逐一地进行验证，然后再将这些已被验证的子模型组合起来，使之构成需要的仿真模型。

如果人们要求建立一个与现有实际系统相同的仿真模型，这时可以充分利用现有系统的历史数据来进行模型的输入/输出验证。例如，我们可以利用某组历史数据输入模型，以观察其输出响应，并将此输出响应与对应的实际系统的输出数据进行比较。如果两者之间并不一致，则对模型的内部结构或参数进行修改，再做仿真运行，并与对应的历史数据进行比较，直到模型的响应与实际的历史数据一致时为止。这一过程称之为模型的校准过程（calibration procedure）。但是，模型的校准并不能代替模型的验证，因为它可能只是某组特定输入/输出数据的代表。因此，还需要另外选择一组历史数据（或不同时期的历史数据），对已经校准过的模型进行运行和比较，如果实际系统的历史数据是可靠的，则模型应能在不同历史数据条件下得到验证。否则，应对模型做进一步的修改，使模型输入/输出与实际系统输入/输出的历史数据一致。

这种以一组历史数据进行校准，而以另一组数据进行验证的方法，在经济和管理领域是普遍应用的方法。

此外，还有一种对仿真模型的输入/输出进行验证的方法，称为“图灵试验（turing test）”。其基本思想是将仿真结果和实际系统的运行数据不加标志地送给深刻了解该系统的专家进行鉴别，如果专家们能区分两种之间的区别，则他们的经验就是修改模型的依据。经过多次这种评议和改进，仿真模型将接近真实系统而达到验证的目的。

其中，灵敏度分析法最常用，下面我们给出灵敏度分析法的一般过程：

1. 建立模型输入/输出关系的回归模型

（1）根据模型的关键输入/输出变量和灵敏度分析的实际需要，确定回归分析的输入/输出向量 $\boldsymbol{X}$ 和 $\boldsymbol{Y}$。

(2) 确定自变量 x_i 取值范围 Ω_i：

$$x_i^2 \in \Omega_i, (i=1,2,\cdots,p)$$

其中 Ω_i 一般是输入变量可能取值范围的子集；Ω_i 越小，越可能建立起拟合性良好的回归模型。Ω_i 反映了分析者所关心的输入变量的变化程度和范围。

(3) 输入采样

为了建立精度较高的回归模型，输入变量的采样值选取是至关重要的。基本原则是，使采样值尽可能充分包含自变量变化对因变量影响的信息。

拉丁超立方相继采样方案：

1）取 x_i 在 Ω_i 内满足均匀分布。将 Ω_i 分为 n 等份，在 Ω_i 的每个小区间内随机抽取一个样本值。

2）先将 x_1 和 x_2 的 n 个样本值随机配对成 n 个数偶，再将其与 x_3 的 n 个样本值配成 n 个三元数，一直到 p 个变量的样本位配对完毕。最终得到一个样本矩阵：

$$\boldsymbol{X} = (x_{ij})_{n\times p} \tag{7-1}$$

3）以样本矩阵的每一行为自变量取值的一种组合，在各种组合下运行仿真模型。共运行 n 次，得到因变量 $\boldsymbol{Y}$ 的样本：

$$\boldsymbol{Y} = (y_1, y_2, \cdots, y_n) \tag{7-2}$$

4）以 $\boldsymbol{X}$ 和 $\boldsymbol{Y}$ 作为数据源，应用逐步回归法建立初步的回归模型，并分析结果，大致了解哪些子域内的值对因变量 $\boldsymbol{Y}$ 有重大影响。

5）取 x_i 在 Ω_i 内满足某种概率分布，使得取值较集中于4）中得到的子域。再次将 Ω_i 化为 n' 个等概率的区间（区间长度不等），用拉丁超立方采样技术选择样本值。

6）将两次采样值结合在一起，作为建立回归模型的数据源。

(4) 建立回归模型

用逐步回归法建立回归模型。除自变量 x_1，x_2，…，x_n 外，回归模型中还应包括 x_i^2，x_ix_j，$(i,j=1,2,\cdots,p)$。

2. 选择“最优”回归模型

在逐步回归中，每步可得到一组回归模型：

$$y_k = \beta_{0k} + \beta_{1k}x_{1k} + \cdots + \beta_{qk}x_{qk} (k=1,2,\cdots,K) \tag{7-3}$$

其中，x_{1k}，x_{2k}，…，x_{qk} 是集合 $S=\{x_i, x_ix_j \mid (i,j=1,2,\cdots,p)\}$ 的子集。为了得到预测性能优良的回归模型，必须在这 K 个模型中进行选择，以得到一个“最优”者。选择过程依据以下“优良”指标综合进行：①复相关系数 R。R 越大，回归模型的自变量对因变量的影响越显著。②方差估计量 σ^2。σ^2 越小，回归模型对数据源的拟合效果越好。③预测残差平方和越小，回归模型的预测能力越强。

3. 检验回归模型的有效性

回归模型的有效性是指回归模型与仿真模型预测数据的一致性。检验回归模型计算结果与仿真模型结果是否一致，可利用主观比较法。将两者画在同一坐标系中，两条曲线相距“较近”时，则回归模型是有效的；否则，有效性值得怀疑。

4. 输入/输出变量影响曲线

根据回归模型，有选择地做出输入变量对输出变量的影响关系图。

5. 灵敏度分析

设关于输出 y 的回归模型为

$$y=f(x_1,x_2,\cdots,x_k)=\beta_0+\beta_1x_1+\cdots+\beta_kx_k \tag{7-4}$$

其中，$x_1,x_2,\cdots,x_k\subseteq S$。不妨假设 $x_1,x_2,\cdots,x_t(0\leqslant t\leqslant k)$ 是通过逐步回归入选到 f 的输入变量（未入选的变量对输出无显著影响），则输入 x_i 影响到输出 y 的灵敏度系数为

$$S_i=S_i(x_1,x_2,\cdots,x_t)=\frac{\partial f}{\partial x_i}+a_i,i=1,2,\cdots,t \tag{7-5}$$

其中

$$\alpha_i=\begin{cases}0 & \text{当 } x_i^2\notin(x_1,x_2,\cdots,x_k)\\ x_i^2 \text{ 的系数} & \text{当 } x_i^2\in(x_1,x_2,\cdots,x_k)\end{cases}$$

灵敏度系数 S_i 用于反映 $X=\{x_1^0,x_2^0,\cdots,x_t^0\}$ 处，输入变量 x_i 每增加一个单位值，输出变量 y 的变化情况。

7.7 模型确认的一般方法

根据 Sargent 的观点，模型确认的一般方法有：

（1）图灵测试法：询问对实际系统比较熟悉的人，看他们能否分辨出哪些是模型的结果，哪些是系统的实际数据。

（2）主观有效性评价：由熟悉实际系统的专家评价模型及其输出结果是否合理。

（3）理论比较法：将模型结果与理论结果进行比较，以判断模型的正确性。

（4）曲线法：比较模型结果曲线和实际系统结果曲线之间的吻合程度。

（5）动画法：将模型的输出结果进行动画演示，凭直觉判断模型的正确性。

（6）手算法：模型的所有输入值和内部变量都采用规定值，检查模型结果与手算结果是否一致。

（7）模型比较法：将模型结果与已普遍认为有效的模型结果进行比较，根据其偏差评价模型的有效性。

（8）灵敏度分析法：用灵敏度分析技术确定模型的输入、输出关系，并检查其合理性。

（9）历史数据法：利用历史数据中的一部分来建立模型，而另一部分来检查模型的正确性。

（10）事件有效性检验：将仿真过程中出现的事件与实际系统发生的事件比较，看它们是否相同。

（11）内部有效性检验：通过多次运行模型来确定模型内部随机可变性的大小，并尽可能减少其可变性。

（12）参数有效性检验：改变模型的内部参数和输入值，观察对模型输出结果的影响，并判断这种影响关系与真实系统是否一致。

（13）子模型有效性分析：根据一定的原则将模型分解成若干个子模型，通过对子模型的确认得到总模型有效性的认识。

（14）预测有效性分析：把模型的预测值与实际系统的输出结果进行比较，看它们是否一致。

（15）局部测试法：移走模型的某些部分，或设定适当的输入参数点，然后测试结果，看它们是否符合一定的规律。

（16）极端条件测试法：采用极端条件或对各种不同层次的影响因素进行特殊组合，看模型的输出结果是否合理。

（17）跟踪测试法：对模型不同类型实体的行为进行跟踪，以确定模型逻辑上是否正确。

（18）多阶段确认法：分三个阶段，首先提出模型假设，然后检验假设的有效性，再检验模型输入、输出关系的正确性。

（19）统计检验法：使用数理统计的方法检验和评估模型的有效性，是一种定量的方法，包括基于时序、频谱和参数辨识的模型确认方法。

思　考　题

1. 校核、验证和确认三项工作有何区别？实施的主体各自为何？

2. 影响模型有效性的因素有哪些？

3. VV&A 有哪些标准可循？

4. 校核相当于程序员对所开发程序的 debug 过程，是不是程序能够正确运行，就说明程序没有问题了呢？试述可能出现的问题或环节？

5. 验证是系统分析师检验仿真模型是否与其设计的系统逻辑一致的过程，一般会采用哪些方法检验？

6. 确认环节实际上就是客户验收环节，一般会有哪些工作和流程？

第8章 仿真输出分析

仿真模型运行的结果往往作为管理决策的依据或参考，因此考察仿真输出结果的合理性和精确性，是系统仿真的重要内容之一，也是继输入数据分析、仿真建模之后，又一项重要的技术和方法。

由于仿真模型纳入了输入数据的不确定性，虽然模型的内在架构和逻辑是固定不变的，但是其输出结果仍然具有统计学意义上的随机性，并且由于选用目标函数的不同，而呈现不同的敏感度和差异性，需要进行深入分析，以便最终获得最接近于真实系统规律的输出结果和结论。

8.1 综述

仿真的目的在于研究感兴趣的系统，并为改进决策提供依据。由于系统不确定性的存在，仿真输出结果的可靠性和准确性难以保证，主要可能出现以下几种问题：

- 由于未获得足够的精度，难以精确评价改进方案的预期效果；
- 当所研究的系统（已有系统或未建成系统）有多个备选方案时，未能选择最优方案；
- 如何在保障精度的前提下，降低仿真过程所耗费的时间。

为了提高仿真输出结果的精度，一般来说，在运行仿真模型的时候，可以调整运行次数（replications）以及运行长度（length）。这两种方法独立或结合使用，对于仿真输出结果会带来一定的差异。例如，如果考察制造车间生产线上前100个零部件的平均排队等待时间 Y，运行仿真模型 n 次（replication number = n），可获得一个数列 Y_1，Y_2，…，Y_n，代表独立的 n 次仿真实验所获得的零件平均排队时间，直观地说，均值 $\overline{Y}$ 和样本方差 $S(Y)$ 都依赖于仿真次数 n，即随着 $n \to \infty$，$\overline{Y}$ 更接近于数学期望，$S(Y)$ 更接近于标准差；否则，如果 n 过小，则 $\overline{Y}$ 和 $S(Y)$ 距离数学期望和标准差的差异就比较大。

如果生产线仿真模型的运行始于零状态，即在第0时刻，生产线上没有零部件进行加工，这与实际情况是不相符的，因为对于离散型制造企业而言，生产线上的生产过程是不间断的，任何时刻生产线上都有产品加工（由于停产或者排程造成的情况除外），仿真模型的这种初始状态上的差异显然会影响输出结果的准确性，与实际系统不符，需要进行研究解决。这就是本章所要论述的内容。

例如，当我们考察生产车间流水线上每个小时的产出量（throughput）Y_i 的时候，如果设定仿真运行时间为 m 小时，则仿真模型运行一次之后，可得到一个序列 Y_1，Y_2，…，Y_m，由于是连续生产，所以相邻的 Y_i 和 Y_{i+1} 彼此之间不是相互独立的，因此并不能直接用于拟合输出变量的分布。如果将同样的模型运行 n 次，但是每次使用不同的随机数流，则可以得到如下观测值：

$$\begin{matrix} y_{11} & \cdots & y_{1i} & \cdots & y_{1m} \\ y_{21} & \cdots & y_{2i} & \cdots & y_{2m} \\ \vdots & & \vdots & & \vdots \\ y_{n1} & \cdots & y_{ni} & \cdots & y_{nm} \end{matrix}$$

显然，每一行中的数据不是独立同分布的，因为它们来自于一次连续的仿真过程，但是每一列中的数据是独立同分布的，因为它们来自于不同的仿真过程，且每次仿真所使用的随机数流是不一样的，这就保证了列数据之间的独立性，$\bar{y}_i(n) = \sum_{j=1}^{n} \frac{y_{ji}}{n}$ 是$E(Y_i)$的无偏估计，这也是我们进行仿真输出分析的前提和基础。

按照仿真输出结果的不同，我们可以将系统仿真分为两大类，一类是终态仿真（terminating simulation），另一类是非终态仿真（non terminating simulation），其中后者可以更进一步分为稳态参数仿真（steady - state parameters simulation）、循环稳态参数仿真（steady-state cycle parameters simulation）和其他参数类型仿真（other parameters）。

本书将主要讨论终态仿真和稳态参数仿真的情况。值得说明的是，对于一个仿真模型而言，其运行过程的瞬态性和稳态性要求并不是一成不变的，而是极大地依赖于它所设定的研究目标。图 8-1 给出了依据输出分析确定的仿真模型。

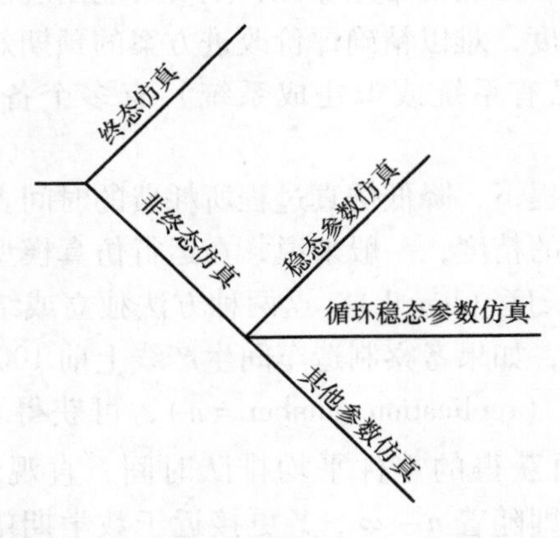

图 8-1　依据输出分析确定的仿真类型（摘自 A. M. Law 的著作《仿真建模与分析》第 5 版）

8.2　相关概念

在进行相关讨论之前，我们先来介绍几个相关的概念，这些概念是理解本章所研究内容的基础。

8.2.1　终态仿真

也称为瞬态仿真（transient simulation），是指仿真过程在某一个自然事件（natural

event）发生的时候终止，该事件可能是某个特定条件得以满足，或者是仿真时长被限定在某个时刻。我们称此类具有特定仿真终止条件的仿真过程为终态仿真。

由于仿真模型中引入了多个不同的随机变量，这些变量的随机性综合作用于仿真过程，因而会使得仿真结果具有变异性（variety），这种变异性不仅仅受到随机变量的影响，也受到仿真系统初始状态（initial conditions）的影响，如果仿真时长相对较短，那么初始状态对仿真结果的影响也会更大。

例如，银行营业厅每天的营业时间为早晨9点到下午5点，5点之后不再允许新顾客进入系统，那么系统中的最后一名顾客结束服务就是仿真过程终止的条件。

又如，某炒货店每天准备100kg板栗，当所有板栗销售一空时关店歇业，此时所有板栗被卖光就是仿真过程终止的条件。

再如，离散型工厂的一个车间加工某种零件，从早晨8点开工，晚上5点停工，当5点的下班铃打响时，工人停工离去，未完成零件留在工作台上转天继续加工，那么下班时刻（5点钟）就是仿真终止的条件。

再如，我们研究某医院住院部的火灾逃生系统并对之建模，我们可以设定当最后一名人员从医院住院部逃离之后，仿真系统停止运行，则最后一名人员逃出就是仿真过程终止的事件。

终态仿真类型在现实世界中比较常见，尤其对于制造业、服务业更为普遍。

8.2.2　稳态参数仿真

也称稳态仿真。相对于终态仿真，稳态仿真没有终止条件，其运行时间可以是无限长或者足够长的，因此，从理论上说，稳态仿真具有稳定参数的统计分布，随着仿真时长的增长，该分布趋于真实分布，且不受仿真初始条件的影响，因此称之为稳态参数仿真。

现实系统中，连续生产的工厂（连续型生产企业或者24h无休的离散型加工企业）、服务系统、电信系统、计算机网络系统等，都是稳态仿真的研究对象。有些系统，例如仓库系统，虽然其业务过程是连续型的，但是由于上一期库存状态是下一期库存的初始状态，因而需要使用稳态仿真去研究。

8.2.3　稳态循环参数仿真

对于某些仿真模型来说，其输出序列Y_1，Y_2，…并没有一个稳态的分布函数，而是会呈现依时间轴的循环特性。例如，在银行营业厅的案例中，银行每天9：00-17：00运营8h，那么该模型输出数据就呈现一种循环特征，即每天的输出序列Y_i^c（i代表循环次序）具有稳态分布F^c，而$n(n>1)$天的输出序列则没有对应的稳态参数分布。具有这种特征的仿真模型被称为稳态循环参数仿真。

8.2.4　瞬态和稳态

瞬态（transient state）即为仿真过程的瞬间状态。仿真系统输出Y_1，Y_2，…是一个随机过程（stochastic process），定义$F_i(y|I)=P\{Y_i \leqslant y|I\}$，$i=1$，2，…，其中$y$代表一个特定的数值，$I$代表仿真运行的初始状态（0时刻的系统状态），我们称$F_i(y|I)$为随机过

程 Y_1，Y_2，…于初始状态 I 条件下在 i 时刻的瞬态分布（transient distribution）。对于不同的 I 和 i，$F_i(y|I)$ 是变化的。在特定初始条件 I 下，我们在仿真过程的不同时刻 i_1，i_2，…，i_m 分别获得观测值 Y_{i_1}，Y_{i_2}，…，Y_{i_m}，则其对应的概率密度函数分别为 $f_{Y_{i_j}}$，$j=1$，2，…，m，随着 $m\to\infty$，$f_{Y_{i_j}}\to f_y$，且 $F_i(y|I)\to F(y)$，此时系统达到稳态（steady-state），此时 $F(y)$ 被称为仿真输出过程 Y_1，Y_2，…的稳态分布（steady-state distribution）。

图 8-2 说明了仿真时间长度对系统输出稳定的影响趋势，当初始状态 I 既定的前提下，随着仿真时间的延长，随机过程 Y_1，Y_2，…的瞬态概率密度函数 $f_{Y_{i_j}}\to f_y$，并最终达到稳定的状态，不再有大的变化，此时所获得的均值 v 近似等于数学期望 $E(Y)$，$F(y)$ 即为仿真输出序列的稳态分布。

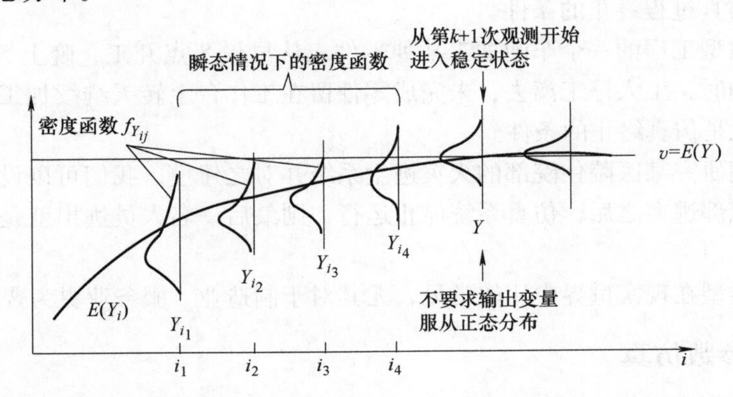

图 8-2　概率密度函数在稳态和瞬态状况下的变化趋势（摘自 A. M. Law 的著作《仿真建模与分析》第 5 版）

8.3　瞬态仿真统计分析

对于仿真输出变量而言，我们需要了解其统计特征参数，例如均值和可信度，以便确定仿真模型的输出水平，并以此作为决策依据，其中置信区间是一个重要的评价指标。

对于瞬态仿真而言，为了建立输出变量均值 $E(Y)$ 的置信区间，需要设定相同的初始条件和终止条件（特定事件的发生），通过增加仿真次数 n（replication number n），且在每次仿真过程中使用不同的随机数流，可以获得 n 个观测值（样本值），当 n 取值满足一定条件时（如 $n\geqslant 20$），就可以使用该样本值进行统计分析，所获得的结果就具有统计意义上的合理性。

对于仿真输出随机变量 Y 来说，当 $n\to\infty$ 时，$\overline{Y}(n)=\sum\limits_{i=1}^{n}\dfrac{Y_i}{n}\to E(Y)$，由于仿真过程需要耗费时间（对于某些复杂模型，仿真一次需要耗费数个小时甚至数天），因而不能无限增加仿真次数 n 的值，在保证仿真精度的前提下，最小化 n 的取值，是我们研究的一个内容。

依据中心极限定理，对于仿真模型的输出变量 Y 而言，无论其本身服从何种概率分布，但是它的样本观测值 Y_1，Y_2，…，Y_n 都近似地服从正态分布 $N(\mu,\sigma^2)$。中心极限定理说明，一些现象受到许多相互独立的随机因素的影响，如果每个因素所产生的影响都很微小时，总的影响可以看作是服从正态分布的。

8.3.1 均值估计

样本平均值 $\bar{Y}(n)$ 是对变量 Y 的点估计（point estimate）；置信区间是指由样本统计量所构造的总体参数的估计区间。在统计学中，一个概率样本的置信区间（confidence interval）是对这个样本的某个总体参数的区间估计（interval estimate）。

对于样本观测值 $Y_1, Y_2, \cdots, Y_n$，其样本平均数 $\bar{Y}(n)$ 是 μ 的无偏估计，样本方差 $S^2(n)=\dfrac{\sum_{i=1}^{n}[Y_i-\bar{Y}(n)]^2}{n-1}$ 是方差 σ^2 的无偏估计。因此可得显著性水平 α 下的置信区间为

$$\left(\bar{Y}(n) \pm t_{n-1,1-\alpha/2}\sqrt{\frac{S^2(n)}{n}}\right) \tag{8-1}$$

当 n 固定之后，置信区间的取值就确定了，因此将式（8-1）的计算方法称为固定样本量法（fixed-sample-size procedure）。

值得指出的是，只有当 $n\to\infty$ 时，$Y_1, Y_2, \cdots, Y_n$ 服从正态分布 $N(\mu,\sigma^2)$ 的假设才成立，在 n 取值有限的情况下，$Y_1, Y_2, \cdots, Y_n$ 只是近似地（approximately）服从于正态分布，因此由式（8-1）计算的置信区间也是近似值，当 n 无限增加时，依据式（8-1）计算出来的置信区间收敛于（converge）置信区间的真实值。

从式（8-1）中还能看到，当 n 增长4倍的时候，半长（half length）$t_{n-1,1-\alpha/2}\sqrt{\dfrac{S^2(n)}{n}}$ 减少为原来的50%，这是一项置信区间长度控制的有效方法，可以提高仿真输出变量的精度（precision），但是如果希望将半长降低90%，那么仿真次数就需要增加100倍，这在大多数情况下是无法接受的，实现这种要求，还需要借助于 $S^2(n)$ 的降低，也就是通过方差消减技术实现。

如果有两个仿真模型A和B，假设每个模型各自只有一个输出变量，分别为 Y^A 和 Y^B，例如 Y^A 表示银行营业系统中顾客的平均等待时间，Y^B 表示生产系统中每个订单加工的总时长（makespan），当两个模型都按照相同的仿真次数 n 统计输出变量的分布（绘制直方图），可以看到，随着 n 的增长，Y^A 和 Y^B 收敛于正态分布的速度是不一样的。因此对于不同的模型，n 的取值有时差异会很大。

基于上面的讨论，我们应该了解到，所谓 $Y_1, Y_2, \cdots, Y_n$ 只是近似地（approximately）服从于正态分布，因此由式（8-1）计算的置信区间也仅仅是近似值，那么该区间对真实值的覆盖度（coverage rate）会低于预计置信度 $100(1-\alpha)\%$，例如我们设定90%的置信区间，当仿真次数 n 不够大的时候，按照式（8-1）计算出来的置信区间很有可能低于90%置信度的要求。

在给定精度的前提下，即给定很小的值 $\beta>0$，使得 $|\bar{Y}(n)-\mu|\leqslant\beta$，此时需要确定仿真次数 n 应该如何取值，才能满足上述精度的要求，即

$$\begin{aligned}1-\alpha &\approx P\{\bar{Y}-hl\leqslant\mu\leqslant\bar{Y}+hl\}\\ &=P\{|\bar{Y}-\mu)\leqslant hl\}\\ &\leqslant P\{|\bar{Y}-\mu|\leqslant\beta\}\end{aligned}$$

式中，hl 代表半长；β 称为绝对误差（absolute error）。也就是说，随着 n 的增加，置信区间的精度越来越高，直到小于 β，此时半长高于 β 的概率只有 $\alpha\%$，也就是说置信区间的正确性有 $100(1-\alpha)\%$，满足该精度要求的仿真次数记为 $n_\alpha^*(\beta)$，有

$$n_\alpha^*(\beta)=\min\left\{i\geqslant n:\ t_{i-1,1-\alpha/2}\sqrt{\frac{S^2(n_\alpha^*(\beta))}{i}}\leqslant\beta\right\} \tag{8-2}$$

计算 $n_\alpha^*(\beta)$ 的值，可以通过迭代仿真的方式实现，称之为序贯法（sequential procedure），即每次增加一次仿真，直到达到要求的精度。具体步骤如下：

1）设定初始仿真次数 $n=n_0$。

2）执行 n 次仿真，计算出 $\overline{Y}(n)$、$S^2(n)$ 和半长值 $t_{n-1,1-\alpha/2}\sqrt{\frac{S^2(n)}{n}}$。

3）检验 $t_{n-1,1-\alpha/2}\sqrt{\frac{S^2(n)}{n}}$ 是否小于等于 β，如果是，结束迭代，$n_\alpha^*(\beta)=n$，$\overline{Y}(n)$ 作为均值 μ 的点估计；否则 $n=n+1$，返回第2）步。

如果我们以相对误差 γ 替代绝对误差 β，即定义 $\gamma=\frac{|\overline{Y}-\mu|}{|\mu|}$ 为相对误差（relative error），则有

$$\begin{aligned}1-\alpha &\approx P\left\{\frac{|\overline{Y}-\mu|}{|\overline{Y}|}\leqslant\frac{hl}{|\overline{Y}|}\right\}\\ &\leqslant P\{|\overline{Y}-\mu|\leqslant\gamma|\overline{Y}|\}\\ &=P\{|\overline{Y}-\mu|\leqslant\gamma|\overline{Y}+\mu-\mu|\}\\ &\leqslant P\{|\overline{Y}-\mu|\leqslant\gamma|\overline{Y}+\mu|-|\mu|\}\\ &=P\{(1-\gamma)|\overline{Y}-\mu|\leqslant\gamma|\mu|\}\\ &=P\left\{\frac{|\overline{Y}-\mu|}{|\mu|}\leqslant\frac{\gamma}{1-\gamma}\right\}\end{aligned}$$

依照上述计算式，我们获得的实际相对误差是 $\frac{\gamma}{1-\gamma}>\gamma$，这主要是由于在上述计算公式中的第二步使用 $|\overline{Y}|$ 代替了 $|\mu|$，也就是基于一种假设，即随着仿真次数 n 的增加，半长递减趋于设定精度，这在实际中确实如此。

设定相对误差 γ，将达到相对误差精度所需要的仿真次数记为 $n_r^*(\gamma)$，则有

$$n_r^*(\gamma)=\min\left\{i\geqslant n:\ \frac{t_{i-1,1-\alpha/2}\sqrt{S^2(n)/n}}{|\overline{X}(n)|}\leqslant\gamma'\right\} \tag{8-3}$$

式中，$\gamma'=\frac{\gamma}{1+\gamma}$，称为调整相对误差（adjusted relative error）。也就是说，按照 γ' 计算出来的 $n_r^*(\gamma)$ 才能满足相对误差精度 γ 的要求。

计算 $n_r^*(\gamma)$ 的值，也可以通过序贯法实现，具体步骤如下：

1）设定初始仿真次数 $n=n_0$。

2）执行 n 次仿真，计算出 $\overline{Y}(n)$、$S^2(n)$ 和半长值 $t_{n-1,1-\alpha/2}\sqrt{\frac{S^2(n)}{n}}$。

3）检验 $t_{n-1,1-\alpha/2}\sqrt{\frac{S^2(n)}{n}}\Big/|\bar{Y}(n)|$ 是否小于等于 γ'，如果是，结束迭代，$n_\alpha^*(\beta)=n$，$\bar{Y}(n)$ 作为均值 μ 的点估计；否则 $n=n+1$，返回第2）步。

8.3.2 选择初始状态

仿真模型的初始状态对瞬态仿真输出变量的影响是非常大的，对于某些问题而言，我们需要了解所研究系统在平稳状态下的参数特征，但是实际系统的运行时长是有限的。例如银行营业厅，每天的工作时间就是8h，到点下班，无法持续仿真，但是我们仍然想要了解在正常运行状态下（服务台、队列中均有顾客，且数量属于相对稳定），银行营业厅中各服务指标的表现，这就需要我们挑选系统的初始状态，以便获得合理的分析数据。

如果我们从每天8点开始进行仿真，初始系统中不可能有顾客，在系统运行开始的那一瞬间，所有的服务员都是空闲状态，顾客进入后就可以直接接受服务，无须等待，因此前几名进入系统的顾客，他们的服务质量并不代表正常条件下的顾客服务质量，因而需要消除他们对总体评价指标的影响。

一种方法是设定预热期（warmup period），这是一种很常见的方法，在各类型仿真过程（终态仿真、稳态仿真等）中都可以使用，只是预热期的长短不同罢了。在银行系统中，我们可以将模型最初60min运行时间内的输出变量丢弃，这样输出变量 Y_1，Y_2，…，Y_n 的采样时间就从第60min 01s开始，可以消除初始状态的影响。当然，预热期长度的设定需要反复比较，对于不同的模型有不同的取值。

另外一种方法，就是在建立仿真模型的时候，并不是从银行开始那一刻（早上9点）开始运行，而是将运行时间设定为某一个时刻，例如10点整，然后在银行营业厅现场进行数据采集，记录每天上午10点那一刻系统中顾客总数、队列中的顾客总数等参数，并将这些参数拟合称为输入指标，作为仿真模型运行的初始状态，这样也可以保证输出变量的平稳性要求。

8.4 稳态仿真统计分析

稳态参数仿真也就是我们常说的稳态仿真，对于现实世界中的很多问题，稳态仿真具有很大的代表性，对于诸多连续型制造行业、离散型制造行业甚至某些服务业来说，都可以使用稳态仿真对系统优化和管理决策进行研究。

稳态仿真同样要对关键指标进行评价，例如获得可行的均值和置信区间，这一点与终态仿真是相同的，但是与终态仿真不同的是，稳态仿真更强调平稳状态下系统的运行特征，这就需要消除初始状态和随机因素的影响。

相对于终态仿真侧重于通过增加仿真次数 n 来降低随机因素的影响，稳态仿真更强调通过延长仿真时间 m 来消除随机因素和初始状态的双重影响。

对于一个非终态型仿真而言，并没有终止事件或终止条件，因此其运行时间可以持续很久，那么对于随机变量输出序列 Y_1，Y_2，…，Y_m 而言，当 $m\to\infty$ 时，有 $P\{Y_m\leqslant y\}=F_m(y)\to F(y)=P\{Y\leqslant y\}$，即当运行时间足够长的时候，$Y_1$，$Y_2$，…，$Y_m$ 的统计分布收敛

于分布 F 并趋于稳定，此时获得的分布参数 θ' 高度收敛于分布 F 的参数 θ，此时 m 就是仿真模型的终止条件。严格来说，超过 m 的仿真都是无意义的浪费。

8.4.1　预热期与重复仿真-删除法

在稳态仿真中，预热期的影响同样重要，一来是受初始状态的存在，稳态仿真需要经过相对较长的仿真时间才能消除初始状态对总体输出的影响，而设定预热期则可能很大程度上降低初始状态的影响，从而实现降低仿真时长 m 的效果，这对于复杂仿真模型尤其重要，因为此类模型的运算速度较慢，维持长时间的仿真过程，需要花费较高的时间成本；二来是从理论上来说，仿真时长 m 不可能无限延长，因此最终获得的输出统计分析的结果也就不可能十分精确，而设定预热期，则可以实现输出变量序列更高效地收敛于稳态分布 F。

如果设定预热期的长度为 l，则对于总长度为 m 的仿真过程，样本平均值的计算公式为

$$\overline{Y}(m,l)=\frac{\sum_{i=l+1}^{m}Y_i}{m-l} \tag{8-4}$$

式中，$1\leqslant l\leqslant m$。

一次足够长的仿真是不是就可以消除随机数的影响呢？答案当然是否定的，因为在一次仿真中，会持续地使用固定的一个或多个随机数流，而随机数流是伪随机的，仿真运行时间的延长非但不能消除这种伪随机性，而且对于复杂系统仿真而言，因为需要使用大量随机数，仿真时间过长很有可能触发随机数流的循环特征，因此从这两方面来说，一次仿真所获得的输出序列的独立性是难以保证的，因此需要进行多次仿真（仿真次数 $n\gg 1$）。

在 n 次仿真过程中，每一次都需要设定相同的预热期，即每一次都需要删除仿真过程中前期固定时长的输出变量值，这种方法称为“重复仿真-删除法”（replication/deletion approach）。

运用重复-删除法更精确地构建输出变量的置信区间，是基于 n 次仿真过程，且每次仿真时长 m 相对较短，在去除最初的 l 个观测值之后，获得 $\overline{Y}(m,l)$。

如果基于一次长时间的仿真过程，即 $n=1$，m 较大的情况，是否也可以构建较为精确的置信区间呢？答案是肯定的，这就需要采用批-均值法（batch-means method）。所谓批-均值法，就是将一次仿真过程所获得的随机变量输出序列进行切分，形成 s 个长度为 k 的批，则有 $m=sk$，$\overline{Y}_j(k)$ 是第 j 个批的算术平均数，当 k 足够大的时候，则新形成的数列 $\overline{Y}_1(k),\overline{Y}_2(k),\cdots,\overline{Y}_s(k)$ 是统计无关的，由其计算出来的置信区间也满足精度要求，更重要的一点是批-均值法不需要预热期，即 $l=0$。应该指出的是，一般来说批-均值法需要的运行长度 m 会超出重复仿真-删除法，且潜在触发随机数流循环的特征，具体使用过程中，还需要具体问题具体分析。

相对来说，重复仿真-删除法具有更广泛的应用空间。随着并行计算技术的发展，在多台计算机上并发进行仿真，或者在一台计算机上进行多任务仿真，都为重复仿真-删除法提供了低成本的运行环境。相对于批-均值法而言，重复仿真-删除法所需要的运行时长 m 相对较小，即使扣除 l 时长的运行成本，总体成本和效率也更具竞争性，因而获得更广泛的应用。

在参数 m 足够大且固定的情况下，应用重复仿真-删除法的最大问题是如何确定参数 l 的取值，以使得 $E[\overline{Y}(m,l)]\approx\mu_i$，这类方法有很多种，本书中我们只介绍一种简单而常用

的方法，该方法由 Welch 提出。具体步骤如下：

1）进行 n 次仿真，每次运行长度为 m，获得随机变量 Y 的观测值序列 Y_{ji}，$j=1,2,\cdots,n$；$i=1,2,\cdots,m$：

$$\begin{matrix} Y_{11} & \cdots & Y_{1i} & \cdots & Y_{1m} \\ Y_{21} & \cdots & Y_{2i} & \cdots & Y_{2m} \\ \vdots & & \vdots & & \vdots \\ Y_{n1} & \cdots & Y_{ni} & \cdots & Y_{nm} \end{matrix}$$

2）针对上面观测矩阵的每一列，计算 $\overline{Y}_i = \dfrac{\sum_{j=1}^{n} Y_{ji}}{n}$。

3）计算基于参数 w 的移动平均值 $\overline{Y}_i(w)$，其计算方法如下：

$$\overline{Y}_i(w) = \begin{cases} \dfrac{\sum_{s=-w}^{w} \overline{Y}_{i+s}}{2w+1} & i = w+1,\cdots,m-w \\ \dfrac{\sum_{s=-(i-1)}^{i-1} \overline{Y}_{i+s}}{2i-1} & i = 1,\cdots,w \end{cases}$$

式中，w 称为窗口，是一个满足 $w \leqslant \lfloor m/4 \rfloor$ 的正整数。w 的作用是将紧邻的 w 个观测值取平均值，例如当 $w=1$，$i>w$ 时，则 $\overline{Y}_i(1) = \dfrac{\overline{Y}_{i-1}+\overline{Y}_i+\overline{Y}_{i+1}}{3}$，当 $w=2$，$i>w$ 时，则 $\overline{Y}_i(1) = \dfrac{\overline{Y}_{i-2}+Y_{i-1}+\overline{Y}_i+\overline{Y}_{i+1}+\overline{Y}_{i+2}}{5}$，以此类推。

4）绘制 $\overline{Y}_i(w)$ 的折线图，$i=1,2,\cdots,m-w$，在图中确定曲线收敛于稳定状态时的拐点，此即为 l 的取值点。

图 8-3 记录的是随机过程序列 $\overline{Y}_i(w)$ 的折线图，可以发现当 $i=24$ 的时候，曲线变化趋于平稳，此时可选择 $l=24$，即为所求。

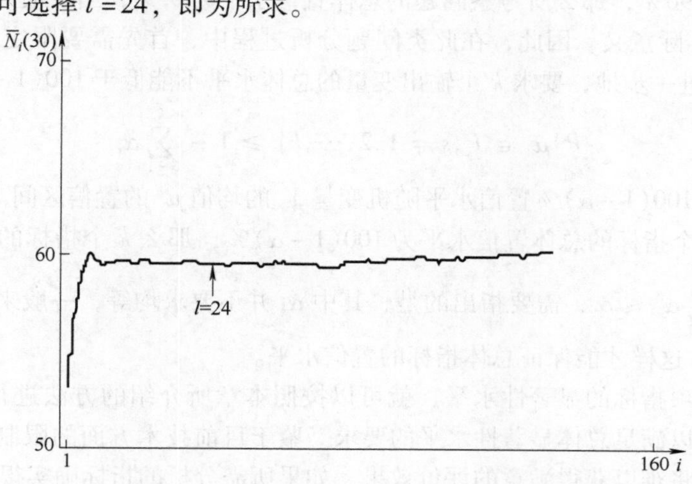

图 8-3　使用移动平均法确定 l 的取值（摘自 A. M. Law 的著作《仿真建模与分析》第 5 版）

值得指出的是，由于 Welch 方法借助于观察，因而可能存在误判的风险，尤其在 m 不够大的时候，由于得不到更多的趋势信息，因此发生错误的可能性是比较高的，这就要求在允许的情况下，尽量选择大的 m 的取值，或者借助其他方法进行验证。另外，当确定的 l 值与 m 相差不大的时候，也需要进一步增加仿真时长 m 的值，以确认未来趋势是稳定的。

8.4.2 均值估计

对于稳态仿真问题，我们可以使用重复-删除法估计输出随机变量的均值 $\mu = E(Y)$。假设对仿真模型运行 n 次，每次运行长度为 m，依据上述 Welch 方法确定预热期长度为 l，$m \gg l$，则可获得第 j 次仿真的均值 Y_j 为

$$Y_j = \frac{\sum_{i=l+1}^{m} Y_{ji}}{m - l}, \quad j = 1, 2, \cdots, n$$

则总的样本均值为

$$\overline{Y}(n) = \frac{\sum_{j=1}^{n} Y_j}{n}$$

那么，关于 μ 的 $100(1-\alpha)\%$ 置信区间为

$$\left(\overline{Y}(n) \pm t_{n-1,1-\alpha/2}\sqrt{\frac{S^2(n)}{n}}\right)$$

8.5 多重指标分析

以上我们更多地分析了单个输出变量的统计分析方法，而对于现实问题，我们需要同时考察多个指标，例如，一个模型有 k 个输出变量 Y_1，Y_2，…，Y_k，如果要求每一个变量的置信水平均为90%，那么所考察问题的总体置信水平为 0.9^k，当 k 很大的时候，$0.9^k \approx 0$，这就失去了实际意义。因此，在此类问题分析过程中，首先需要限定总体的置信水平 $100(1-\alpha)\%$，进一步地，要求 k 个输出变量的总体水平不能低于 $100(1-\alpha)\%$，即

$$P\{\mu_s \in I_s, s = 1, 2, \cdots, k\} \geqslant 1 - \sum_{s=1}^{k} \alpha_s$$

式中，I_s 为满足 $100(1-\alpha)\%$ 置信水平随机变量 Y_s 的均值 μ_s 的置信区间。

如果对于 k 个指标的总体置信水平为 $100(1-\alpha)\%$，那么 k 个指标的总显著性水平不能超过 α，即 $\sum_{s=1}^{k} \alpha_s \leqslant \alpha$，需要指出的是，其中 α_s 并不要求均等，一般来说，越重要的指标 α_s 应该越小，这样才能保证总体指标的置信水平。

确定了各分项指标的显著性水平，就可以按照本章所介绍的方法进行输出变量分析，所得到的结果可以满足总体显著性水平的要求。鉴于目前技术方面的限制，指标 k 的取值不宜过大，否则将难以获得满意的评价效果，如果所需分析的指标确实很多，例如 $k>10$，那么只能通过降低总体置信水平实现，解决这个问题，还需要统计工作者开发新的技术和

新的方法。

思 考 题

1. 使用不同的随机数，仿真输出数列是彼此独立的吗？为什么？

2. 仿真输出分析的理论依据是中心极限定理，试着了解中心极限定理的应用条件，并研究加油站模型中顾客平均排队时间、队列平均长度、顾客在系统中的总逗留时间等输出指标是否服从正态分布。

3. 对于一个仿真模型，是仿真运行的长度（length）重要，还是仿真次数（replication）更重要？为什么？举例说明。

4. 如果研究一个系统的稳态特征，除了延长仿真长度（length），还有没有其他的办法？应如何处理？

5. 预热期长度 l 的计算方法有哪几种？建立一个简单的模型，比较各种方法的差异，并分析为什么存在差异。

第9章 系统方案比较及优化

在现实世界中，系统的问题改进方案往往不止一个，多个方案的择优过程具有技术上的复杂性，本章将就系统方案比较和选择，以及相关的优化技术进行讨论。

9.1 综述

针对一个现实系统，可以建立一个模型，然后通过设置不同的参数设定多个试验方案（experiments or designs），通过考察多个方案的输出来决定各种方案的优劣，使用这种方法，仿真模型只有一个。

还有另外一种情况，就是针对一个问题，需要建立多个仿真模型，这主要是由于新系统架构的不同或者流程逻辑的不同，使得一个仿真模型不能反映新方案的思路。多个仿真模型的，每一个模型又可能有多个实验方案。

以上两种情况，都是针对一个现实系统或者一个问题的，所有实验方案构成备选方案集，每一个方案都是系统的可行解，且彼此之间是排他性的（exclusive），我们统称这些方案为备选方案（alternatives）。从备选方案中选择最符合目标函数的方案，就是方案选择，由此使用的相关技术称之为优化技术。

在设计和运用优化技术的时候，需要考虑几个问题：

首先，由于仿真过程中掺杂了多个变量的随机因素，因此只有消除仿真输出结果的随机性，才能进行方案的直接比较，否则容易得出错误的结论。

其次，对于现实中的很多问题，可行解往往数量很多，例如对于生产车间，如果有5道工序，每道工序都有一个暂存区（buffer），如果每个暂存区的容量大小的取值有5种可能，那么可行方案的总数量就是 $5^5=3125$，如果每个暂存区的数量有10种可能的取值，那么就有 $5^{10}=9765625\approx10^7$ 个方案，如此庞大的数量，从中找到最优方案的成本是可想而知的。另一方面，往往存在这种情况，可能排名前5%或者10%的方案，在目标值（例如，生产车间暂存区设置和管理的成本）的差异很小，此时只需保证满足一定的精度要求（保证所得方案排名前5%）即可，无须找到最优解。

最后，对于管理决策而言，需要的不是找到最优解，而是找到一个最优解集，其中包含多个解，其相对于该解集之外的其他可行解来说，最优解集中的解都是更优的。

上述情况的目标不同，因而所使用的优化方法也是不同的，本章也将就此内容进行简单的论述。

9.2 方案比较方法

从诸多方案中选择那个最好的方案，是仿真分析的目的，围绕方案选优的技术有很多种，本书将重点介绍几种有代表性的方法和类型。由于方案比选很大程度上基于置信区间进行，因此要求仿真输出结果更具稳定性和全面性，因此对于稳态仿真而言，这类方法更有效果。

9.2.1　两个方案的比较

一般而言，比较方案之间的优劣，不宜直接比较两个方案输出指标的均值，因为两个方案的输出指标可能相互不独立，且两个方案的样本量不同，精度也不同，直接比较二者均值不符合统计学的理论要求，因而容易得到错误的结论。

这里所说的两个方案的比较，可以是现实系统方案与新规划方案之间的比较，也可以是两个新规划方案之间的比较。现实系统方案的样本量是现实过程中积累的数据，数量较少，而新规划方案则可以通过仿真获得更多的采样数据，因而二者比较的方法也有所不同。

对于两个方案的比较，常使用计算二者均值差的方法进行。

1. 配对检验法

针对一个现实问题，存在两个方案 A_1 和 A_2，建立仿真模型，分别仿真获得随机观测数列 X_{11}，X_{12}，…，X_{1,n_1}和 X_{21}，X_{22}，…，X_{2,n_2}，其中 n_1 和 n_2 不必相等。μ_1 和 μ_2 分别是两个方案的数学期望，我们希望建立关于 $\xi=\mu_1-\mu_2$ 的置信区间，而不必考虑 X_{1j}和 X_{2j}是否相互独立。

当 $n_1=n_2$ 时，令 $n=n_1=n_2$；当 $n_1\neq n_2$ 时，令 $n=\min\{n_1,n_2\}$，由此可以构建 n 对 X_{1j} 和 X_{2j}，定义变量 $Z_j=X_{1j}-X_{2j}$，$j=1, 2, \cdots, n$，则 Z_1，Z_2，…，Z_n 是独立同分布的随机变量，且 $E(Z_j)=\xi$，于是有

$$\overline{Z}(n)=\frac{\sum_{j=1}^{n}Z_j}{n}$$

$$S^2(n)=\frac{\sum_{j=1}^{n}[Z_j-\overline{Z}(n)]^2}{n-1}$$

且 $100(1-\alpha)\%$ 置信水平下的置信区间为

$$\left(\overline{Z}(n)\pm t_{n-1,1-\alpha/2}\sqrt{S^2(n)}\right)$$

需要指出的是，使用上述方法，不要求 X_{1j} 与 X_{2j} 彼此独立，也不要求 $\mathrm{Var}(X_{1j})=\mathrm{Var}(X_{2j})$。如果 X_{1j}与 X_{2j}基于相同的随机数流，则 X_{1j}与 X_{2j}具有正相关性（positive correlation），这个特性可以帮助降低 $\mathrm{Var}(Z_j)$的值，从而缩小 $\xi=E(Z_j)$的置信区间长度。以上方法称之为配对检验法（paired-t approach）。

对于 $Z_j=X_{1j}-X_{2j}$的情况，方案比选的判别法则如下：

1）若置信区间$(\overline{Z}(n)\pm t_{n-1,1-\alpha/2}\sqrt{S^2(n)})$包含零值（contains zero），可认为使用当前验证法，无法获得 X_{1j}与 X_{2j}存在显著差异的结论。

2）若$(\overline{Z}(n)\pm t_{n-1,1-\alpha/2}\sqrt{S^2(n)})$不包含零值，且置信区间的上下界均小于零，可认为 X_{1j}与 X_{2j}存在显著差异，X_{1j}整体上小于 X_{2j}，对于极小化问题而言，X_{1j}对应的方案就是

更优的方案。

3）若$(\overline{Z}(n) \pm t_{n-1,1-\alpha/2}\sqrt{S^2(n)})$不包含零值，且置信区间的上下界均大于零，可认为$X_{1j}$与$X_{2j}$存在显著差异，$X_{1j}$整体上大于$X_{2j}$，对于极大化问题而言，$X_{1j}$对应的方案就是更优的方案。

2. Welch 法

现有两个方案A_1和A_2，分别仿真获得随机观测数列X_{11}，X_{12}，…，X_{1,n_1}和X_{21}，X_{22}，…，X_{2,n_2}，其中$n_1 \neq n_2$，假设X_{1j}与X_{2j}相互独立且均服从正态分布，则有

$$\overline{X}_1(n_1) = \frac{\sum_{j=1}^{n_1} X_{1j}}{n_1}, \overline{X}_2(n_2) = \frac{\sum_{j=1}^{n_2} X_{2j}}{n_2}$$

$$S_1^2(n_1) = \frac{\sum_{j=1}^{n_1}[X_{1j} - \overline{X}_1(n_1)]^2}{n_1 - 1}, S_2^2(n_2) = \frac{\sum_{j=1}^{n_2}[X_{2j} - \overline{X}_2(n_2)]^2}{n_2 - 1}$$

自由度的估计值$\hat{f}$为

$$\hat{f} = \frac{[S_1^2(n_1)/n_1 + S_2^2(n_2)/n_2]^2}{[S_1^2(n_1)/n_1]^2/(n_1-1) + [S_2^2(n_2)/n_2]^2/(n_2-1)}$$

则对于$\xi = E(X_{1j} - X_{2j})$而言，$100(1-\alpha)\%$置信水平的置信区间为

$$\left(\overline{X}_1(n_1) - \overline{X}_2(n_2) \pm t_{\hat{f},1-\alpha/2}\sqrt{\frac{S_1^2(n_1)}{n_1} + \frac{S_2^2(n_2)}{n_2}}\right)$$

Welch 法的检验规则与配对检验法的相似，不再赘述。

3. 配对检验法与 Welch 法的选用规则

➢ 配对检验法要求两个方案的观测数据量$n_1 = n_2$，但是不要求X_{1j}与X_{2j}相互独立。

➢ Welch 法允许$n_1 \neq n_2$，但是要求X_{1j}与X_{2j}相互独立。

➢ 无论使用哪个方法，都建议在仿真过程中使用相同的随机数（common random numbers，CRN），这样可以降低$\mathrm{Var}(Z_j)$的值，从而收窄置信区间长度。

9.2.2 多方案比较

对于多方案比较的情况，仍需使用置信区间法（confidence-interval approach）。为了满足总体置信水平（overall confidence interval），我们需要使用 Bonferroni 不等式（Bonferroni inequality）限定每个置信区间的置信水平，例如，当总体置信水平设定为$1-\alpha$时，如果要求c个置信区间有相同的置信水平，则每个置信区间的置信水平都应限定在$1-\alpha/c$，这在第 8 章中已经介绍过。

对于多方案比较的情况，本书主要介绍标准比较法。所谓标准比较法，就是选定一个标准方案（standard），这个方案可以是现行方案或政策。

我们将标准方案编号为 1，那么其他方案顺序编号为 2，3，…，k，采用前面介绍的配对检验法或者 Welch 方法，就可构成$k-1$个置信区间，分别基于$\mu_2-\mu_1$，$\mu_3-\mu_1$，…，$\mu_k-\mu_1$，具有$1-\alpha/(k-1)$的置信水平。然后分别研究每个置信区间是否包含零值，如果

不包含零值，则说明该方案与标准方案有差异；如果包含零值，则可以认为该方案与基准方案没有显著差异。

经过这样的筛选，总会从 $k-1$ 个比较方案中选择出数量不等的优异方案，然后从中再设定一个基准方案，重复以上的步骤，最终找到最优方案。

9.3 排序与选择方法

排序和选择（Ranking & Selection，RS）是对于多个互斥方案进行排序，并从中找到一个（或多个）最优方案的方法。RS 方法是一种思路，RS 方法有很多种，本章只介绍两种有代表性的方法，两阶段法和 OCBA 方法。

假设关于一个现实问题有 n 个方案，每个方案的数学期望为 μ_1，μ_2，…，μ_n，将 μ_1，μ_2，…，μ_n 按照升序（或者降序）排列，得到 $\mu_{(1)}$，$\mu_{(2)}$，…，$\mu_{(n)}$，如果我们的目标是寻求最小值，那么 $\mu_{(1)}$ 及其所对应的方案即为所求。这就是 RS 方法的设计思路。

事实上，我们通过仿真获得的只是每个方案的样本均值 $\overline{X}_1$，$\overline{X}_2$，…，$\overline{X}_n$，由于样本均值中包含了不确定因素，因而很难保证所选择的“最优解”一定是正确的，这样我们就需要设立另一个指标来衡量做出正确选择的可能性，即“正确选择的概率”（probability of correct selection）$P\{CS\}$。如果设定概率 p^*，且能保证 $P\{CS\} \geqslant p^*$，那么我们就有信心认为做出了正确的选择。

9.3.1 两阶段法

通过标准比较法，需要经过多个步骤才能获得最优方案，当备选方案数量越多时，工作量越大。我们希望寻找更为简单的步骤，能够从多个方案中较为快速地找到最优方案（best designs），并且知道选择该方案的正确性的概率。

假设有 k 个方案，X_{ij} 是第 i 个方案第 j 次试验所获得的随机变量，令 $\mu_i = E(X_{ij})$，如果各个方案的仿真输出是彼此独立的，则对于 k 个方案的均值 μ_1，μ_2，…，μ_k，可以通过两阶段法实现最优方案的选取。

两阶段法的基本思路是：确定一个值 $d^* > 0$，在保持 $\mu_s - \mu_t \geqslant d^*$ 的前提下，使得做出正确选择的概率大于事先设定的基准 p^*，即 $P\{CS\} \geqslant p^*$，其中 CS 是正确选择（correct selection）的缩写。

两阶段法的算法如下：

1）对 k 个系统设计方案，分别做 $n_0 \geqslant 2$ 独立的重复仿真，求得各自的样本均值和样本方差

$$\overline{X}_i^{(1)}(n_0) = \frac{\sum_{j=1}^{n_0} X_{ij}}{n_0}$$

$$S_i^2(n_0) = \frac{\sum_{j=1}^{n_0} [X_{ij} - \overline{X}_i^{(1)}(n_0)]^2}{n_0 - 1}, i = 1,2,\cdots,k$$

计算系统方案 i 所需要的样本总量 N_i 为

$$N_i = \max\left\{n_0 + 1, \left\lceil \frac{h^2 S_i^2(n_0)}{(d^*)^2} \right\rceil\right\}$$

h 的取值与 k、p^* 和 n_0 有关，可通过表 9-1 查得。

表 9-1　两阶段法中参数 h 的取值（Wilcox 表）

p^*	n_0	k								
		2	3	4	5	6	7	8	9	10
0.9	20	1.896	2.342	2.583	2.747	2.87	2.969	3.051	3.121	3.182
0.9	40	1.852	2.283	2.514	2.669	2.785	2.878	2.954	3.019	3.076
0.95	20	2.453	2.872	3.101	3.258	3.377	3.472	3.551	3.619	3.679
0.95	40	2.386	2.786	3.003	3.15	3.26	3.349	3.422	3.484	3.539

2）对系统方案 i，再补充进行 $N_i - n_0$ 次重复仿真，得到第二阶段样本均值

$$\overline{X}_i^{(2)}(N_i - n_0) = \frac{\sum_{j=n_0+1}^{N_i} X_{ij}}{N_i - n_0}$$

则系统方案 i 总的样本均值为

$$\overline{X}_i(N_i) = W_{i1}\overline{X}_i^{(1)}(n_0) + W_{i2}\overline{X}_i^{(2)}(N_i - n_0)$$

式中，W_{i1} 和 W_{i2} 分别为不同阶段的权重，计算公式分别为

$$W_{i1} = \frac{n_0}{N_i}\left[1 + \sqrt{1 - \frac{N_i}{n_0}\left(1 - \frac{1}{n_0 S_i^2} \cdot \frac{(N_i - n_0)(d^*)^2}{h^2}\right)}\right], W_{i2} = 1 - W_{i1}$$

那么，具有总样本均值 $\overline{X}_i(N_i)$ 最小的系统设计方案，就是成本最低的系统设计方案。

9.3.2　OCBA 方法

OCBA（Optimal Computing Budget Allocation）方法是由美国乔治梅森（George Mason）大学陈俊宏（Chun-Hung Chen）教授提出的一种 RS 方法，可以显著降低仿真运算的总预算（即仿真次数）。OCBA 方法是多阶段法，可以在有限的预算内，从多个方案中选择出一个或者多个最优方案，并使得 $P\{CS\}$ 最大化。

值得指出的是，OCBA 方法解决的并不是最优方案的选择问题，而是解决在各方案之间如何分配计算能力，从而更快地获得最优方案的问题，因此，OCBA 方法提供的是寻获最优方案的辅助能力，而非直接算法。

所谓计算预算（computing budget），是指能够提供的计算能力，可以计算机使用时间（min 或 s）表示。对于仿真模型而言，无论是终态仿真还是稳态仿真，模型运行一次所花费的时间是差不多的，因此计算预算又可以简化为仿真运算次数，即 replication number。如果某问题有 100 个方案，每个方案计算 100 次，每次仿真所花费的时间是 1min，那么完成所有仿真工作就需要 10000min，折合 167h，如果模型更复杂或者方案更多（有些复杂问题，方案可能会达到数十万或数百万，当然此类问题需要借助于优化算法来解决，如启发式算法，但是即使使用优化算法，也要对其中的一部分方案进行运算），则需要花费的

预算更多，这在时间上是无法承受的，因此需要考虑计算资源的分配问题（allocation problem）。

OCBA 的设计思路是：当有多个方案进行仿真比选时，在不同方案之间差别化地分配仿真预算，使得在总预算框架下，最大化地选择正确方案；换言之，在 $P\{CS\}$ 一定的情况下，使用最小的预算，选择出正确的方案。可见，应用 OCBA 方法，可以有效降低仿真预算数额，这对于复杂系统的研究而言，具有很大的现实意义。经过验证，OCBA 方法往往可以将仿真预算降低 90% 甚至更多，因此 OCBA 方法一经提出，就获得广泛的关注。

OCBA 方法出现以前，仿真预算的分配方法主要有两种，即平均分配法和方差比例法。

➢ 平均分配法。如果总预算为 T，共有 k 个方案，则每个方案获得的仿真次数是相等的，都是 $N_i = \dfrac{T}{k}$，$i=1, 2, \cdots, k$。

➢ 方差比例法。两阶段法中所使用的就是这种分配方法。第一阶段，所有仿真方案都运行 n_0 次，在第一阶段得到的样本方差 S_i^2 的基础上，计算每个方案所需的总仿真次数 $N_i = \max\left\{n_0+1, \left\lceil \dfrac{h^2 S_i^2(n_0)}{(d^*)^2} \right\rceil\right\}$，$i=1, 2, \cdots, k$。使用这种方法，样本方差 S_i^2 与 N_i 成正比，即某个方案的样本方差越大，其获得的仿真次数越多，而仿真次数越多，有助于降低样本方差，进而提高样本均值的置信水平，从而有助于做出正确的选择。

OCBA 方法认为，只有给那些有价值的方案分配预算才是合理的预算分配方案，对于没有价值的方案，即使其方差再大，均值再不精确，也不应再继续分配仿真能力，否则就是浪费计算资源。

例如，现有 5 个方案，经仿真后，获得 99% 置信水平下的置信区间，如图 9-1 所示。

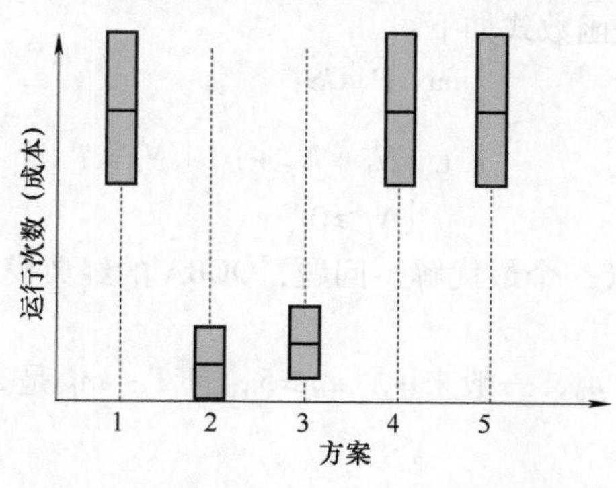

图 9-1　n_0 次仿真后 99% 置信水平下多个方案的置信区间比较

从图 9-1 中可以看出，方案 1、4、5 的样本方差范围较大，而方案 2 和 3 的则比较小，如果按照方差比例法，则需要给予方案 1、4、5 更多的计算资源，而方案 2 和 3 将分配较少的计算资源。但是应该看到，给予更多的仿真计算，只能缩短置信区间的长度，对于样本均值来说却不会有显著变化，因此，即使给予方案 1、4、5 更多的计算资源，这三个方案的均值都不会有太大的变化，而这三个方案的置信区间完全高于方案 2 和 3 的置信区间且没有重叠，也就是说，方案 1、4、5 无论如何提高置信水平，其置信区间都不可能与方案2和3的重叠，即方案1、4、5的均值99%地高于方案2和3的均值中的任何一个。这在目标最小化的问题中，已经说明方案2和3处于完全优势地位，因此接下来只需要比较方案2和方案3即可，更多的仿真资源需要投向方案2和方案3，而方案1、4、5无须再进行任何计算。

以上分析就是OCBA理论的核心假设，可以看到上述问题中，OCBA可以实现更有效的资源分配，从而可以大幅度降低整体计算资源的要求。

应用OCBA方法，可以从诸多备选方案中选择一个最佳方案，也可以从中选择排名最前面的m个方案（称为优化集，optimal subset）。这里我们只介绍第一种算法，感兴趣的读者可以阅读陈俊宏教授的专著《STOCHASTIC SIMULATION OPTIMIZATION：An Optimal Computing Budget Allocation》。

为讨论需要，首先对相关标号做出说明：

T：拥有的总预算，即总的仿真次数；

k：方案数量；

Δ：各个阶段分配的预算增量；

l：迭代次数，$l=1，2，\cdots$；

N_i^l：方案i在第l轮迭代所分配的仿真次数，$i=1，2，\cdots，k$；

N_b：方案i的最优仿真运行次数，即最优解；

$L(\theta_i,\omega_{ij})$：方案i的仿真输出，相当于本书中所说的Y_i；

θ_i：方案i中所有的决策变量，仿真函数中的输入变量，即决策变量（decision variable）；

ω_{ij}：方案i在第j次运算过程中的随机性（randomness）；

$\bar{J}_i$：方案i的样本均值。

OCBA-PCS问题的标准函数式如下：

$$\max_{N_1,\cdots,N_k} P\{CS\}$$

$$\text{s. t.} \begin{cases} N_1+N_2+\cdots+N_k=T \\ N_i \geqslant 0 \end{cases}$$

针对多方案选择最优（一个最优解）问题，OCBA的经典模型（classical model）算法如下：

（1）输入：k、T、Δ、n_0，一般来说，$n_0 \geqslant 5$，且$T-kn_0$是Δ的整数倍。

（2）初始化：

1）$l \leftarrow 0$；

2）对所有方案，仿真运行n_0次并统计仿真输出，即$N_1^l=N_2^l=\cdots=N_k^l=n_0$。

（3）循环：当$\sum_{i=1}^{k} N_i^l < T$时，执行：

1）使用当前已有仿真输出$L(\theta_i,\omega_{ij})$，计算样本均值$\bar{J}_i=\frac{1}{N_i^l}\sum_{j=1}^{N_i^l} L(\theta_i,\omega_{ij})$，以及样本标准差$S_i=\sqrt{\frac{1}{N_i^l-1}\sum_{j=1}^{N_i^l}[L(\theta_i,\omega_{ij}-\bar{J}_i)]^2}$，$i=1，2，\cdots，k$。

2）令 $b=\arg\min_i \bar{J}_i$，即最小的 $\bar{J}_i$ 所对应的下标 i。例如，如果 $\bar{J}_2<\bar{J}_3<\bar{J}_1$，则 $b=2$。

（4）分配：新增仿真预算为 Δ，将其合理分配给所有方案（有些方案可能分配到零值），依照下式计算 N_1^{l+1}，N_2^{l+1}，…，N_k^{l+1} 的值：

1）$\dfrac{N_i^{l+1}}{N_j^{l+1}}=\left(\dfrac{S_i\ (\bar{J}_b-\bar{J}_j)}{S_j\ (\bar{J}_b-\bar{J}_i)}\right)^2$，$i\neq j\neq b$

2）$N_b^{l+1}=S_b\sqrt{\sum\limits_{i=1,i\neq b}^{k}\left(\dfrac{N_i^{l+1}}{S_i}\right)^2}$

（5）仿真：

1）对每个方案执行增量仿真，增量次数为 $\max\{N_i^{l+1}-N_i^l,0\}$；

2）$l\leftarrow l+1$；

3）返回第（3）步，继续执行。

需要指出的是，虽然 OCBA 方法是以 $\bar{J}_i\sim N\left(\mu_i,\dfrac{\sigma_i^2}{N_i}\right)$ 为假设进行深入研究的，斯坦福大学的 Peter Glynn 教授却证明了即使该条件不成立，OCBA 方法仍然有效，这就为 OCBA 方法提供更健壮（也称鲁棒性，robust）的应用环境。有兴趣的读者可以阅读相关文献。

9.4　方差消减技术

仿真系统分析的正确性依赖于输出分析的精度，而输出分析的精度依赖于置信区间的宽度，即半长 δ 的大小。

半长的计算公式为 $\delta=t_{n-1,1-\alpha/2}\sqrt{\dfrac{S^2}{n}}$，从中可以看出，如要减小半长 δ 的值，一是降低样本方差 S^2 的值，二是增加仿真次数 n 的值。

通过增加仿真次数 n 的值，不仅可以增加分母的值，也可以减少样本方差 S^2 的值，因为 $\text{var}[\bar{Z}(n)]=\dfrac{\text{var}(Z_j)}{n}$，因此不难理解，为什么一次运行仿真模型的结果不能作为分析的基础，而需要多次运行。按照样本采样的要求，n 至少不低于 20 或者 50。透过半长 δ 的计算公式可以看到，如果半长减少为原来的 50%，则 n 需要是原来的 4 倍。

那么，除了通过增加仿真次数 n 的值，还有没有其他更有效的办法呢？方差消减技术（variance-reduction techniques，VRT）就是研究如何将方差进一步压缩，以达到降低半长的目的。本节将介绍几种主要的方差消减技术。

9.4.1　公共随机数法

公共随机数法（common random numbers，CRN），用于两个及两个以上方案的对比分析。公共随机数法是目前应用最广泛的一种方差消减技术。

公共随机数法的设计思路是这样的：当在进行两个方案的独立仿真时，如果使用完全相同的随机数流 R，由于不同方案都基于一个模型，只是输入变量的参数配置不同而已，所以输出变量 X_{1j} 和 X_{2j} 与随机数流 R 是同步变化的，换言之，X_{1j} 和 X_{2j} 是正相关的，即在趋势上同增或同减，这在统计学上称为正相关（positive correlation），存在正相关的两个随机变量X_{1j}和X_{2j}，其差值$Z_j=X_{1j}-X_{2j}$就可以消除一部分随机性的影响，从而具有较小的方差。

令$Z_j=X_{1j}-X_{2j}$，则有

$$\mathrm{var}[\overline{Z}(n)]=\frac{\mathrm{Var}(Z_j)}{n}=\frac{\mathrm{Var}(X_{1j})+\mathrm{Var}(X_{2j})-2\mathrm{Cov}(X_{1j},X_{2j})}{n}$$

若X_{1j}和X_{2j}彼此独立，说明$\mathrm{Cov}(X_{1j},X_{2j})=0$，则$\mathrm{Var}(Z_j)=\mathrm{Var}(X_{1j})+\mathrm{Var}(X_{2j})$；

若X_{1j}和X_{2j}正相关，说明$\mathrm{Cov}(X_{1j},X_{2j})>0$，则$\mathrm{Var}(Z_j)<\mathrm{Var}(X_{1j})+\mathrm{Var}(2_{2j})$；

若X_{1j}和X_{2j}负相关，说明$\mathrm{Cov}(X_{1j},X_{2j})<0$，则$\mathrm{Var}(Z_j)>\mathrm{Var}(X_{1j})+\mathrm{Var}(X_{2j})$。

因此正相关的统计特性，可以有效降低$Z_j=X_{1j}-X_{2j}$的方差。

仿真模型中使用的随机数发生器，如线性同余法，只要算法和种子值确定不变，总能产生完全一样的随机数流，虽然这样的随机数是伪随机的，但是这个劣势在方差缩减技术中就变成了优势。

虽然从理论上说，公共随机数法是可行的，但是从来没法证明它的有效性，实际运用过程中，既有改善的情况，也有无效的情况，针对不同的模型也会有不同的效果。

造成这种情况的原因主要是在仿真过程中，并不能保证随机数流的完全同步，这主要有以下几种可能：

1）当不同的方案使用不同的模型，这种情况下模型结构是不同的，即使使用完全相同的随机数流，由于随机数消耗的速度不同，两个方案的输出变量X_{1j}和X_{2j}的随机特征不同步（non-synchronization），因而相关性不稳定，或者比较弱。例如，两个方案代表不同的加工工艺，工艺顺序和工艺数量不同，那么对于第i个零部件的加工时间，会使用同一个随机数流中不同位置的随机数，这就不是同步的了。

2）使用同一个模型的不同方案，如果处理流程或逻辑稍有差异，随机数的消耗速度也会不同步，X_{1j}和X_{2j}的相关性也许会不稳定，从而破坏理论提前。例如，当我们在两个模型中生成服务时间变量，如果第一个模型的服务时间服从正态分布，而第二个服从均匀分布，如果生成正态分布随机变量需要使用两个随机数，而生成均匀分布变量只需要使用一个，如果使用同一个随机数流，消耗速度肯定不同，如果第一个模型中引入第二个随机数流，那么又多了一个随机因素源，也会破坏同步性。

3）由于模型特征因素，即使使用同一个随机数流，但是实际发生的也有可能是负相关，这样非但不能减少还会增加样本方差值，这就完全违背了CRN的设计初衷。例如，针对特定的模型，特定的随机数发生器，这种情况有可能会发生。

鉴于以上可能出现的情况，在使用CRN方法之前，需要首先检验模型的情况，预判两个方案的运行对随机数的消耗是否节奏相同；是否可以调整仿真模型的编码，以保证同步性的要求；或者通过试运行，检验随机数变化对输出变量的影响是否完全一致。

特别地，当进行n次仿真的时候，如果每次仿真的终止条件各不相同，那么也很难保持同步性，这在终态仿真和稳态仿真中都有可能出现。

9.4.2 对偶变量法

对偶变量法（Antithetic Variates，AV）主要应用于对单个系统的性能测度进行分析的

情况。对偶变量法也是利用了随机变量的相关性特征。

设随机数 $U \sim U(0,1)$，则 U 与 $1-U$ 具有负相关性，即一个增加，另一个一定减少。对于一个方案而言，分别使用 U 与 $1-U$ 两个随机数流各自进行独立的仿真，U 与 $1-U$ 一定是完全同步的，因此分别使用 U 与 $1-U$ 获得的仿真输出 X_j' 和 X_j''，具有负相关性。

令 $X_j = \dfrac{X_j' + X_j''}{2}$，则 $E(X_j) = E(X_j') = E(X_j'') = E[\overline{X}(n)] = \mu$，此外有

$$\mathrm{Var}[\overline{X}(n)] = \frac{\mathrm{Var}(X_j)}{n} = \frac{\mathrm{Var}(X_j') + \mathrm{Var}(X_j'') + 2\mathrm{Cov}(X_j', X_j'')}{4n}$$

由于 X_j' 和 X_j'' 是负相关的，因此总体方差得到降低。

虽然对偶变量法解决了同步性的问题，但是由于仿真模型中随机变量服从的分布并不是线性的，因而 U 与 $1-U$ 的互补性并不能线性体现，使用 U 与 $1-U$ 生成的随机变量 X_j' 和 X_j'' 在数值上的差异可能非常巨大，尤其是 U 与 $1-U$ 一个足够小，而另一个足够大的时候，尤其明显。

另外，更为重要的是，如果随机变量的分布函数不是单调的，则可能会出现 U 增加的时候，X_j' 的值增加，而相应 $1-U$ 减少的时候，X_j'' 的值也增加的情况。例如，在图 9-2 所示正态分布中，当 U 增加的时候（从 a_1 增加到 a_2），X_j' 的取值是增加的，与此同时 $1-U$ 是减少的（从 b_2 减少到 b_1），X_j'' 也是增加的。显然，此时 X_j' 和 X_j'' 不满足负相关的假设。

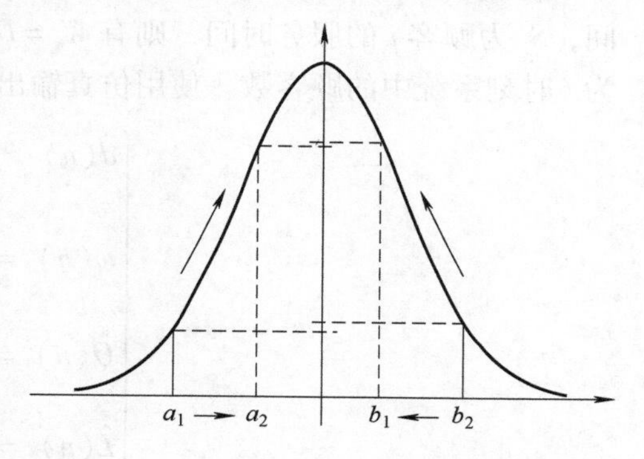

图 9-2　非单调函数的对偶变量法趋势分析

9.4.3　其他方法

除了公共随机数法和对偶变量法之外，我们再介绍其他几种比较有影响的方法。

1. 控制变量法

控制变量法（control variates）也是借助两个变量之间的相关性特征，比较随机变量 X 与已知变量 Y 之间的相关性，通过已知变量 Y 的统计特征，研究和分析变量 X 的统计特征。

例如，对于银行营业厅系统，拟研究顾客平均排队时间 X，以便对该系统进行优化。同时，经过长期的研究，我们已经准确了解顾客平均服务时间 Y。经过分析，可以得知 X 与 Y 是正相关的。围绕该系统构建仿真模型，并运行获取仿真输出。我们希望获得 $\mu = E(X)$ 的值，由于目前已知 $v = E(Y)$ 的值，因此可以通过仿真输出顾客平均服务时间计算样本均值 $\overline{Y}(n)$ 的值，如果 $\overline{Y}(n) > v$，则可以认为仿真模型具有放大输出的能力，由此可以判定顾客平均排队时间 X 的样本均值 $\overline{X}(n) > \mu$，为了获得精确的取值，需要下调 $\overline{X}(n)$ 的取值。同样的，如果 X 与 Y 是负相关的，则需要进行方向相反的调整。

$\overline{X}(n)$ 调整的幅度可以参考 $\overline{Y}(n) - v$ 的差值，为此设定实数 a，以此控制（control）$\overline{X}(n)$ 的调整幅度，即

$$\overline{X}_c = \overline{X} - a(\overline{Y} - v)$$

若 X 与 Y 正相关，则 $a>0$；若 X 与 Y 负相关，则 $a<0$，且

$$a = \frac{\mathrm{Cov}(X,Y)}{\mathrm{Var}(Y)}$$

2. 间接估计法

间接估计法（indirect estimation）是针对排队型仿真（queueing-type simulation）提出的，由于排队系统的普遍性，间接估计法具有广阔的使用空间。

排队系统中，主要考察指标包括顾客排队时间 d、顾客在系统中的停留时间 w、队列中的顾客数量 Q 和系统中的顾客数量 L。

仿真模型输出变量中，定义 D_i 为顾客 i 的排队时间，W_i 为顾客 i 在系统中的总停留时间，S_i 为顾客 i 的服务时间，则有 $W_i = D_i + S_i$；定义 $Q(t)$ 为 t 时刻队列中的顾客数，$L(t)$ 为 t 时刻系统中的顾客数。使用仿真输出估计上述四项主要指标，有

$$\begin{cases} \hat{d}(n) = \dfrac{1}{n}\sum_{i=1}^{n} D_i \\ \hat{w}(n) = \dfrac{1}{n}\sum_{i=1}^{n} W_i \\ \hat{Q}(n) = \dfrac{1}{T(n)}\int_0^{T(n)} Q(t)\,\mathrm{d}t \\ \hat{L}(n) = \dfrac{1}{T(n)}\int_0^{T(n)} L(t)\,\mathrm{d}t \end{cases} \tag{9-1}$$

则

$$\hat{w}(n) = \hat{d}(n) + \overline{S}(n) \tag{9-2}$$

式中，$\overline{S}(n) = \dfrac{1}{n}\sum_{i=1}^{n} S_i$，且 $E[\overline{S}(n)] = E(S)$。

如果我们已经了解 $E(S)$ 的值，那么式（9-2）就可以变换为

$$\hat{w}(n) = \hat{d}(n) + E(S) \tag{9-3}$$

依据 little 公式，可得

$$\hat{Q}(n) = \lambda\,\hat{d}(n)$$

$$\hat{L}(n) = \lambda\,\hat{w}(n) = \lambda[\hat{d}(n) + E(S)] \tag{9-4}$$

式中，λ 为顾客到达率。

那么，使用式（9-4）对指标 $\hat{w}(n)$、$\hat{Q}(n)$ 和 $\hat{L}(n)$ 进行间接评估，比使用式（9-1）直接计算 $\hat{w}(n)$、$\hat{Q}(n)$ 和 $\hat{L}(n)$ 的值，误差要更小一些，使用式（9-3）和式（9-4），我们只需要估计 $\hat{d}(n)$ 就可以了，只要保证 $\hat{d}(n)$ 的精度，那么其他参数的精度就会得到保证，不仅可以减少误差水平，也可以节约时间和精力的耗费。

3. 条件法

条件法（conditioning）与间接估计法有相似之处，都是使用精确的解析解值（exact analytical value）替换估计值（estimate），从而达到降低误差的目的。

银行系统中顾客的排队时间 X 的均值为 μ，假设有另外的随机变量 Z，如果给定任何值 z，使得 $Z=z$，可以利用解析方式计算出条件期望 $E(X|Z=z)$ 的值，$E(X|Z=z)$ 是关于已知实数 z 的确定性方程，$E(X|Z)$ 是关于 Z 的随机变量，因此称之为以 Z 为条件的方法（conditioning on Z）。

因为 $\mu=E(X)=E_Z[E(X|Z)]$，所以 $E_Z[E(X|Z)]=\sum_z E(X|Z=z)p(z)$，其中 $p(z)=P(Z=z)$，进一步地，有

$$\mathrm{Var}_Z[E(X|Z)]=\mathrm{Var}(X)-E_Z[\mathrm{Var}(X|Z)]\leqslant \mathrm{Var}(X) \tag{9-5}$$

通过以上构造条件，最终实现了方差水平的降低。

使用条件法，需要注意以下约束条件：

1）随机变量 Z 的观测值易于高效获得。

2）对于一切 z 可能的取值，$E(X|Z=z)$ 易于计算。

3）$E_Z[\mathrm{Var}(X|Z)]$ 应该比较大，才能更多地缩减方差。

条件法对于小概率事件（rare event）的研究有一定的价值。但是，由于使用条件法，需要研究模型中相关变量的解析关系，因而对于模型的架构有一定的要求，并不是任何仿真模型都可以使用此方法；另外，条件法适用于单一输出变量的分析，对于多输出模式的仿真模型，此法尚待检验。

思考题

1. 当现实问题有诸多可行方案时，是否对各方案独立仿真，然后通过比较各方案的指标值（例如仓库管理的总成本）的均值，即可得出方案优劣的结论？为什么？

2. 在 Ranking & Selection 算法中，是否保证一定能够选到正确的方案？了解“做出正确选择的概率 $P\{CS\}$”的含义。

3. 了解 OCBA 对于分配 budget 的基本思想、主要步骤和计算指标。

4. 如何运用随机数流的选择控制方差的缩减？

5. 查阅资料，了解当前还有哪些方差缩减技术？主要的技术瓶颈是什么？

第10章 仿真优化工具-OptQuest介绍

10.1 OptQuest 介绍

10.1.1 OptQuest 概览

1. 认识 OptQuest

OptQuest 的工作原理是在用户建立的仿真模型中，寻找最佳解决方案，这大大增强了 Arena 的分析能力。许多仿真模型都嵌在一个具有广泛范围的决策问题中，其最终目标在一系列控制条件下寻找最佳值。例如，你可能会希望有一个模型能帮你选择一个工作人员的配置，从而优化某些性能目标。仿真模型的一个局限性在于，一般它们基本上是充当“黑箱”——只能评估确定控制条件下的模型。因此，为了使用仿真模型来评价过程性能，我们首先要明确工作人员的水平，然后运行仿真去预测特定配置的性能。

如果没有合适的工具，寻找一个仿真模型的最佳解决方案通常要求我们在一个启发式或不定期的方式中搜寻。这通常涉及运行仿真而获得初始决策变量、分析运行结果、更改变量值、重新运行仿真和重复这个过程，直到获得一个满意解。这个过程可能非常乏味和耗时，即使是为了解决一个小问题，往往不清楚如何调整从一个模拟到下一个模拟的约束条件。

通过自动搜寻最优解决方案，OptQuest 摆脱了这些局限。在 OptQuest 中描述出我们的优化问题，然后让它搜索约束条件下的最大化或最小化预定目标。此外，OptQuest 还可以用于寻找满足多约束条件的解决方案。最方便的是，我们不需要了解它使用的优化算法的具体细节。

2. OptQuest 在 Arena 中的工作原理

OptQuest 能够自动控制 Arena 来设置变量值、开始和继续仿真运行以及检索仿真结果。这两个程序之间的接口通过使用 Arena 的 COM 目标模型来实现，Arena 用户也能够使用 VBA、VB 和其他开发工具来实现。

当 OptQuest 启动后，它会检查 Arena 模型和模型的负载信息，包括用户自定义的约束与目标函数，并映射到它自己的数据库中。然后用户继续使用 OptQuest 的资源管理器来定义优化问题。

当一个优化过程在运行时，OptQuest 通过发出一个启动（start-over）命令开始仿真。接下来它会改变那些仿真方案中的约束变量值和资源容量。然后，OptQuest 指示 Arena 执行第一个循环（replication）。

Arena的重复次数依赖于我们在OptQuest建立的优先权（preference）。每次循环后，OptQuest从Arena中获取在目标函数或约束表达式中使用的响应值。这个过程会一直重复进行，直到运行完指定次数的仿真或者人为停止优化。

确定具有一组约束值的模型结果后，OptQuest使用自己的搜索算法来建立一组新的值，重复仿真过程。当我们退出OptQuest后，Arena返回模型编辑状态。请注意，因为约束变量的所有更改发生在仿真初始化之后，保留了模型原始值在Arena模块中的定义，所以它们不受OptQuest实验的影响。

有一点需要特别注意，优化的约束变量是OptQuest在仿真运行开始时建立的。如果你更改了这些模型的逻辑值，你的优化研究可能就会失效了。例如，OptQuest有一个约束变量在1和3中间取值，如果Arena模型在运行过程中给这个变量分配的是5，在剩下的运行阶段，Arena都使用这个新分配的值，而不是由OptQuest传递给它的数量。

3. OptQuest与优化算法

近年来，优化算法常用于求得含有不确定因素的复杂数学问题的最优解（或者近似最优解），而用于解决一个特定问题的优化算法常常从大量潜在的启发式方法中选取，只用到其中的一小部分算法。但现实中的复杂系统问题很难精确地用数学模型表示，而且选取的启发式方式对于该问题的有效性也有待验证。OptQuest是将这些搜索技术方法组合并嵌入到仿真软件Arena中，使得用户更加方便地将系统仿真和优化技术更好地结合应用。

10.1.2 OptQuest基本元素

1. 概念与要素

在竞争日益激烈的全球环境下，人们经常会面临许多困难的决策，例如资金有效分配、扩大生产规模、库存管理以及确定产业结构等。与此同时，每一项决策都可能会包含上千甚至上万种的备选方案。因而多数情况下，权衡其中的每一项方案就成了一件非常困难的事情，甚至是不可能完成的任务。仿真模型是对现实问题或系统的描述，它可以对现实系统的分析设计和解决提供很有意义的帮助，因为仿真模型覆盖了问题或系统所有的重要特征，并以一种较容易理解的形式表达出来，因而仿真模型的建立与分析比只依靠直觉分析，对于问题的认识和分解更加深刻。

优化模型是寻求一些数量（如利润、成本等）最大或最小化的数学模型，它通常包含有三部分：资源控制（controls）、约束条件（constraints）和目标函数（objective）。表10-1给出了优化模型的三要素。

表10-1 优化模型三要素

资源控制	Arena的变量或资源其中的任一项对于仿真的输出产生影响的有效配置范围，称为资源控制。例如：需生产的产品数量，在一个任务上可供安排的工作人员数量、运输系统中的车队规模等
约束条件	约束条件是指，资源容量之间的相互制约关系。例如：可以用一个约束条件来限制资金在某一项目上的分配额不超过一个定值，或者，一个特定工作组的某机器必须被选择使用等
目标函数	目标函数是Arena对模型中的数据进行统计，并用一个数学表达式来表示模型要达到的目标或者要求。例如：队长最小化、利润最大化等

这三者之间的逻辑关系可用图 10-1 表示。

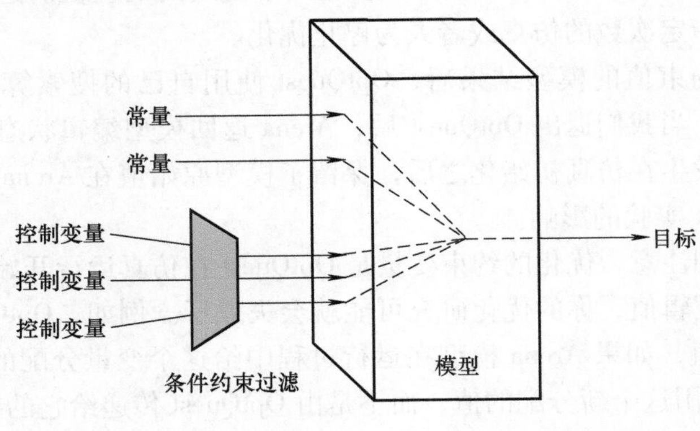

图 10-1 优化模型

优化模型的解是对应于目标函数达到最优化状态时，所对应的一组 Controls 值。如果现实世界中的所有问题都是简单且未来是可预见的，那么优化模型中的所有数据都是常数（constant），优化问题将会变得很简单，我们可以用线性规划或者非线性规划解决即可。

然而，确定型模型（参数均为常数时）不能涵盖现实决策问题的所有复杂情况。现实环境中，模型数据往往是不确定的，这种不确定性可以用概率来描述，目标函数的组成也并非一个简单的单值，而是从一个范围内以概率选择或者说服从一定的概率分布。利用 Arena 仿真可以找到概率分布的近似情况。

包含有不确定因素的优化模型除了上面的三要素之外，表 10-2 还列出了随机优化模型的相关要素。

表 10-2 随机优化模型要素

假设（Assumptions）	假设是利用基本的概率分布来表达模型数据的不确定性。对于仿真模型中的每一个随机行为，假设条件的设定就是根据现实情况选择最合适的概率分布，以此达到模拟现实世界的目的
响应（输出）（Responses）	响应即是仿真模型的输出，比如资源的利用率，排队长等。系统的每一次仿真输出都对应着一个默认的概率分布，此概率分布是根据经验设置的，且与现实世界系统较为符合
输出统计（Responses Statistics）	统计是对于仿真模型输出的数据总结与分析。比如平均值、标准差以及变异系数等。优化的目标可以是最大或最小化，也可以是对输出统计的限定。比如平均等待时间或排队长最大化

因为不确定性的出现，使得优化模型更加复杂，其过程如图 10-2 所示。

2. Arena 中的 OptQuest 方法

OptQuest 是一个普通的优化器，使得人们可以成功地将优化过程从仿真模型中分离出来。这种将元启发式算法（metaheuristic algorithm）嵌入其中的设计允许用户创建一个个性化的模型，并且可以在模型中加入尽量多的元素以精确描述现实世界。当仿真模型中加入或者吸取另外的影响因素时，优化过程不受任何影响。因此，这样就将优化过程与仿真模型的建立与分析设计严格分离出来，使得二者互不干扰，如图 10-3 所示。

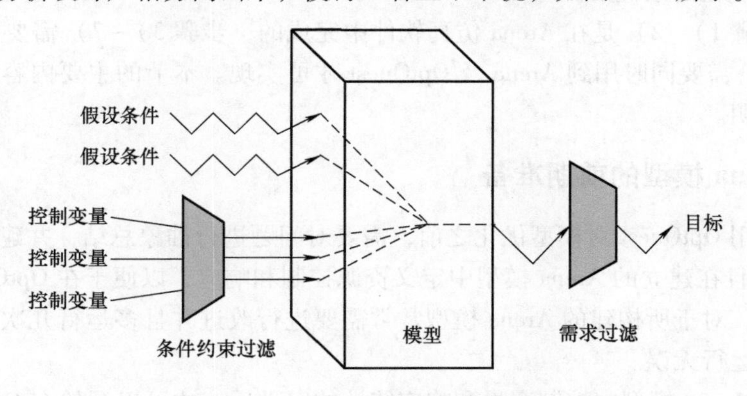

图 10-2　包含不确定性的优化模型

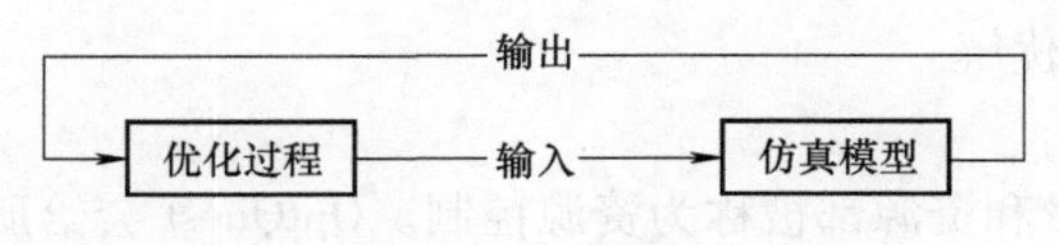

图 10-3　仿真与优化

从图 10-3 可知，OptQuest 在 Arena 中的工作机制是：优化过程（optimization procedure）将仿真模型的输出（output）进行处理，根据得到的结果评估对应于该输出结果的输入（input），分析该评估结果，并与之前的评估结果相比较，优化器会自动选择一组新的数据输入到仿真模型中。优化过程（optimization procedure）并非一味单调（monotonic search）的搜索过程，而是连续地根据评估结果得到相应的仿真模型输入值，虽然这些输入值不都能提高最后的仿真输出值，但总是可以找到最优的解决方案。该过程的结束往往是由时间限定语句来控制。

10.2　使用 OptQuest for Arena

用 OptQuest 优化仿真模型的步骤如下：

1）根据问题描述创建一个 Arena 模型。
2）完善 Arena 模型，并确保编译无误。
3）启动 OptQuest，并打开一个 OptQuest（.opt）文件。
4）建立优化模型。
5）选择优化的资源控制。
6）确定优化响应方便目标函数及约束条件表达式的编写。
7）详述所有的约束条件。
8）仔细说明优化的目标函数。
9）确定优化选项。
10）运行优化。
11）仿真优化结果的说明。

12）提取优化的最优解。

以上的步骤1）、2）是在Arena仿真软件中完成的，步骤3）~7）需要在OptQuest中实现，步骤6）需要同时用到Arena及OptQuest才可实现。本节的主要内容就围绕这些步骤详细展开说明。

10.2.1 Arena模型的前期准备

在开始使用OptQuest对模型优化之前，需要对问题进行抽象总结，并建立精确的Arena仿真模型，且在建立的Arena模型中定义资源控制和响应，以便于在OptQuest中构建优化模型。因而，对于所构建的Arena模型常常需要进行改进并且多运行几次，然后查看结果以确保模型运行无误。

在完成了Arena模型中控制变量和响应统计的定义后，才可以开始在OptQuest中的优化工作。第一步，要选择资源控制，随着优化工作的进行，它们的值会一直不断地变化，直到OptQuest找到了最优解。

1. 资源控制

Arena模型中的变量和资源都被称为资源控制。OptQuest会给所选中的资源控制赋值。若Arena模型中有任何control失效时，Arena都会与OptQuest通信。

例如，变量的递增赋值可以通过控制逻辑来实现，从而实现在系统建模中的精确描述。这样，OptQuest负责这些变量的初始化，接下来的优化过程中，控制逻辑（control logic）会使得变量以简单的方式逐渐递增。

然而，如果那些在OptQuest中已经初步设置的资源控制的赋值，被控制逻辑（control logic）改变，那么OptQuest希望得到的响应值是对应于初起所设定赋值，但是实际的响应值却反映了变化之后的控制变量赋值。

Arena模型中的任何变量都可以作为资源控制用在OptQuest优化中，变量和资源列表清单会在OptQuest Controls树结构面板中显示。但是，模型所包含的许多变量都不会在OptQuest中应用，因此有必要将用不到的资源剔除，这样会使得结果列表更加简洁，免去许多不必要的信息。

2. 响应

目标函数和约束条件，都可能会依赖于仿真的输出，也就是响应。响应是在Arena模型中所定义的输出、计数器还有变量等。

Arena模型中所有的变量都可用于构建目标函数或者约束条件的表达式。变量和其他参数均可在Responses树状结构里找到，但是其中有许多变量是不会在优化过程中用到的，因而有必要将其简化，精简掉一部分，使得结果更加清晰。

10.2.2 运行OptQuest

若Arena正在运行中，可以通过选择Tools菜单来选择OptQuest for Arena开始你的优化工作。在启动后的OptQuest界面中，可以通过以下两种方式构建新的优化模型：

单击New Optimization按钮新建优化模型。

选择菜单File > New。

若想要开启已有的 optimization 文件（. opt），可以：

在 OptQuest 界面中单击 Browse 按钮，并按照相关路径来寻找你要开启的 optimization 文件。

选择 File > Open 选项。

在新近使用模型菜单里，选择要启动的优化模型。

10. 2. 3　变量选择控制

完成在 Arena 模型中对于资源控制的定义后，我们就可以选择要将哪些作为优化的项目。可以从 View 中打开 Controls 选项，也可以单击左侧的 Controls 节点。

从图 10-4 可知，Controls Summary 里共有 Included、Category、Control、Element Type、Type、Low Bound、Suggested Value、High Bound、Step 及 Description 十列。对此，分别做如下说明，见表 10-3 所示。

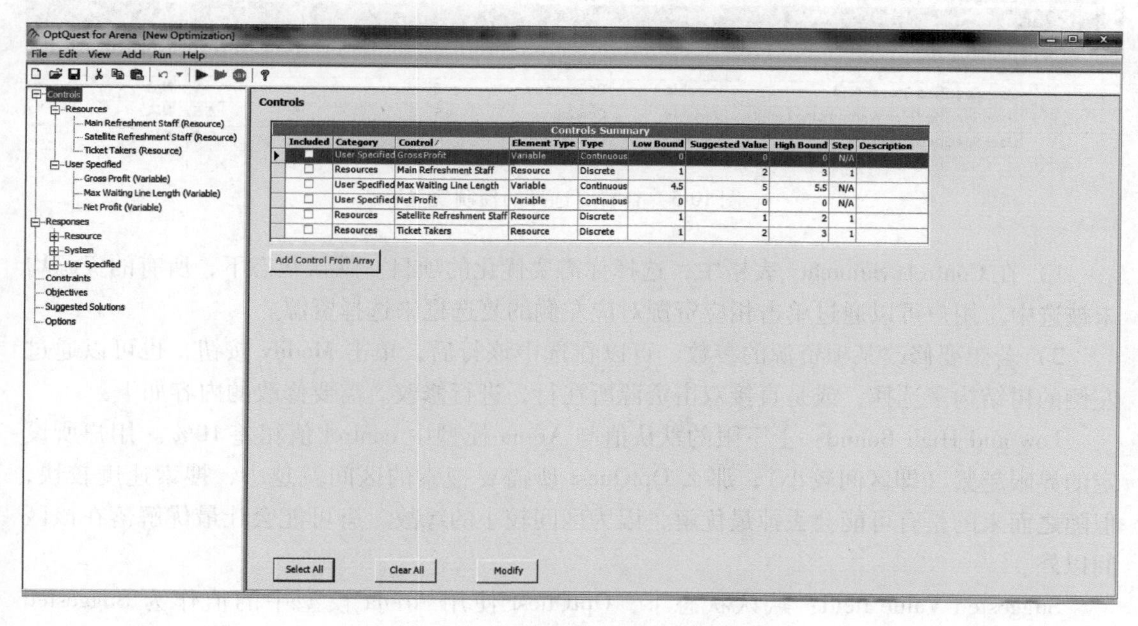

图 10-4　设定控制条件界面

表 10-3　Controls Summary

Included	Included 下面所对应的是一个复选框，左键单击该复选框可选择该资源控制作为优化项目，若未被选中，则该 control 不会在 OptQuest 中使用。取消可通过再次单击复选框即可
Category	说明该 control 是否为 Resource，或是 User-specified 变量
Control	显示该资源控制的名字
Element Type	说明该资源控制的属性：variable 或 resource
Type	说明该资源控制的数据类型：连续型、离散型；二进制类型或者是十进制类型。此类型可在编辑状态下修改
Low Bound	资源控制的下限。默认的数值是较 Arena 中所设定数值少 10%，此项也可在编辑状态下修改

（续）

Suggested Value	Suggested Value 是 OptQuest 用于启动优化过程的初始值
High Bound	High Bound 是资源控制的上限值。默认的数值是比 Arena 中所设定初始值大 10%，可在编辑状态下修改
Step	指离散变量在优化过程中的步长，可被修改
Description	允许在此处添加对于 control 的描述

想要对 controls 排序，可以通过左键单击列表的顶部，这样就可以根据列表内数据的类型进行升降排序。当单击 Included 列时，系统会将用户已选择的 controls 排列在列表的顶部，这样会方便用户查看相关资源，特别是在资源控制比较多，而用户只选择较少资源作为优化项目时，尤其方便。图 10-5 中可以查看所选择的控制变量。

Controls Summary

Included	Category	Control	Element Ty	Type	Low Bound	Suggested Value	High Bound	Step	Description
☑	Resources	Main Refreshment Staff	Resource	Discrete	1	2	3	1	
☑	Resources	Satellite Refreshment Staff	Resource	Discrete	1	1	2	1	
☑	Resources	Ticket Takers	Resource	Discrete	1	2	3	1	
☐	User Specified	Gross Profit	Variable	Continuous	0	0	0	N/A	
☐	User Specified	Max Waiting Line Length	Variable	Continuous	4.5	5	5.5	N/A	
☐	User Specified	Net Profit	Variable	Continuous	0	0	0	N/A	

图 10-5　查看所选择的控制变量

1）在 Controls Summary 表格中，选择你需要优化的项目。默认状态下，所有的资源均未被选中。用户可以通过单击相应资源对应左侧的复选框来选择资源。

2）若想要修改某项资源的参数，可以在选中该行后，单击 Modify 按钮，也可以通过左侧的树结构来选择，或是直接双击资源所在行，进行修改。需要修改的内容如下：

Low and High Bound：上下限的默认值与 Arena 模型中 control 值相差 10%。用户所设定的界限越紧（即区间较小），那么 OptQuest 所需要搜索的区间就越小，搜索速度较快，但随之而来的是有可能会丢掉最优解，因为区间较小的缘故，有可能会让最优解落在该区间以外。

Suggested Value field：默认状态下，OptQuest 使用 Arena 模型中的值作为 Suggested Value。若建议解落在区间以外，或是不满足约束条件，OptQuest 会忽视这些信息。

Type：确认该资源的属性：连续型、离散型、十进制类型或是二进制类型。

Description：可以在该栏内添加对资源的描述。

3）修改完成后，若保存修改内容，单击 OK 按钮即可。若不保存，直接单击 Cancel 退出。

10.2.4　选择 Responses

OptQuest 中，Responses 的展示呈树状结构，所有可供选择的 Responses 均在列，且可通过右侧的面板查看。若某一个 Response 被用户选中，可在右侧通过单击选中复选框来确认 Responses。约束条件与目标函数的表达式中，常常包含响应参数（Responses），以达到要优化的目的。

需要注意的是，由于响应实际上是仿真模型的试验输出，因而不能修改。

10.2.5　确定约束条件

有许多优化模型在建立时并没有约束条件，约束条件限定了资源控制与响应之间的关系，有了此约束关系，可以提高 OptQuest 对于最优解的搜索效率。约束条件编辑器允许用户添加线性约束，或者包含有 OptQuest 中所定义资源控制的非线性约束。下面的表达式就是一个预算约束的例子：

25000 * (MachineCount1 + MachineCount2 + MachineCount3) < = 250000

线性约束定义了资源控制之间的线性关系。线性约束表达式是资源控制之间的线性运算的数学表达式。OptQuest 不需要运行即可对线性表达式进行评估，所有不满足线性约束条件的解会首先被 OptQuest 去掉。若一个表达式中包含有 Arena 的响应或者是非线性项，则约束条件为非线性约束。非线性约束条件需要运行仿真程序后再检查其可行性。

10.2.6　约束条件编辑器

约束条件编辑器允许用户编辑约束条件表达式，左侧的 Constraints 节点包含所有被定义的约束条件，当以鼠标左键选中 Constraints 后，OptQuest 会在屏幕右侧显示其总结表格，展示出所有已定义约束条件。

为添加新约束条件：

1）在 Constraints 节点处右击鼠标，选择 Add New 添加新的约束条件。约束条件编辑器也会显示优化过程中的资源控制及响应，以方便用户进行表达式的编辑。

2）在编辑窗口的最底部，用户可以为新建的约束条件命名，也可以对其添加描述（可选），输入具体表达式等。在编辑约束表达式时，可能会用到一些资源控制和响应。

在编辑表达式时，若用到某项 Control 或 Response，可通过鼠标左键从编辑窗口的树结构里单击对应的资源或响应，OptQuest 会自动将该参数添加到表达式中。屏幕右侧的小键盘上带有所有可能会用在表达式里的函数。按钮 Sum All Controls 可以为用户创建一个表达式：将所有控制参数求和。逻辑操作符号“or”可用于将两个或两个以上的表达式融合为一个约束条件。

3）约束表达式编辑结束后，需要对表达式进行检查，用户只需单击 Check Expression，即可由 OptQuest 自动检测表达式的有效与否。若表达式有误，OptQuest 会提示出错，并在表达式右侧出现警示符号。

4）单击 OK 确认表达式的编辑时，OptQuest 也会自动检测表达式的有效性，若表达式有误，系统会在 Constraints Summary 表格里以黄色警示。

若用户不需要添加任何约束，则不需要对 Constraints 编辑器有任何操作。

10.2.7　选择目标函数

用户可以通过编写函数方程来定义优化的目标，OptQuest for Arena 允许用户编写多个目标函数，但是只能有一个用于优化过程，其余的将被忽视或者将其对优化过程的影响去掉。

OptQuest 树状结构上的 Objective 节点包含了用户所有已定义的目标函数。目标函数的添加过程如下：

1）要添加一个目标函数，首先要明确的是，用户已经在 Controls 和 Responses 编辑窗口内将需要用到的资源或响应选中，这样才可以在编辑目标函数方程的时候，直接使用。

2）从文件菜单的 Add 里选择 Objective，或者右击 Objectives 节点并选择 Add New 来添加新的目标函数。

3）打开目标函数编辑器后，用户即可以建立目标函数的数学方程。编辑区的内容有名称、描述以及表达式编辑。用户可以定义一个有意义的名称便于优化时区分不同的目标函数。

编辑窗口内的树状列表上包含有用户已选择的资源控制及响应，若表达式的编写中需要用到的资源未列在此表之类，用户需要返回 Controls 或 Responses Summary 表格内重新选择后，再做函数的编写。

编写函数表达式时，可以从树状结构里单击要添加的某项资源或响应，这样系统会自动将该资源或响应的名称添加到表达式编辑处，右侧的小键盘带有所有可能会被用在编写中的数学函数。按钮 Sum All Controls 可以帮助用户创建一个将所有控制变量求和的数学表达式。

4）当用户单击 Check Expression 按钮时，系统会自动检验表达式的合法性。若有错误，OptQuest 会自动提示。

5）确保要选择的优化类型：Minimize 或者是 Maximize，其中 Maximize 是系统的默认值。

6）最后，用户通过按钮 OK 确认所做修改，此时系统也会检验表达式的合法性，若有错误之处，OptQuest 会在表达式处有警示符号。

10.2.8 优化选项

优化的进程是通过优化选项的内容来控制的，其中包含有三项内容：终止选项（Stop Options）、精确度（Tolerance）以及循环（Replications per simulation）。

1. 优化终止选项

终止选项可以帮助控制优化时间的长短，用户可以设置多个终止条件，但优化进行的过程中，OptQuest 会在第一个满足的终止条件处停止。具体见表 10-4。

表 10-4 优化终止选项

Number of simulations	选择此项内容后，用户可以选择仿真运行的次数，也可以直接修改运行的次数，系统的默认值为 100 次
Manual stop	勾选此项表明用户需要自己手动终止优化程序。可以通过 Run > Stop 终止程序的运行
Automatic stop	若用户选择此选项，OptQuest 会自动评估优化结果，若 100 次之后再无明显改进的优化解，系统会自动停止
Run only Suggested solutions	只有在用户选择并定义了 Suggested Solutions 时，该选项才会被启用。若此选项被选中，OptQuest 只会评估 Suggested Solutions

2. 精确度

该项内容是为评价两个解（solution）是否为相同解，默认的精确度数量级为 0.0001。

3. 循环

用户可以为每次仿真限定其运行次数，共有两个选项，见表10-5。

表10-5 优化循环

Use a fix number of replications	当用户选择此项目时，OptQuest会自动指示Arena每次仿真时的循环次数
Vary the number of replications	若用户选择该选项，OptQuest会将所输入的数字作为仿真运行次数的上下限。系统允许OptQuest将当前仿真结果平均值，与OptQuest在此之前所搜索到的所有解中的最优解比较，这样做的目的是要去掉比较次的解

10.2.9 优化日志

系统会自动记录优化过程中的所有信息，以优化日志（Solution Log）的形式保存在一个文件里。其主要内容包括：OptQuest所试验的每一个解，以及它所对应的目标函数方程的值，还有约束条件的有效性等。用户可以自主选择优化日志的保存位置，通过单击按钮Browse来选择优化日志的保存路径及名称。系统默认的文件名称为OptQuest. log。

10.2.10 建议解

建议解（Suggested Solutions）是指用户自定义并认为比较接近最优解的一组解。建议解会缩短OptQuest寻找最优解的时间，这些建议解在OptQuest进行优化开始时，优先作为初始解代入仿真模型中进行仿真运算，并对其输出进行评估，然后OptQuest再开始它的最优解搜索工作。用户可输入自定义的建议解，也可以从之前的仿真结果中选择一些作为建议解。其添加过程如下：

1）在Suggested Solution节点处右击鼠标，并选择Add New选项。然后，Suggested Solution的编辑窗口会显示在屏幕上，而且资源和响应也会提供给用户选择。

2）当编辑窗口打开后，用户可以为建议解取一个特定的名称，便于查询。在编辑状态下，用户可对其参数进行修改，若所修改参数已超出资源控制的边界，输入处会变成黄色以示警告。

3）按钮Check Solution会自动检验用户所输入的解，检查建议解是否在资源控制的边界之内，是否满足约束条件。OptQuest会自动弹出对话框来显示检验结果。

4）若输入完毕，单击OK按钮确认即可，系统自动返回Suggested Solutions Summary窗口。

建议解窗口会显示用户所有定义的建议解，用户通过Modify或者Delete按钮可对建议解进行编辑或者删除操作。按钮Duplicate Selected Solution允许用户对选中的解进行复制。

当优化过程开始后，Best Solutions节点允许用户选择一个或多个解作为建议解并保存起来。优化工作开始时，建议解会被OptQuest自动检查，并且当建议解不可行或解较坏时，优化工作就不会继续进行。若用户选择Run only suggested solution，则此优化过程只会考虑建议解，并对其评估，其他解的搜索过程就不会进行。

10.2.11 开始优化

若优化前期设置的工作已经完毕，用户即可单击Optimize按钮进行优化。如果在前期设置中有错误，系统会自动提示，并且直到所有错误被修改完毕后，再开始优化运行。

在菜单 Run 下面有启动和停止优化的选项：Start Optimization 和 Stop Optimization。用户也可以通过单击菜单栏下面的图标（见图 10-6）控制优化的开始与结束。

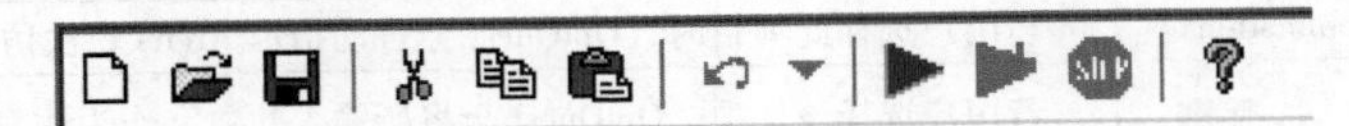

图 10-6　菜单栏布局

优化开始后，其进程信息都会在屏幕上显示出来，其内容可以分为两大部分，如图 10-7 所示。

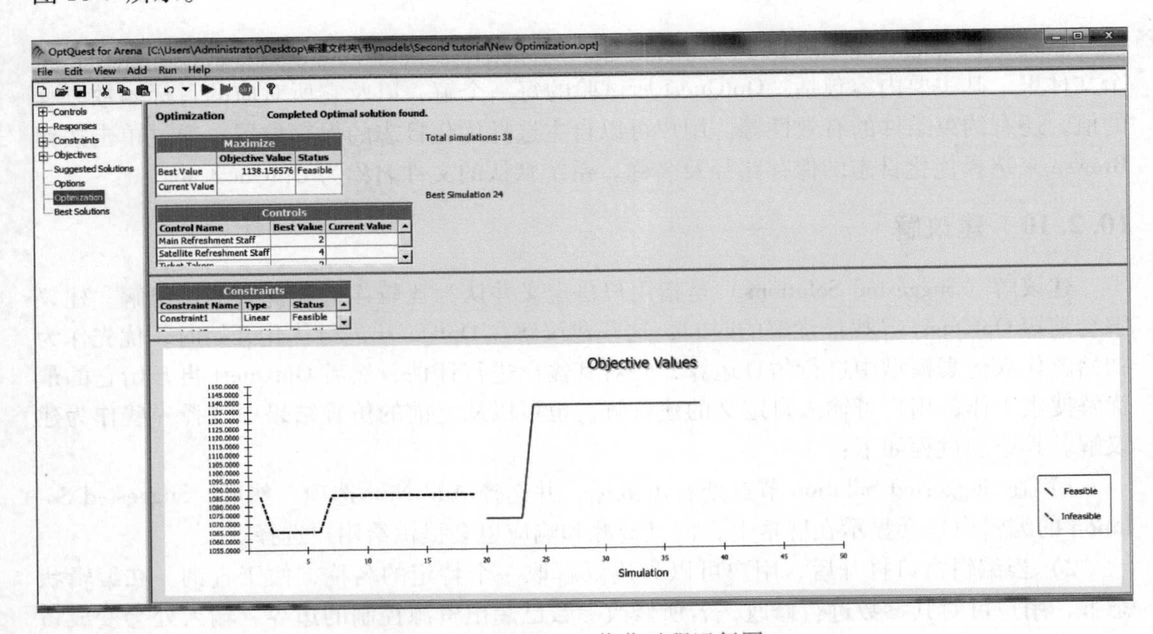

图 10-7　OptQuest 优化过程运行图

优化窗口上面部分的主要信息有：函数值、资源控制以及约束条件。表 10-6 介绍了图 10-7 中各部分的内容。

表 10-6　优化结果表

Objective grid	该表格显示的内容是当前解与已搜索解中的最优解。表头说明本次优化的类型是 Maximize 还是 Minimize。最优解一栏表示 OptQuest 所有已经试验过的解当中，最优的那个解。当前解是指当前状态下，OptQuest 正在试验的解。状态（Status）一列指示该解是否可行
Controls grid	该部分显示的内容是对应于当前最优解与当前解的详细情况，每个解所对应的每一项 control 的值
Constraints grid	Constraints 会显示所有用户已经定义的约束条件，包括它们的名称、类型（线性还是非线性）以及是否可行

优化窗口的下面部分是 OptQuest 寻找最优解的曲线图，该图像展示了搜索过程中最优

解的变化情况，其中不可行解以黑色虚线来描绘，绿色实线为可行解的轨迹。

当优化过程结束或者被用户手动停止运行时，当前解与解的值都会被自动清除，而且在左侧的树状结构中自动增加一个节点：Best Solution 节点。

当优化工作结束后，根据目标函数所评估的前 25 个解会被显示在 Best Solutions 表格里。若用户想要查看更多解的详细情况，可以通过修改下面的 View Solutions 参数，并单击 Refresh 进行查看。若想查看每一个解的详细信息，可在选中要查询的解后，单击 View 查看。图 10-8 所示是方案及目标函数排序列表界面。

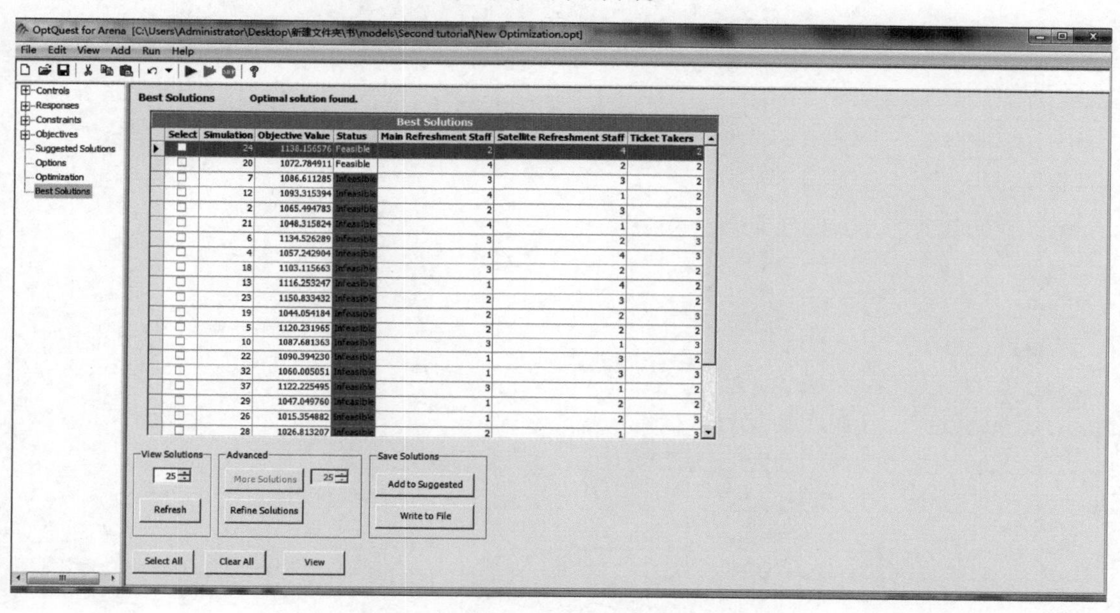

图 10-8　方案及目标函数排序列表

Best Solutions 表格的第一行是整个优化问题的最优解，第二行是表现值次之的次优解，以此类推。Simulation 列所对应的数字是指得到最优解所运行的仿真的次数。

Status 列是说明该行所对应的解是否可行。后面的三列依次说明了该解对应参数的值。

表 10-7 列出了 Opt Ouest 相关命令的功能。

表 10-7　Best Solutions

Select All and Clear All	在选择解作为建议解或者写入文件时，这两个按钮会帮助用户对所有的解进行全选或者清除
View	在选中某一个解后，该按钮可以帮助用户查看该解的相应信息。包括在当前解下，所有约束的值，每一个约束条件的可行性，还有仿真的输出等
Advanced—More Solutions	用户若想要 OptQuest 产生更多的解，可以将所希望解的数量输入，并单击 More Solutions 按钮
Advanced—Refine Solutions	通过增加运行循环的次数或者排序选择，可以对当前解进行提取
Save Solutions—Add to Suggested	在选中一个解后，可以通过按钮 Add to Suggested 将其添加为 Suggested Solutions 以备下次优化运行之用。若要将所有的解均添加为建议解，可通过 Select All 按钮
Save Solutions—Write to File	按钮 Write to File 可以帮助用户将已选中解写入文本文件中。通过按钮 Select All 可将所有解均写入文件中

思 考 题

观察经过 OptQuest 所获得方案的响应值，查看它们之间的差异，理解为什么说在管理决策过程中，满意解是可以使用的，而不过分追求最优解。

参考文献

[1] A M Law. Simulation Modeling and Analysis [M]. 5th ed. New York: McGraw-Hill, 2015.
[2] J Banks, J S Carson Ⅱ, B L Nelson. Discrete-Event System Simulation [M]. 5th ed. New Jersey: Prentice Hall, 2009.
[3] S Asmussen, P W Glynn. Stochastic Simulation: Algorithms and Analysis [M]. New York: Springer, 2007.
[4] S G Henderson, B L Nelson. Handbooks in Operations Research and Management Science, Volume 13: Simulation [M]. Amsterdam: North Holland, 2006.
[5] C H Chen, L H Lee, Stochastic Simulation Optimization: An Optimal Computing Budget Allocation [M]. Singapore: World Scientific Publishing Company, 2010.
[6] S M Ross. Introduction to Probability Models [M]. 11th ed. Amsterdam: Academic Press, 2014.
[7] S M Ross. Simulation [M]. 5th ed. Amsterdam: Academic Press, 2012.
[8] W D Kelton, R Sadowski, N Zupick, Simulation with Arena [M]. 5th ed. New York: McGraw-Hill, 2009.
[9] R Y Rubinstein, D P Kroese. Simulation and the Monte Carlo Method [M]. 2nd ed. New York: Wiley-Interscience, 2007.
[10] B L Nelson, Stochastic Modeling-Analysis & Simulation [M]. New York: McGraw-Hill, 1995.
[11] B L Nelson, Foundations and Methods of Stochastic Simulation-A First Course [M]. New York: Springer, 2013.
[12] D B Mclaughlin, J M Hays. Healthcare Operations Management [M]. Chicago: Health Administration Press, 2008.
[13] T Altiok, B Melamed, Simulation Modeling and Analysis with ARENA [M]. Amsterdam: Academic Press, 2007.
[14] M Seppanen, S Kumar, C Chandra. Process Analysis and Improvement [M]. California: McGraw-Hill/Irwin, 2004.
[15] A Seila, V Ceric, P Tadikamalla. Applied Simulation Modeling [M]. Belmont: Duxbury Press, 2003.
[16] L'Ecuyer, AN OBJECT-ORIENTED RANDOM-NUMBER PACKAGE WITH MANY LONG STREAMS AND SUBSTREAMS [J]. Operations Research, 2002, 50 (6): 1073-1075.
[17] L'Ecuyer, Simard. CLOSE-POINT SPATIAL TESTS AND THEIR APPLICATION TO RANDOM NUMBER GENERATORS [J]., Operations Research, 2000, 48 (2): 308-317.
[18] Marsaglia. Random Numbers Fall Mainly in the Planes [J]. Natl. Acad. Sci. Proc., 1968, 61: 25-28.
[19] 贾俊平，何晓群，金勇进，统计学 [M]. 6 版. 北京：中国人民大学出版社，2015.
[20] 盛骤，谢式千，潘承毅，等. 概率论与数理统计 [M]. 4 版. 北京：高等教育出版社，2008.
[21] 肖人彬，胡斌，龚晓光. 管理系统模拟 [M]. 北京：电子工业出版社，2008.
[22] 胡斌，周明. 管理系统模拟 [M]. 北京：清华大学出版社，2008.
[23] 周泓，邓修权，高德华. 生产系统建模与仿真 [M]. 北京：机械工业出版社，2012.
[24] 苏春. 制造系统建模与仿真 [M]. 北京：机械工业出版社，2008.

[25] 程光，邬洪迈．工业工程与系统仿真应用［M］．北京：冶金工业出版社，2009.
[26] 方美琪，张树人．复杂系统建模与仿真［M］．2版．北京：中国人民大学出版社，2011.
[27] 刘瑞叶．计算机仿真技术基础［M］．2版．北京：电子工业出版社，2011.
[28] A杜比．蒙特卡洛方法在系统工程中的应用［M］．卫军胡，译．西安：西安交通大学出版社，2007.